计算机应用基础

主　编　顾震宇　张红菊

副主编　李永湘　陈双双　王文林

参　编　杨　滔　郭晓琳

北京理工大学出版社
BEIJING INSTITUTE OF TECHNOLOGY PRESS

内容简介

本书从办公自动化的实际应用出发，以学生能力提升为本位，本着理论以够用为度、技能以实用为本，结合工作实际编写而成，以 Windows 7 和 Office 2010 为平台，全面介绍了计算机基础知识，Windows 7 操作系统，Word、Excel、PowerPoint 的基本应用，Internet 的基本操作等内容。本书图文并茂，以图析文，通俗易懂，可操作性和实用性强，为读者使用计算机办公提供便捷。

本书既可作为高等院校计算机基础课程的教学用书，也可供计算机初级从业人员和爱好者参考使用。

图书在版编目（CIP）数据

计算机应用基础 / 顾震宇，张红菊主编．—北京：北京理工大学出版社，2017.8
ISBN 978-7-5682-4744-3

Ⅰ.①计…　Ⅱ.①顾…②张…　Ⅲ.①电子计算机-高等学校-教材　Ⅳ.①TP3

中国版本图书馆 CIP 数据核字（2017）第 207828 号

出版发行 / 北京理工大学出版社有限责任公司
社　　址 / 北京市海淀区中关村南大街 5 号
邮　　编 / 100081
电　　话 / （010）68914775（总编室）
（010）82562903（教材售后服务热线）
（010）68948351（其他图书服务热线）
网　　址 / http：//www. bitpress. com. cn
经　　销 / 全国各地新华书店
印　　刷 / 北京紫瑞利印刷有限公司
开　　本 / 787 毫米×1092 毫米　1/16
印　　张 / 15.5
字　　数 / 363 千字
版　　次 / 2017 年 8 月第 1 版　2017 年 8 月第 1 次印刷
定　　价 / 59.80 元

责任编辑 / 李志敏
文案编辑 / 赵　轩
责任校对 / 周瑞红
责任印制 / 施胜娟

前 言

随着计算机应用的普及，特别是近年来计算机网络和多媒体技术的迅速发展，掌握计算机基本知识与熟练使用计算机已经成为人们的生活技能。计算机教育教学水平的高低是衡量一所高等院校办学水平的重要标准。使学生掌握计算机基础知识，培养学生熟练使用计算机处理学习、生活、工作中的日常事项是计算机教育工作者的主要任务。

我们在计算机研究、应用和教学的过程中，深刻体会到教材内容与实际应用的偏离。同时也体会到，非计算机类专业计算机教材过分注重理论知识的讲解而忽略基础知识的掌握和技能的培养，这样的学习会使理论与实践相脱节，从而导致学无所用的结果。因此，我们在编写本书时，以“要做什么”“怎样做”“还可以做什么”的项目任务制展开 。

本书以 Windows 7 和 Office 2010 为平台，全面介绍了计算机基础知识，Windows 7 操作系统，Word、Excel、PowerPoint 的基本应用，Internet 的基本操作等内容。

本书在编写过程中得到云南经贸外事职业学院教务处及多位一线教师的大力支持，对此我们深表感谢!

本书涉及的素材请登录微信公众号“经外院查询系统”下载。

由于编者水平有限，本书可能存在诸多不足之处，希望广大读者提出宝贵意见。

编　者

目 录

模块一　计算机基础知识

当今社会已进入信息时代，计算机应用作为信息技术的基础，已渗入人类社会的方方面面，学习和应用计算机已成为当今社会人们的迫切需求。本模块重点介绍计算机发展历程、计算机选购、计算机组装、计算机中几种常见输入法的异同。

项目一

认识计算机

任务一　了解计算机的发展、分类及应用

★任务描述

从1946年世界上第一台通用计算机“埃尼阿克”（ENIAC）诞生至今，计算机获得突飞猛进的发展，它已经渗透到社会的各个领域，成为人类信息化社会中必不可少的基本工具。计算机的应用与普及作为人类社会最大的科技成果之一，有力地推动了整个信息化社会的发展。掌握计算机技术已经成为当今社会人们生存和发展的基本要求。通过学习本任务，了解计算机的发展历史及其发展方向。

★任务实施

一、了解计算机的发展

1946年2月14日，世界上第一台通用计算机ENIAC（Electronic Numerical Integrator and Calculator）在美国宾夕法尼亚大学诞生。该机的主要元件是电子管（共计18 800多个），占地170平方米，重达30吨。它每秒可进行5 000次的加法运算，运算速度是机械式继电器计算机的1 000倍、手工计算的20万倍。

使用ENIAC计算题目时，人们首先根据题目的计算步骤预先编制好一条条指令，再按指令连接好外部线路，然后启动便自动运行并输出结果。当计算另一个题目时，必须重复进行上述工作。尽管其有明显的弱点，但它使过去借助机械的分析机需要7～20小时才能计算一条弹道轨迹的工作时间缩短到30秒。

在ENIAC的研制过程中，美籍匈牙利数学家冯·诺依曼参与进来，并总结归纳了三点：

（1）采用二进制。计算机是用数字电路组成的，数字电路中只有 1 和 0 两种状态，所以对计算机来说二进制（Binary）是最自然的计数方式。

（2）采用存储程序控制。程序和数据存放在存储器中。计算机执行程序的过程是自动、连续进行的，无须人工干预，并得到预期的结果。

（3）采用运算器、控制器、存储器、输入设备、输出设备五个基本部件的结构。

今天的计算机基本结构仍然采用这一原理和思想，因此，人们称符合这种设计的计算机是“冯·诺依曼机”，称冯·诺依曼为“计算机之父”。

对于电子计算机的发展，一般根据构成它的主要逻辑元件的不同分成四个阶段，见表 1-1。

表 1-1　计算机发展的四个阶段

年代 部件	第一代 （1946—1958 年）	第二代 （1959—1964 年）	第三代 （1965—1970 年）	第四代 （1971 年至今）
主机电子器件	电子管	晶体管	中小规模集成电路	大规模、超大规模集成电路
内存	汞延迟线	磁芯存储器	半导体存储器	半导体存储器
外存储器	穿孔卡片、纸带	磁带	磁带、磁盘	磁盘、磁带、光盘等
处理速度 （每秒指令数）	5 000 条至几千条	几万至几十万条	几十万至几百万条	上千万至万亿条

1965 年 Intel 公司的创始人之一戈登·摩尔曾预言，当价格不变时，集成电路中的晶体管数每年（后来改成了每隔 18 个月）将翻一番，芯片的性能也随之提高一倍。这一预言，被计算机界称为“摩尔定律”。近代计算机的发展历史充分证实了这一定律。随着芯片集成度的日益提高和计算机体系结构的不断改进，将会不断出现性能更好、体积更小、价格更低的计算机产品。

随着特大规模集成电路技术的出现，计算机向巨型化（功能更强、运算速度更快、存储量更大）和微型化（体积更小、功能更强、携带更方便、价格更低）两个方向发展。

二、了解计算机的分类

如今，计算机已经深入到各行各业，种类繁多，其分类方法各有不同，标准也非固定不变。

计算机按其用途分类，分为通用计算机和专用计算机。

计算机按其性能分为如下几类：

（1）巨型机。巨型机有极高的运算速度（可达每秒百亿次）、极大的存储容量。用于国防尖端技术、空间技术、大范围长期性天气预报、石油勘探等方面。这类计算机在技术上朝两个方向发展：一是开发高性能器件，特别是缩短时钟周期，提高单机性能。二是采用多处理器结构，构成超并行计算机，通常将以万为单位的处理器组成超并行巨型计算机系统，同时解算一个课题，来达到高速运算的目的。

（2）大型机。这类计算机具有极强的综合处理能力和极大的性能覆盖面。在一台大型机中可以使用几十台微机或微机芯片，用以完成特定的操作。可同时支持上万个用户，可支持几十个大型数据库。其主要应用在政府部门、银行、大公司、大企业等。

(3) 小型机。小型机的机器规模小、结构简单、设计研制周期短，便于及时采用先进工艺技术，软件开发成本低，易于操作维护。小型机已被广泛应用于工业自动控制、大型分析仪器、测量设备、企业管理、大学和科研机构等，也可以作为大型与巨型计算机系统的辅助计算机。

(4) 微型机。微型机技术在近 10 年内发展速度迅猛，平均每 2 ~ 3 个月就有新产品出现，每 1 ~ 2 年产品就更新换代一次，目前还有加快的趋势。微型机已经应用于办公自动化、数据库管理、图像识别、语音识别、专家系统，多媒体技术等领域，并且开始成为城镇家庭的一种常规电器。

(5) 工作站。工作站是一种以个人计算机和分布式网络计算为基础，主要面向专业应用领域，具备强大的数据运算与图形、图像处理能力，是为满足工程设计、动画制作、科学研究、软件开发、金融管理、信息服务、模拟仿真等专业领域而设计开发的高性能计算机。它属于一种高档的计算机，一般拥有较大屏幕显示器和大容量的内存和硬盘。

(6) 服务器。服务器专指某些高性能计算机，能通过网络，对外提供服务。其高性能主要表现在高速度的运算能力、长时间的可靠运行、强大的外部数据吞吐能力等方面。相对于普通计算机来说，稳定性、安全性等方面都要求更高，因此在 CPU、芯片组、内存、磁盘系统、网络等硬件与普通计算机有所不同。服务器是网络的节点，存储、处理网络上 80% 的数据、信息，在网络中起到举足轻重的作用。服务器的构成与普通计算机类似，也有处理器、硬盘、内存、系统总线等，但因为它是针对具体的网络应用特别制定的，因而服务器与微型机在处理能力、稳定性、可靠性、安全性、可扩展性、可管理性等方面存在很大差异。服务器主要有网络服务器、打印服务器、终端服务器、磁盘服务器、邮件服务器、文件服务器等。

三、了解计算机的应用

计算机的应用已渗透到社会的各个领域，正在改变着人们的工作、学习和生活的方式，推动着社会的发展。归纳起来，可分为以下几个方面：

(1) 科学计算。科学计算也称数值计算。计算机最开始是为解决科学研究和工程设计中遇到的大量数学问题的数值计算而研制的计算工具。随着现代科学技术的进一步发展，数值计算在现代科学研究中的地位不断提高，在尖端科学领域中，显得尤为重要。例如，人造卫星轨迹的计算，房屋抗震强度的计算，火箭、宇宙飞船的研究设计都离不开计算机的精确计算。

(2) 信息处理。在科学研究和工程技术中，会得到大量的原始数据，其中包括大量图片、文字、声音等，信息处理就是对数据进行收集、分类、排序、存储、计算、传输、制表等操作。目前计算机的信息处理应用已非常普遍，如人事管理、库存管理、财务管理、图书资料管理、商业数据交流、情报检索、经济管理等。

信息处理已成为当代计算机的主要任务，是现代化管理的基础。据统计，全世界计算机用于信息处理的工作量占全部计算机应用的 80% 以上，大大提高了工作效率和管理水平。

(3) 自动控制。自动控制是指通过计算机对某一过程进行自动操作，它不需人工干预，能按预定的目标和预定的状态进行过程控制。所谓过程控制，是指对操作数据进行实时采集、检测、处理和判断，按最佳值进行调节的过程。目前自动控制被广泛应用于操作复杂的钢铁企业、石油化工业、医药工业等生产中。使用计算机进行自动控制可大大提高控制的实时性和准确性，提高劳动效率、产品质量，降低成本，缩短生产周期。

计算机自动控制还在国防和航空航天领域中起决定性作用。例如，无人驾驶飞机、导弹、人造卫星和宇宙飞船等飞行器的控制，都是靠计算机实现的。可以说，计算机是现代国防和航空航天领域的“神经中枢”。

（4）计算机辅助系统。包括计算机辅助设计（Computer Aided Design，CAD）、计算机辅助制造（Computer Aided Manufacturing，CAM）、计算机辅助测试（Computer Aided Test，CAT）、计算机辅助工程（Computer Aided Engineering，CAE）、计算机辅助教学（Computer Aided Instruction，CAI）

（5）人工智能。人工智能（Artificial Intelligence，AI）是指计算机模拟人类某些智力行为的理论、技术和应用。人工智能是计算机应用的一个新领域，这方面的研究和应用正处于发展阶段，在医疗诊断、定理证明、语言翻译、机器人等方面，已有了显著的成效。例如，用计算机模拟人脑的部分功能进行思维学习、推理、联想和决策，使计算机具有一定“思维能力”。我国已开发成功中医专家诊断系统，可以模拟名医给患者诊病开方。

机器人是计算机人工智能的典型例子。机器人的核心是计算机。第一代机器人是机械手；第二代机器人对外界信息能够反馈，有一定的触觉、视觉、听觉；第三代机器人是智能机器人，具有感知和理解周围环境，使用语言、推理、规划和操纵工具的技能，模仿人完成某些动作。机器人不怕疲劳，精确度高，适应力强，现已开始用于搬运、喷漆、焊接、装配等工作中。机器人还能代替人在危险工作中进行繁重的劳动，如在有放射线、有毒、高温、低温、高压、水下等环境中工作。

（6）多媒体应用。随着电子技术特别是通信和计算机技术的发展，人们已经有能力把文本、音频、视频、动画、图形和图像等各种媒体综合起来，构成一种全新的概念——多媒体（Multimedia）。在医疗、教育、商业、银行、保险、行政管理、军事、工业、广播和出版等领域中，多媒体的应用发展很快。

（7）计算机网络。计算机网络是由一些独立的和具备信息交换能力的计算机互联构成，以实现资源共享的系统。计算机在网络方面的应用使人类之间的交流跨越了时间和空间障碍。计算机网络已成为人类建立信息社会的物质基础，它给我们的工作带来极大的便捷，如在全国范围内使用的银行信用卡、火车和飞机票订票系统等。现在，可以在全球最大的互联网络——Internet 上进行浏览、检索信息、收发电子邮件、阅读书报、玩网络游戏、选购商品、参与众多问题的讨论、实现远程医疗服务等。

任务二　了解数据在计算机中的表示

★任务描述

计算机中的数制采用二进制，这是因为只需表示 0 和 1，这在物理上很容易实现，例如电路的导通或截止，磁性材料的正向磁化或反向磁化等；0 和 1 两个数，传输和处理抗干扰性强，不易出错，可靠性好。另外，0和1正好与逻辑代数“假”和“真”相对应，易于进行逻辑运算。通过学习本任务，了解各进制数间的转换及汉字编码。

★任务实施

一、了解数制

数制即表示数的方法，按进位的原则进行计数的数制称为进位数制，简称“进制”。

（1）数码。每种进制都有固定数目的记数符号，称为数码。例如，十进制有10个数码0~9。

（2）基数。在进制中允许选用基本数码的个数称为基数。例如，十进制的基数为10。

（3）位权表示法。一个数码在不同位置上所代表的值不同，如十进制中的数码8，在个位数上表示8，在十位数上表示80，这里的个（10^0），十（10^1），……，称为位权。位权的大小是以基数为底，数码所在位置的序号为指数的整数次幂。一个进制数可按位权展开成一个多项式，例如：

$$123.45 = 1\times10^2 + 2\times10^1 + 3\times10^0 + 4\times10^{-1} + 5\times10^{-2}$$

为了区分各进制数，规定在十进制数后面加D，二进制数后面加B，八进制数后面加O，十六进制数后面加H，且十进数的D可以省略。

（1）二进制（Binary）。

数码：只有两个数字符号，即0和1。

基数：基数是2。

位权表示法示例：$1\ 010 = 1\times2^3 + 0\times2^2 + 1\times2^1 + 0\times2^0$。

（2）八进制（Octal）。

数码：有8个数字符号，即0、1、2、3、4、5、6、7。

基数：基数是8。

位权表示法示例：$731 = 7\times8^2 + 3\times8^1 + 1\times8^0$。

（3）十六进制（Hexadecimal）。

数码：有16个数字符号0、1、2、3、4、5、6、7、8、9、A、B、C、D、E、F（A~F分别表示十进制数的10~15）。

基数：基数是16。

位权表示法示例：$8F = 8\times16^1 + F\times16^0$。

二、了解各进制数之间的转换

1. 其他进制数转换成十进制数

采用位权表示法展开，求和时，以十进制累加。

例：$(1\ 010)_2 = 1\times2^3 + 0\times2^2 + 1\times2^1 + 0\times2^0 = (10)_{10}$

$(731)_8 = 7\times8^2 + 3\times8^1 + 1\times8^0 = (473)_{10}$

$(8F)_{16} = 8\times16^1 + F\times16^0 = (143)_{10}$

2. 十进制数转换成二进制数

十进制到二进制的转换，通常要区分数的整数部分和小数部分，并分别按除以 2 取余数部分和乘以 2 取整数部分两种不同的方法来完成。

（1）十进制数整数部分转换为二进制数的方法与步骤。

对整数部分，要用除以 2 取余数的办法完成十进制到二进制的转换，其规则是：

①用 2 除十进制数的整数部分，取其余数为转换后的二进制数整数部分的低位数字；

②用 2 去除所得的商，取其余数为转换后的二进制数高一位的数字；

③重复执行步骤②的操作，直到商为 0，结束转换过程。

例如，将十进制数 37 转换成二进制数的转换过程如下：

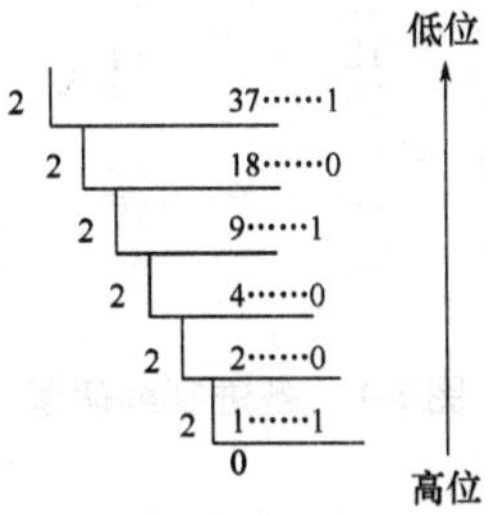

每一步所得的余数从下向上排列，即转换后的结果为 $(100\ 101)_2$。

（2）十进制小数部分转换为二进制数方法与步骤。

对小数部分，要用乘以 2 取整数的办法完成十进制到二进制的转换，其规则是：

①用 2 乘以十进制数的小数部分，取乘积的整数为转换后的二进制数的最高位数字；

②用 2 乘以上一步乘积的小数部分，取新乘积的整数为转换后二进制小数低一位数字；

③重复步骤②操作，直至乘积部分为 0，或已得到的小数位数满足要求，结束转换过程。

例如，将十进制的 0.43 转换成二进制小数。

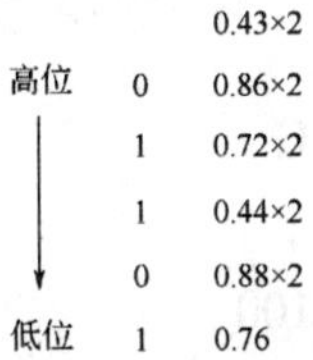

每一步所得的整数从上向下排列，即转换后的二进制小数为 $(0.011\ 01)_2$。

3. 二进制数与八进制数的转换

由图 1-1 各进制编码值可以得出每 3 个二进制位对应 1 个八进制位，因此得出以下规律：

（1）整数部分：由低位向高位每 3 位一组，高位不足 3 位用 0 补足 3 位，然后每组分别按权展开，求和即可。

（2）小数部分：由高位向低位每 3 位一组，低位不足 3 位用 0 补足 3 位，然后每组分别按权展开，求和即可。

如：$(327.5)_8$ 转换为二进制。

3	2	7.	5
↓	↓	↓	↓
011	010	111.	101

即 $(327.5)_8 = (11\ 010\ 111.101)_2$。

二进制	十进制	八进制	十六进制
0	0	0	0
1	1	1	1
10	2	2	2
11	3	3	3
100	4	4	4
101	5	5	5
110	6	6	6
111	7	7	7
1000	8	10	8
1001	9	11	9
1010	10	12	A
1011	11	13	B
1100	12	14	C
1101	13	15	D
1110	14	16	E
1111	15	17	F
10000	16	20	10

图 1-1　各进制编码值

4. 二进制数与十六进制数的转换

由图 1-1 各进制编码值可以得出每 4 个二进制位对应 1 个十六进制位，因此得出以下规律：

（1）整数部分：由低位向高位每 4 位一组，高位不足 4 位用 0 补足 4 位，然后每组分别按权展开，求和即可。

（2）小数部分：由高位向低位每 4 位一组，低位不足 4 位用 0 补足 4 位，然后每组分别按权展开，求和即可。

例：$(26.EC)_{16}$转换成二进制数。

2	6.	E	C
↓	↓	↓	↓
0 010	0 110.	1 110	1 100

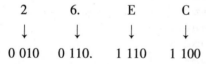

即 $(26.EC)_{16} = (100\ 110.111\ 011)_2$。

5. 八进制数与十六进制数的转换

八进制数与十六进制数的转换以二进制作为转换的中间工具。

例：$(327.5)_8 = (11\ 010\ 111.101)_2 = (D7.A)_{16}$。

三、了解数据与编码

1. 位、字节和字

（1）位。位（Bit）是电子计算机中最小的数据单位。每一位的状态只能是 0 或 1。

（2）字节。8 个二进制位构成 1 个字节（Byte），它是存储空间的基本计量单位。1 个字节可以储存 1 个英文字母或者半个汉字，换句话说，1 个汉字占据 2 个字节的存储空间。

（3）字。字由若干个字节构成，字的位数叫做字长，不同档次的计算机有不同的字长。例如一台 8 位机，它的 1 个字就等于 1 个字节，字长为 8 位；如果是一台 16 位机，那么，它的 1 个字就由 2 个字节构成，字长为 16 位。字是计算机进行数据处理和运算的单位。

例如，计算机内存的存储容量、磁盘的存储容量等都是以字节为单位表示的。除用字节为单位表示存储容量外，还可以用千字节（KB）、兆字节（MB）以及 10 亿字节（GB）等表示存储容量。它们之间存在下列换算关系：

1 B = 8 bit

1 KB = 1 024 B = 2^{10}B

1 MB = 1 024 KB = 2^{10}KB = 2^{20}B

1 GB = 1 024 MB = 2^{10}KB = 2^{30}B

1 TB = 1 024 GB = 2^{10}GB = 2^{40}B

注意位与字节的区别：位是计算机中最小数据单位，字节是计算机中基本信息单位。

2. ASCII 码

从键盘向计算机中输入的各种操作命令以及原始数据都是字符形式的。然而，计算机只能存储二进制数，这就需要对符号数据进行编码，输入的各种字符由计算机自动转换成二进制编码存入计算机。

目前计算机中使用得最广泛的字符集及其编码，是由美国国家标准局（ANSI）制定的 ASCII 码（American Standard Code for Information Interchange，美国标准信息交换码），它已被国际标准化组织（ISO）定为国际标准，称为 ISO 646 标准。它适用于所有拉丁文字字母，ASCII 码有 7 位码和 8 位码两种形式，见表 1-2。

表 1-2　ASCII 码

低四位＼高三位	000	001	010	011	100	101	110	111
0 000	nul	dle	sp	0	@	P	′	p
0 001	soh	dcl	!	1	A	Q	a	q
0 010	stx	dc2	“	2	B	R	b	r
0 011	etx	dc3	#	3	C	S	c	s
0 100	eot	dc4	$	4	D	T	d	t
0 101	enq	nak	%	5	E	U	e	u
0 110	ack	syn	&	6	F	V	f	v
0 111	bel	etb	`	7	G	W	g	w
1 000	bs	can	(	8	H	X	h	x
1 001	ht	em	)	9	I	Y	i	y
1 010	nl	sub	*	:	J	Z	j	z
1 011	vt	esc	+	;	K	[	k	{
1 100	ff	fs	,	〈	L	\	l	|
1 101	er	gs	-	=	M	]	m	}
1 110	so	re	.	〉	N	^	n	~
1 111	si	us	/	?	O	_	o	del

表 1-2 中对大小写英文字母、阿拉伯数字、标点符号及控制符等特殊符号规定了编码，表中每个字符都对应一个数值，称为该字符的 ASCII 码值。

表中有 94 个可打印字符，如：

“a”字符的编码为 1 100 001，对应的十进制数是 97。

“A”字符的编码为 1 000 001，对应的十进制数是 65。

“0”字符的编码为 0 110 000，对应的十进制数是 48。

表中还有 34 个非图形字符（又称控制字符），如：sp（Space）空格、cr（Carriage Return）回车、del（Delete）删除。

四、了解汉字编码

1. 国标码

ASCII 码只对英文字母、数字和标点符号作了编码。为了使计算机能够处理、显示、打印、交换汉字字符等，同样需要对汉字进行编码。我国于 1980 年发布了国家汉字编码标准 GB/T 2312—1980，全称是《信息交换用汉字编码字符集——基本集》。该标准将收录的汉字分成两级：一级是常用汉字，计 3 755 个，按汉语拼音排列；二级是次常用汉字，计 3 008 个，按偏旁部首排列。因为一个字节只能表示 256 种编码，所以一个国标码必须用两个字节来表示。

国标规定一个汉字用 2 字节来表示，每字节只用前 7 位，最高位均未作定义。汉字国标码编码的格式见表 1-3。

表 1-3　汉字国标码编码的格式

B7	B6	B5	B4	B3	B2	B1	B0
0	×	×	×	×	×	×	×

2. 内码与外码

国标码是汉字信息交换的标准编码，但因其前后字节的最高位为 0，与 ASCII 码发生冲突，国标码是不可能在计算机内部直接被采用的，于是，汉字的机内码采用变形国标码，其变换方法为：将国标码的每个字节的最高位由 0 改 1，其余 7 位不变。汉字机内码编码的格式见表 1-4。

表 1-4　汉字机内码编码的格式

B7	B6	B5	B4	B3	B2	B1	B0
1	×	×	×	×	×	×	×

在计算机系统中，由于内码的存在，输入汉字时就允许用户根据自己的习惯使用不同的输入码，进入系统后再统一转换成内码存储。如果用拼音输入法输入“国”字和用五笔输入法输入“国”字，它们在计算机内都是以同一个内码的方式存储。这样就保证了汉字在各种系统之间的交换成为可能。与内码对应，输入法编码称为外码。

3. 汉字字形码

字形存储码是指供计算机输出汉字（显示或打印）用的二进制信息，也称字模。通常采用数字化点阵字模，如图 1-2 所示。

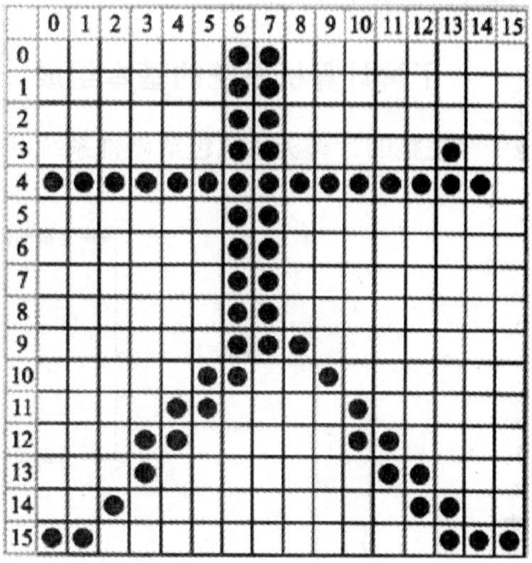

图 1-2　数字代点阵字模

汉字字形码是一种用点阵表示字形的码，是汉字的输出形式。它把汉字排成点阵。常用的点阵有 16×16、24×24、32×32 或更高。每一个点在存储器中用一个二进制位（bit）存储。例如，在 16×16 的点阵中，需 8×32 bit 的存储空间，每 8 bit 为 1 字节，所以需 32 字节的存储空间。在相同点阵中，不管其笔画繁简，每个汉字所占的字节数相等。

点阵规模越大，字形越清晰美观，所占存储空间也越大；缺点是字形放大后产生的效果差。

为了节省存储空间，普遍采用字形数据压缩技术。矢量表示方式存储的是描述汉字字形的轮廓特征，当输出汉字时，通过计算机的计算，由汉字字形描述生成所需大小和形状的汉字点阵。矢量化字形描述与最终文字显示的分辨率大小无关，因此可产生高质量的汉字输出，避免了汉字点阵字形放大后产生的“锯齿”现象。

各种汉字编码之间的关系如图 1-3 所示。

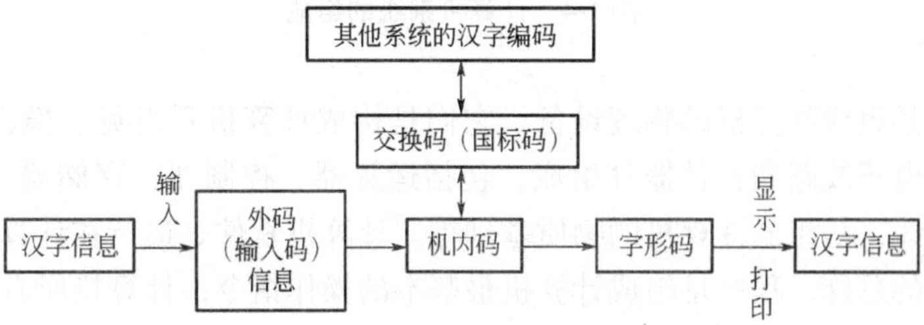

图 1-3　汉字编码之间的关系

任务三　了解计算机系统的组成

★任务描述

一个完整的计算机系统包括硬件系统和软件系统两部分，硬件系统是根本，软件系统是灵魂。通过学习本任务，了解计算机系统的基本组成以及计算机的主要性能指标，并能评判一台计算机的优劣。

★任务实施

一、了解计算机系统的基本组成

一个完整的计算机系统包括硬件系统和软件系统两部分，如图 1-4 所示。

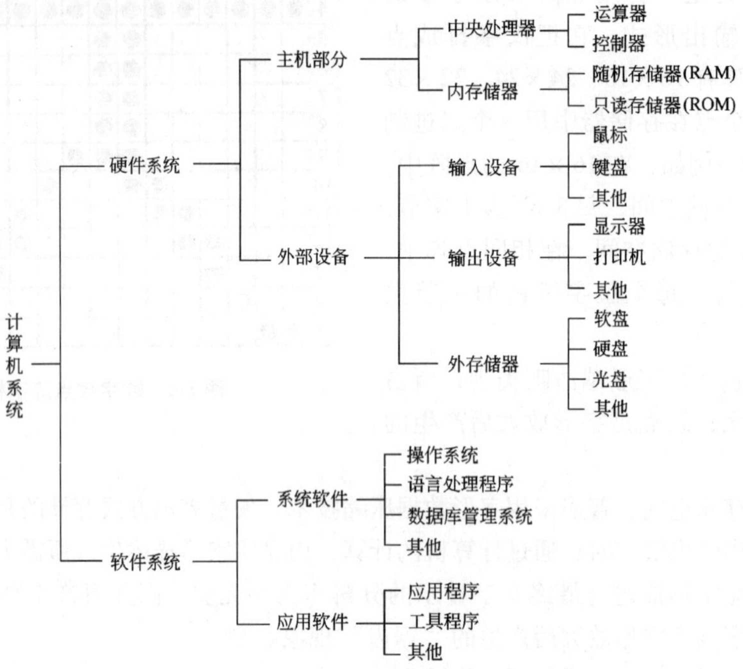

图 1-4　计算机系统的组成

计算机硬件是组成计算机的物理设备，它们是构成计算机看得见、摸得着的物理实体。其由各种单元、电子线路和各种器件组成，包括运算器、控制器、存储器、输入/输出设备和各种线路、总线，是组成计算机的物质基础等。计算机软件是运行在计算机硬件上的各种程序及相关数据的总称。程序是组成计算机最基本的操作指令，计算机所有指令的组合称为指令系统。程序以二进制的形式存储在计算机的存储器中。硬件和软件相互依存、相互影响，硬件的发展对软件提供了技术发展空间，也是软件存在的依托。同时，软件的发展对硬件提出更高的要求，促使硬件的更新和发展。

二、了解计算机硬件系统结构

计算机硬件系统的结构一直沿用冯·诺依曼提出的模型，即由运算器、控制器、存储器、输入设备及输出设备五大功能部件组成。各种信息通过输入设备进入计算机的内存，然后送到运算器，运算完毕后把结果送到内存，最后由输出设备显示出来，全过程由控制器进行控制，计算机基本结构如图 1-5 所示。

1. 运算器

运算器是计算机处理数据形成信息的加工厂，它的主要功能是对二进制数码进行算术运算或逻辑运算。因此，称运算器为算术逻辑部件（ALU）。

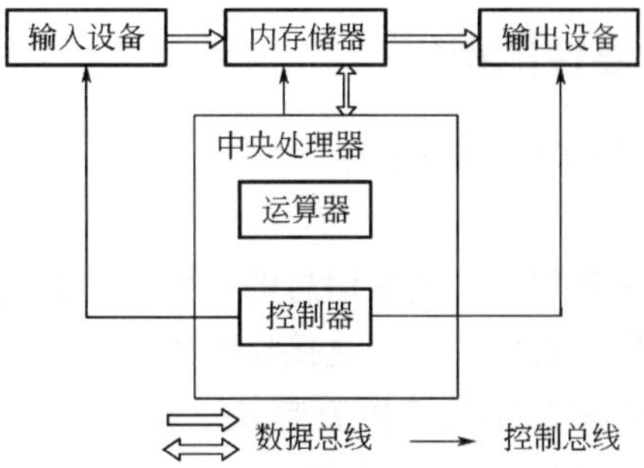

图 1-5　计算机基本结构

运算器主要由一个加法器、若干个寄存器和一些控制线路组成。

运算器的性能是衡量一台计算机性能的重要因素之一，与运算器相关的性能指标包括计算机的字长和速度。

2. 控制器

控制器是计算机的神经中枢，由它指挥计算机各个部件自动、协调地工作。它主要由指令寄存器、译码器、程序计数器和操作控制器等组成。控制器的基本功能是从内存中取出指令和执行指令，按程序计数器指出的指令地址从内存中取出该指令进行译码，然后根据该指令功能向有关部件发出控制命令，进而执行指令。另外，控制器在工作过程中，还接收各部件反馈的信息。

3. 存储器

存储器具有记忆功能，用来保存信息，如数据、指令和运算结果等。存储器可分为内存储器和外存储器。

（1）内存储器（简称内存或主存）。内存储器又称主存储器，它直接与 CPU 相连接，存储容量较小，但存储速度快，用来存放当前运行程序的指令，并直接与 CPU 交换信息。内存储器由许多存储单元组成，每个单元能存放一个二进制数。

存储器的存储容量以字节为基本单位，每个字节都有自己的编号，称为“地址”，如果要访问存储器中的某个信息，必须知道它的地址，然后再按地址存入或取出信息。

（2）外存储器（简称外存或辅存）。外存储器又称辅助存储器，它是内存的扩充，存储容量大、价格低，但存储速度较慢，一般用来存放大量暂时不用的程序、数据和中间值，需要时，可成批地与内存储器进行信息交换。外存储器只能与内存储器交换信息，不能被计算机系统的其他部件直接访问。

4. 输入/输出设备

输入/输出设备简称 I/O（input/output）设备。输入设备是用来向计算机输入数据，输出设备是将计算机处理的结果显示或打印出来。

通常把内存储器、运算器和控制器合称为计算机主机。把运算器、控制器放置在一个大规模集成芯片上，这个芯片称为中央处理器，即 CPU（central processing unit）。也可以说，主机是由 CPU 和内存储器组成的，而主机以外的装置称为外部设备，外部设备包括输入/输出设备和外存储器。

三、了解计算机的主要性能指标

计算机的主要性能指标包括以下几个：

1. 字长

字长是指计算机能够直接处理的二进制信息的位数。字长与计算机的功能和用途有很大关系，是计算机的一个重要技术指标。字长直接反映了一台计算机的计算精度。在其他指标相同时，字长越长，计算机处理数据的速度就越快。早期的微机字长一般是8位和16位。目前市面上计算机的处理器大部分已达到64位。

字长由微处理器对外数据通路的数据总线条数决定。

2. 运算速度

运算速度（平均运算速度），是指计算机每秒钟所能执行的指令条数，一般用“百万条指令/秒”（MIPS）来描述。运算速度是衡量计算机性能的一项重要指标。

3. 时钟频率

时钟频率也称为主频，是指CPU在单位时间（秒）内所发出的脉冲数，单位为兆赫兹（MHz）。它在很大程度上间接决定了计算机的运算速度，时钟频率越高，运算速度越快。在购买CPU时通常以时钟频率作为重要的参数来考虑。

4. 内存容量

计算机的内存容量通常是指随机存储器（RAM）的容量，是内存条的关键性参数。内存越大，其处理数据的范围就越广，并且运算速度也越快。

5. 存取速度

存储器完成一次读/写操作所需的时间称为存储器的存取时间或访问时间，存储器连续进行读/写操作所允许的最短时间间隔称为存取周期。存取周期越短，存取速度越快，它是反映存储器性能的一个重要参数。内存的速度一般用存取时间衡量，即每次与CPU间进行数据处理耗费的时间，以纳秒（ns）为单位。目前大多数SDRAM内存芯片的存取时间为5、6、7、8或10 ns。

6. 磁盘容量

磁盘容量通常指硬盘、软盘存储量的大小，反映了计算机存取数据的能力。

7. 高速缓冲存储器

磁盘缓冲加速了磁盘的访问速度，那么相同的技术是否可以加速内存的访问速度呢？高速缓冲存储器就是这样一个硬件设备。由于CPU的运行速度非常快，所以大部分时间都是在等待从RAM中传送的数据。高速缓冲存储器使得CPU一旦发出请求，就可以迅速访问到数据。

项目二

计算机硬件、软件安装

任务一　计算机硬件的选购

★任务描述

1. 了解计算机硬件的主流品牌及其性能特点。
2. 根据计算机需求选购合适的部件。

★任务实施

从外部结构看，台式计算机的硬件主要有主机、显示器、键盘、鼠标等，如图 1-6 所示。

图 1-6　计算机

一、主板

主板，又叫主机板（mainboard）或母板（motherboard），它安装在机箱内，是计算机最基本也是最重要的部件之一。主板一般为矩形电路板，上面安装了组成计算机的主要电路系统。主板的主要结构如图 1-7 所示。

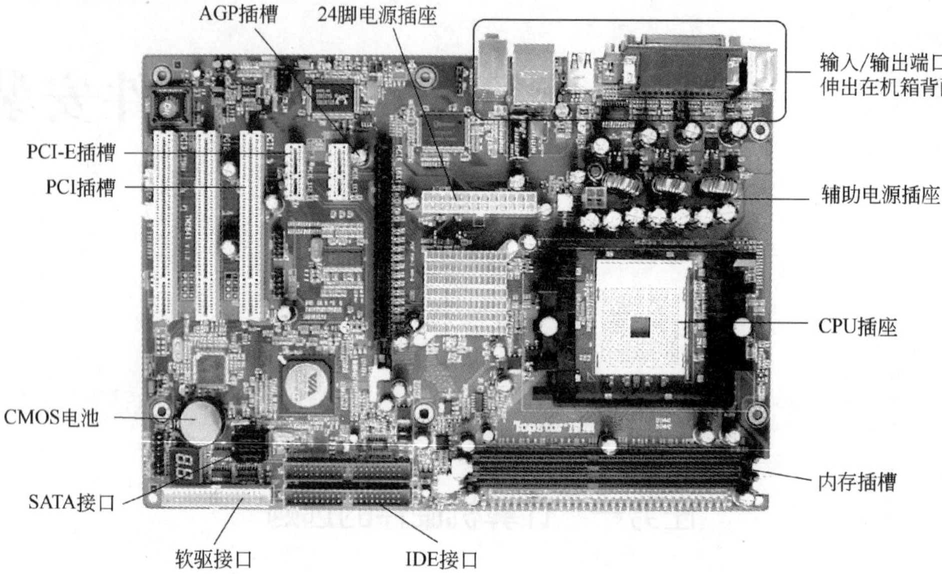

图 1-7 主板

主板对计算机的性能来说，影响很大。可将主板比喻成建筑物的地基，其质量决定了建筑物坚固耐用与否；也可形象地将主板比作高架桥，其质量关系着交通的畅通与流速。

主板的性能指标有如下几点：

（1）主板芯片组类型。主板芯片组是主板的核心，芯片组性能的优劣，决定了主板性能的好坏与级别的高低。CPU 是整个计算机系统的控制运行中心，而主板芯片组不仅要支持 CPU 的工作，而且要控制协调整个系统的正常运行。主流芯片组主要有支持 Intel 公司的芯片组和支持 AMD 公司的芯片组两种。

（2）主板 CPU 插座档次。主板上的 CPU 插座主要有 Socket478、LGA775 等，引脚数越多，表示主板所支持的 CPU 性能越好。

（3）是否集成显卡。一般情况下，相同配置的机器，集成显卡的性能不如相同档次的独立显卡，但集成显卡的兼容性和稳定性较好。

（4）前端总线档次。前端总线是处理器与主板北桥芯片或内存控制集线器之间的数据通道，其频率高低直接影响 CPU 访问内存的速度。

（5）内存容量和频率。主板支持的内存容量和频率越高，计算机性能越好。

选购主板时应注意以下几点：

（1）对 CPU 的支持。主板与 CPU 是否配套。

（2）对内存、显卡、硬盘的支持。要求兼容性和稳定性好。

（3）扩展性能与外围接口。考虑计算机的日常使用，主板除了有 AGP 插槽和 DIMM 插槽外，还有 PCI、AMR、CNR、ISA 等扩展槽。

（4）用料和制作工艺。就主板电容而言，全固态电容的主板好于半固态电容的主板。

（5）品牌。最好选择知名品牌的主板，目前知名的主板品牌有华硕（ASUS）、微星（MSI）、技嘉（GIGABYTE）等。

二、CPU

中央处理器（CPU）由运算器和控制器组成。运算器有算术逻辑部件和寄存器；控制器有指令寄存器、指令译码器和指令计数器等。CPU 外观如图 1-8 所示。

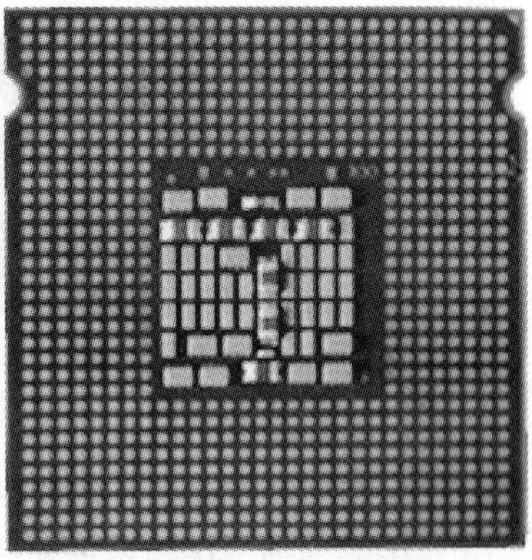

图 1-8　CPU

CPU 的性能指标直接决定了由它构成的微型计算机系统的性能指标。CPU 的性能指标主要由字长、主频和缓存决定。

（1）主频。也叫时钟频率，以 MHz（兆赫）为单位。通常所说的某某 CPU 是多少兆赫的，这个“多少兆赫”就是 CPU 的主频。主频的大小在很大程度上决定了微机运算速度的快慢，主频越高，微机的运算速度就越快。在启动计算机时，BIOS 自检程序会在屏幕上显示出 CPU 的工作频率。

（2）缓存。缓存大小也是 CPU 的重要指标之一，而且缓存的结构和大小对 CPU 处理速度的影响非常大。实际工作时，CPU 往往需要重复读取同样的数据块，而缓存容量的增大，可以大幅度提升 CPU 内部读取数据的命中率，而不用再到内存或者硬盘上寻找，以此提高系统性能。现在 CPU 的缓存分一级缓存（L1）、二级缓存（L2）和三级缓存（L3）。

（3）字长。字长的长度是不固定的，对于不同的 CPU，字长的长度也不一样。8 位的 CPU 一次只能处理 1 字节，而 32 位的 CPU 一次就能处理 4 字节，同理，字长为 64 位的 CPU 一次可以处理 8 字节；字长越长，CPU 处理速度越快。

（4）制作工艺。制造工艺的趋势是向高密集度的方向发展。密度越高的 IC 电路设计，意味着在同样面积的 IC 中，可以拥有密度更高、功能更复杂的电路设计。现在主要的 CPU 制造精细度有 90 nm、65 nm、45 nm。Intel 公司目前已经有 32 nm 制造工艺的酷睿 i3/i5 系列。总之，制造工艺越精细，CPU 性能就越好。

选购 CPU 时应注意以下几点：

（1）确定 CPU 的品牌。可以选用 Intel 或 AMD，AMD 的性价比较高，而 Intel 的则是稳定性较高。

（2）CPU 与主板配套。CPU 的前端总线频率应不大于主板的前端总线频率。

（3）查看 CPU 的参数。主要看主频、前端总线频率、缓存、工作电压等，如 Pentium D 2.8 GHz/2 MB/800/1.25 V，Pentium D 指 Intel 奔腾 D 系列处理器，2.8 GHz 指 CPU 的主频，2 MB 指二级缓存的大小，800 指前端总线频率为 800 MHz，1.25 V 指 CPU 的工作电压（工作电压越小越好，因为工作电压低的 CPU 产生的热量越少）。

(4) 查看 CPU 风扇转速。风扇转得越快，风力越大，降温效果越好。

三、内存条

内存是计算机的重要部件之一，它是与 CPU 进行沟通的桥梁。计算机所需处理的全部信息都是由内存来传递给 CPU 的，因此内存的性能对计算机的影响非常大。内存的作用是暂时存放 CPU 中的运算数据，以及与硬盘等外部存储器交换的数据。当计算机需要处理信息时，再把外存的数据调入内存。内存条如图 1-9 所示。

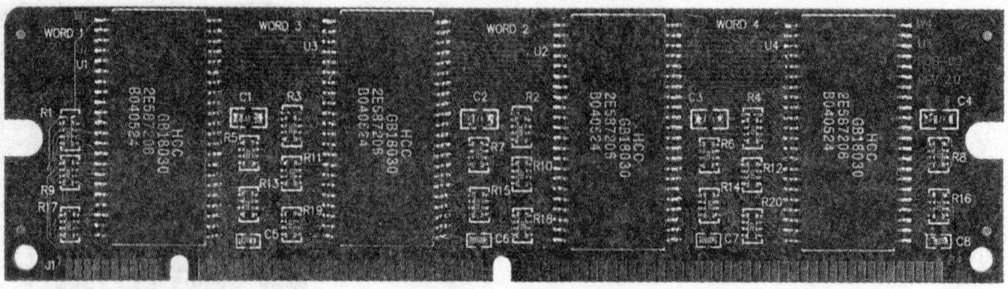

图 1-9　内存条

内存的性能指标有如下几点：

(1) 传输类型。传输类型实际上是指内存的规格，即通常所说的 DDR2 内存还是 DDR3 内存，DDR3 内存在传输速率、工作频率、工作电压等方面都优于前者。

(2) 主频。内存主频与 CPU 主频一样，习惯上被用来表示内存的速度，它代表着该内存所能达到的最高工作频率。内存主频是以 MHz（兆赫）为单位来计量的。内存主频越高，在一定程度上代表着内存所能达到的速度越快。目前较为主流的内存频率是 800 MHz 的 DDR2 内存，以及一些内存频率更高的 DDR3 内存。

(3) 存储容量。即一根内存条可以容纳的二进制信息量，当前常见的内存容量有 512 MB、1 GB、2 GB、4 GB 等。

(4) 可靠性。存储器的可靠性用平均故障间隔时间来衡量，可以理解为两次故障之间的平均时间间隔。

选购内存时应注意以下几点：

(1) 确定内存的品牌。最好选择名牌厂家的产品。如 Kingston（金士顿），兼容性好、稳定性高，但市场上假货较多；现代（HY）、ADATA（威刚）、APacer（宇瞻）等也是不错的品牌。

(2) 确定内存容量的大小。

(3) 确定内存的工作频率。

(4) 仔细辨别内存的真伪。

(5) 判断内存做工的精细程度。

四、硬盘

硬盘是计算机中最重要的外存储器，它用来存放大量数据，由一个或者多个铝制或者玻璃制的碟片组成。这些碟片外覆铁磁性材料。绝大多数硬盘都是固定硬盘，被永久性地密封固定在硬盘驱动器中，如图 1-10 所示。

硬盘的性能指标有如下几点：

(1) 容量。一张硬底盘片具有正、反两个存储面，两个存储面的存储容量之和就是硬盘的单碟容量。单碟容量越大，单位成本越低，平均访问时间也就越短。

(2) 转速。转速是硬盘内电机主轴的旋转速度，也就是硬盘盘片在一分钟内所能完成的最大转数。转速的快慢是决定硬盘内部传输率的关键因素之一，在很大程度上直接影响到硬盘的传输速度。硬盘的转速越快，硬盘寻找文件的速度也就越快，硬盘的传输速度也就得到了提高。硬盘转速以每分钟多少转 (r/min) 来表示，单位表示为 RPM，RPM 是 Revolutions Per Minute 的缩写。

图 1-10　硬盘

(3) 平均访问时间。指磁头从起始位置到达目标磁道位置，并且从目标磁道上找到要读写的数据扇区所需的时间。

(4) 传输速率。它是指硬盘读写数据的速度，单位为兆字节每秒 (MB/s)，硬盘的传输速率取决于硬盘的接口。常用的接口有 IDE 接口和 SATA 接口，SATA 接口传输速率普遍较高，因此现在的硬盘大多采用 SATA 接口。

(5) 缓存。缓存 (Cache memory) 是硬盘控制器上的一块内存芯片，具有极快的存取速度，它是硬盘内部存储与外界接口之间的缓冲器。一般缓存较大的硬盘在性能上更突出。

选购硬盘时应注意以下几点：

(1) 硬盘容量的大小。

(2) 硬盘的接口类型。硬盘接口的优劣直接影响着程序运行快慢和系统性能好坏，目前流行的是 SATA 接口。

(3) 硬盘数据缓存及寻道时间。对于大缓存的硬盘，在存取零碎数据时具有非常大的优势。这是因为当硬盘存取零碎数据、需要不断地在硬盘与内存之间交换数据时，如果有大缓存，则可以将那些零碎数据暂存在缓存中，这样一方面可以减小外系统的负荷，另一方面也可提高硬盘数据的传输速度。

(4) 硬盘的品牌选择。目前市场上知名的硬盘品牌有希捷 (Seagate)、三星 (Samsung)、西部数据 (Western Digital)、日立 (HITACHI) 等。

五、显卡

显卡是主机与显示器连接的“桥梁”，是连接显示器和主板的适配卡，作用是控制显示器的显示方式。显卡分集成显卡和独立显卡，图 1-11 所示为独立显卡。

显卡的性能指标有如下几点：

(1) 分辨率。显卡的分辨率表示显卡在显示器上所能描绘的像素的最大数量，一般以横向点数 × 纵向点数来表示。分辨率越高，在显示器上显示的图像越清晰，图像和文字可以更小，在显示器上可以显示出更多的内容。

(2) 色深。像素的颜色数称为色深，该指标用来描述显卡在某一分辨率下，每一个像素能够显示的颜色数量，一般以多少色或多少“位”色来表示。

图 1-11　独立显卡

（3）显存容量。显存与系统内存一样，其容量也是越大越好，因为显存越大，可以存储的图像数据就越多，支持的分辨率与色深也就越高，做设计或玩游戏时运行就更加流畅。现在主流显卡基本上具备的是 512 MB 显存容量，一些中高端显卡则配备了 1 GB 的显存容量。

（4）刷新频率。刷新频率是指图像在显示器上更新的速度，也就是图像每秒在屏幕上出现的帧数，单位为 Hz。刷新频率越高，屏幕上图像的闪烁感就越小，图像越稳定，视觉效果就越好。一般刷新频率在 75 Hz 以上时，人眼对影像的闪烁才不易察觉。

（5）核心频率与显存频率。核心频率是指显卡视频处理器的时钟频率，显存频率则是指显存的工作频率。显存频率一般比核心频率略低，或者与核心频率相同。显卡的核心频率和显存频率越高，显卡的性能越好。

选购显卡时应注意以下几点：

（1）显存容量和速度。

（2）显卡芯片。主要有 NVIDIA 和 ATI。

（3）散热性能。

（4）显存位宽。目前市场上的显存位宽有 64 位、128 位和 256 位三种，人们习惯上称 64 位显卡、128 位显卡和 256 位显卡，就是指其相应的显存位宽。显存位宽越高，性能越好，价格也就越高。

（5）品牌选择。目前市场上知名的品牌有 Colorful（七彩虹）、GALAXY（影驰）、ASUS（华硕）和 UNIKA（双敏）。

六、显示器

显示器属于计算机的 I/O 设备，即输入输出设备。显示器分为阴极射线管显示器（CRT）（见图 1-12）、液晶显示器（LCD）（见图 1-13）、等离子体显示器（PDP）、真空荧光显示器（VFD）等多种。不同类型的显示器应配备相应的显卡。显示器有显示程序执行过程和结果的功能。

图 1-12　CRT

图 1-13　LCD

目前，一般购置计算机都选择液晶显示器，其性能指标主要有如下几点：

（1）可视面积。液晶显示器所标示的尺寸就是实际可以使用的屏幕范围。例如，一个 15.1 英寸的液晶显示器约等于 17 英寸 CRT 屏幕的可视范围。

（2）可视角度。液晶显示器的可视角度左右对称，而上下则不一定对称。大多数从屏幕射出的光具备垂直方向，而从一个非常斜的角度观看一个全白的画面，可能会看到黑色或是色彩失真。

（3）点距。点距 = 可视宽度/水平像素（或者可视高度/垂直像素），如 14 英寸 LCD 的可视面积为 285.7 mm × 214.3 mm，它的最大分辨率为 1 024 × 768，即点距 = 285.7 mm /1 024 = 0.279（mm）。

（4）色彩度。色彩度是 LCD 的重要指标。自然界的任何一种色彩都是由红、绿、蓝三种基本色组成的。高端液晶使用了 FRC（Frame Rate Control）技术以仿真的方式来表现出全彩的画面，也就是每个基本色（R、G、B）能达到 8 位，即 256 种颜色，那么每个独立的像素就有高达 256 × 256 × 256 = 16 777 216 种色彩。

（5）亮度和对比值。液晶显示器的亮度越高，显示的色彩就越鲜艳；对比值是定义最大亮度值（全白）除以最小亮度值（全黑）的比值。CRT 的对比值通常高达 500:1，因此在 CRT 上呈现真正全黑的画面是很容易的。但对 LCD 就不是很容易了，由冷阴极射线管所构成的背光源很难去做快速的开关动作，因此背光源始终处于点亮的状态。为了得到全黑画面，液晶模块必须完全把由背光源而来的光阻挡，但在物理特性上，这些组件并无法完全达到这样的要求，总是会有一些漏光发生。一般来说，人眼可以接受的对比值约为 250:1。

（6）响应时间。响应时间是指液晶显示器各像素点对输入信号反应的速度，此值越小越好。如果响应时间太长，就有可能使液晶显示器在显示动态图像时，有尾影拖曳的感觉。液晶显示器的响应时间一般为 20 ~ 30 ms。

选购显示器时应注意以下几点：

（1）对比度和亮度的选择。

（2）灯管的排列。

（3）响应时间和视频接口。

（4）分辨率和可视角度。

（5）品牌。目前比较知名的显示器品牌有三星、LG、AOC、飞利浦等。

七、光驱

光驱是计算机用来读写光碟内容的设备，在安装系统软件、应用软件、数据保存等时经常用到光驱。目前，光驱可分为 CD - ROM 驱动器、DVD 光驱（DVD - ROM）、康宝（COMBO）和刻录机等，如图 1-14 所示。

图 1-14　光驱

光驱的性能指标有以下几点：

（1）数据传输率。它是光驱最基本的性能指标，该指标直接决定了光驱的数据传输速度，通常以 KB/s 来计算。双速、四速、八速光驱的数据传输率分别为 300 KB/s、600 KB/s 和 1 200 KB/s，以此类推。

（2）平均访问时间。又称平均寻道时间，是指 CD - ROM 光驱的激光头从原来位置移动到一个新指定的目标（光盘的数据扇区）位置并开始读取该扇区上的数据，这个过程中所花费的时间。

（3）CPU 占用时间。指 CD - ROM 光驱在维持一定的转速和数据传输率时所占用 CPU 的时间。

选购光驱时应注意光驱的读写速度、纠错能力、稳定性和芯片材料。

八、音箱

音箱是指将音频信号转换为声音的一种设备（见图 1-15）。通俗地讲，音箱的工作原理是音箱主机箱体或低音炮箱体内自带功率放大器，对音频信号进行放大处理后由音箱本身回放出声音。

图 1-15　音箱

音箱的性能指标有如下几点：

（1）功率。

（2）信噪比。它是指功放最大不失真输出电压与残留噪声电压之比。

（3）频率范围。

目前市场上知名的音箱品牌有漫步者（Edifier）、麦博（Microlab）、三星（Samsung）等。

九、机箱

机箱是电脑主机的“房子”，起到容纳和保护 CPU 等计算机内部配件的重要作用，从外观上分立式和卧式两种。机箱一般包括外壳、用于固定软硬盘驱动器的支架、面板上必要的开关、指示灯和显示数码管等。配套的机箱内还有电源，如图 1-16 所示。

机箱的性能和选购应注意制作材料、制作工艺、使用的方便度、散热能力、品牌等。

十、键盘和鼠标

键盘是计算机最常用的输入设备，包括数字键、字母键、功能键、控制键等，如图 1-17 所示。

图 1-16　机箱

图 1-17　键盘和鼠标

鼠标的全称是显示系统纵横位置指示器，因形似老鼠而得名“鼠标”，英文名“Mouse”。鼠标的使用是为了代替键盘烦琐的指令，使计算机的操作更加简便。

鼠标按键数分类，可以分为传统双键鼠标、三键鼠标和新型的多键鼠标；按内部构造分类，可以分为机械式、光机式和光电式三大类；按接口分类，可以分为 COM、PS/2 和 USB 三类。

一般情况下，键盘和鼠标的市场价格都比较便宜，由于键盘和鼠标使用率较高，容易损坏，建议选择价格适中的产品。

任务二　计算机硬件的组装

★任务描述

1. 掌握计算机各部件的安装方法。
2. 熟悉计算机各设备的连线方法。
3. 了解计算机系统的组成。

★任务实施

一、在主板上安装 CPU

（1）找到主板上安装 CPU 的插座，稍微向外、向上拉开 CPU 插座上的拉杆，拉到与插座垂直的位置，如图 1-18 所示。

（2）仔细观察，可以看到在靠近阻力杆的插槽一角与其他三角不同，上面缺少针孔。取出 CPU，仔细观察 CPU 的底部，会发现在其中一角上也没有针脚，这与主板 CPU 插槽缺少针孔的部分是相对应的，只要让两个没有针孔的位置对齐就可以正常安装 CPU 了。

（3）看清楚针脚位置以后就可以把 CPU 安装在插槽上了。安装时，用拇指和食指小心夹住 CPU，然后缓慢放到 CPU 插槽中，安装过程中要保证 CPU 始终与主板垂直，不要产生任何角度和错位。在安装过程中如果觉得阻力较大时，应拿出 CPU 重新安装。当 CPU 安插在 CPU 插槽中后（见图 1-19），使用食指下拉插槽边的阻力杆至底部卡住后，CPU 就安装成功了。

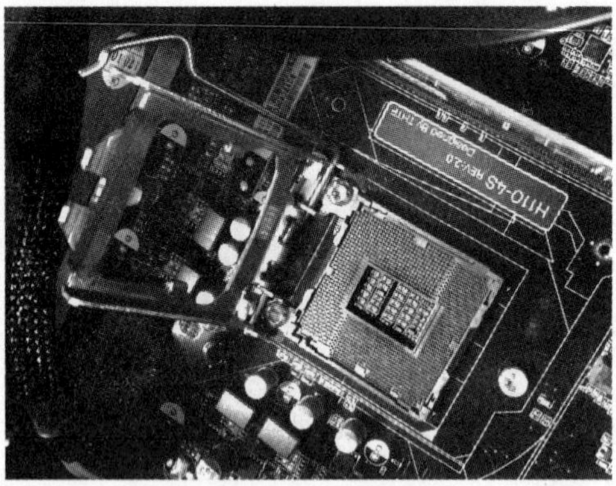

图 1-18　拉开插座拉杆

图 1-19　安装上 CPU

二、安装风扇

在安装风扇之前，应先确保 CPU 插槽附近的四个风扇支架没有松动，然后将风扇两侧的压力调节杆搬起，将风扇垂直轻放在四个风扇支架上，并用两手扶中间支点轻压风扇的四周，使其与支架慢慢扣合，最后将风扇两侧的双向压力调节杆向下压至底部扣紧风扇，保证散热片与 CPU 紧密接触。在安装完风扇后，切记要将风扇的供电接口安装回去。

三、安装内存条

（1）安装内存条前，先要将内存条插槽两端的白色卡子向两边扳动，将其打开，然后插入内存条，内存条的 1 个凹槽必须垂直对准内存条插槽上的 1 个凸点（隔断）。

（2）向下按入内存条，按时需要稍稍用力，如图 1-20 所示。

图 1-20　安装内存条

四、将主板安装到机箱中

(1) 在安装主板之前，先将装机箱提供的主板垫脚螺母安放到机箱主板托架的对应位置（有些机箱购买时就已经安装）。

(2) 将 I/O 挡板安装到机箱的背部，然后双手平托住主板，将主板放入机箱中，如图 1-21 所示。

(3) 拧紧螺钉，固定主板。注意每颗螺钉不能一次性拧紧，以避免扭曲主板。

五、安装电源

先将电源放进机箱上的电源位，并将电源上的螺钉固定孔与机箱上的固定孔对正。先拧上一颗螺钉（固定住电源即可），然后将剩下 3 个螺钉孔对正位置，再拧上剩下的螺钉，如图 1-22 所示。

图 1-21　将主板放入机箱中

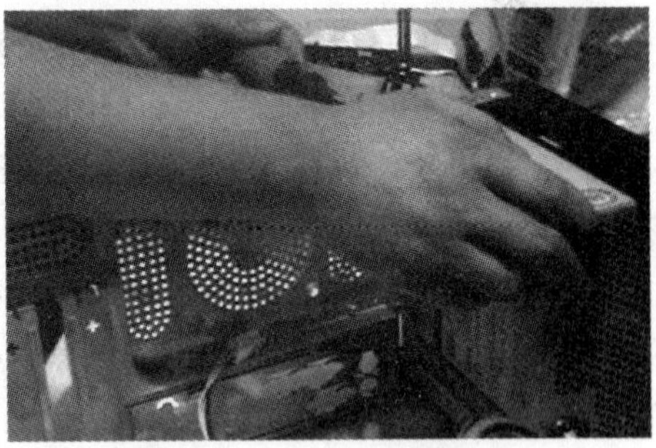

图 1-22　电源的安装

六、安装光盘驱动器

从机箱的面板上取下一个五寸槽口的塑料挡板，用来装光驱。为了散热的原因，应该尽量把光驱安装在最上面的位置。先把机箱面板的挡板去掉，然后把光驱从前面放进去，安装光驱后固定光驱螺钉。

七、安装硬盘

(1) 在机箱内找到硬盘驱动器舱，再将硬盘插入驱动器舱内，并使硬盘侧面的螺钉孔与驱动器舱上的螺钉孔对正。

（2）用螺钉将硬盘固定在驱动器舱中。在安装时，要尽量把螺钉拧紧，这是因为硬盘经常处于高速运转的状态，可以减少噪声以及防止震动。

八、安装显卡

将显卡插入插槽中后，用螺钉固定显卡，如图 1-23 所示。固定显卡时，要注意显卡挡板下端不要顶在主板上，否则无法插到位。插好显卡，固定挡板螺钉时要松紧适度，注意不要影响显卡插脚与 PCI/PCE - E 槽的接触，更要避免引起主板变形。安装声卡、网卡或内置调制解调器与之相似，在此不再赘述。

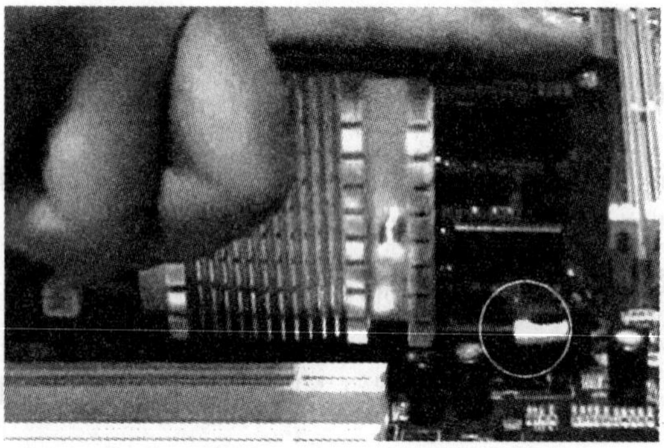

图 1-23　显卡的安装

九、连接相关数据线

（1）找到一个插头上标有 AUDIO 的跳线，即前置的音频跳线。在主板上找到 AUDIO 插槽并插入，这个插槽通常在显卡插槽附近。

（2）找到报警器跳线 SPEAKER，并在主板上找到 SPEAKER1 插槽并将线插入。这个插槽在不同品牌主板上的位置可能不一样。

（3）找到标有 USB 字样的跳线，将其插入 USB 跳线插槽中。

（4）找到主板跳线插座，一般位于主板右下角，共有 9 个引脚，其中最右边的引脚没有任何用处。将硬盘灯跳线 H. D. D. LED、重启键跳线 RESET SW、电源信号灯线 POWER LED、电源开关跳线 POWER SW 分别插入对应的接口。

连接电源线。主板上一般提供 24 PIN 的供电接口或 20 PIN 的供电接口，连接硬盘和光驱上的电源线。

连接数据接口。硬盘一般采用 SATA 接口或 IDE 接口，光驱采用 IDE 接口。现在的大多数主板上，有多个 SATA 接口，一个 IDE 接口。

十、连接电源线

为整个主板供电的电源线插头共有 24 个引脚。主板的电源插座采用了防呆设计，正确插法是将带有卡子的一侧对准电源插座凸出来的一侧插进去。

十一、整理内部连线和合上机箱盖

机箱内部的空间并不宽敞，加之设备发热量比较大，如果机箱内没有一个宽敞的空间，会影响空气流动与散热，同时容易发生连线松脱、接触不良或信号紊乱的现象。装机箱盖时，要仔细检查各部分的连接情况，确保无误后，把主机的机箱盖盖上，上好螺钉，主机安装就完成了。

十二、连接外设

主机安装完成以后，把相关的外部设备如键盘、鼠标、显示器、音箱等同主机连接起来，如图 1-24 所示。

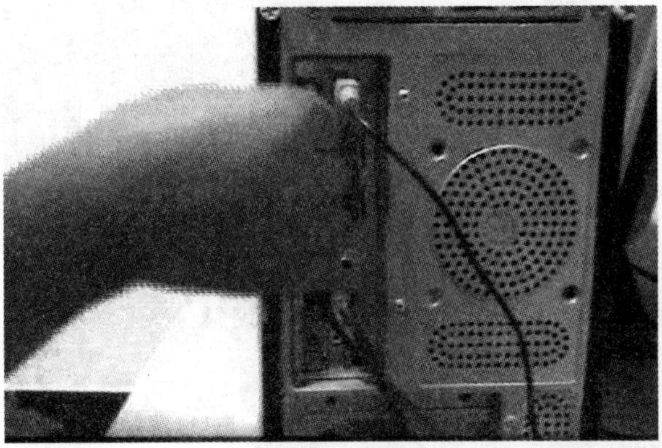

图 1-24　连接外设

至此，所有的计算机设备都已经安装好，按下机箱正面的开机按钮启动计算机，可以听到 CPU 风扇和主机电源风扇转动的声音，还有硬盘启动时发出的声音。显示器上开始出现开机画面，并且进行自检。

任务三　计算机系统软件的安装

★任务描述

Windows 7 是由微软公司（Microsoft）开发的操作系统，核心版本号为 Windows NT 6. 1。Windows 7 可供家庭及商业工作环境、笔记本电脑、平板电脑、多媒体中心等使用。2009 年 7 月 14 日 Windows 7 RTM（Build 7 600. 163 85）正式上线，2009 年 10 月 22 日微软于美国正式发布 Windows 7，2009 年 10 月 23 日微软于中国正式发布 Windows 7。Windows 7 主流支持服务过期时间为 2015 年 1 月 13 日，扩展支持服务过期时间为 2020 年 1 月 14 日。Windows 7 延续了 Windows Vista 的 Aero 1. 0 风格，并且更胜一筹。

在 Windows XP 已退出微软系统平台的今天，我们应该掌握 Windows 7 的安装方法，以便于在日常生活中对计算机进行维护。

★任务实施

步骤 1：计算机进行重启后，插入安装光盘，进入 Windows 7 的安装界面，如图 1-25 所示。单击“下一步”按钮，在出现的界面中，单击“现在安装”按钮，如图 1-26 所示。

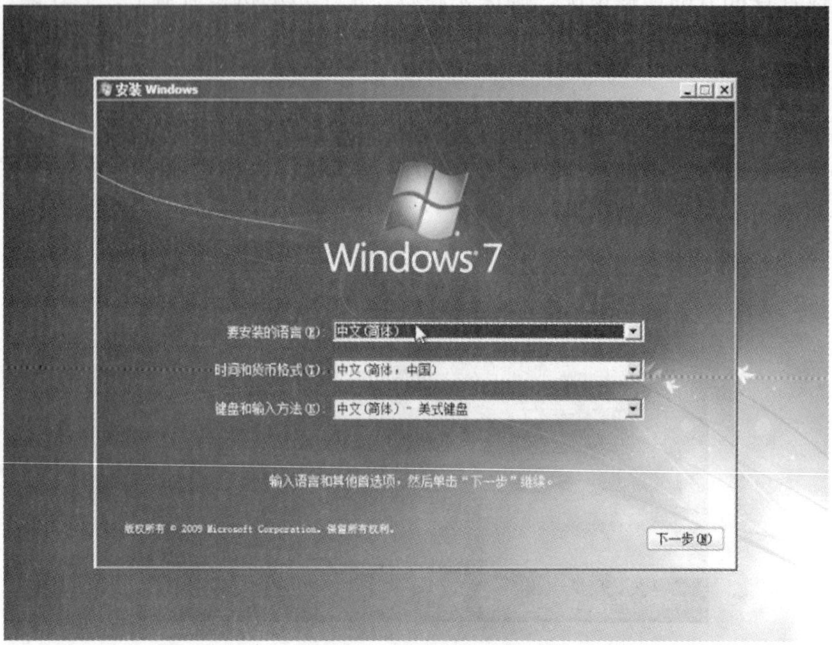

图 1-25　安装界面

图 1-26　现在安装

步骤 2：确认接受许可条款，单击“下一步”按钮继续，如图 1-27 所示。

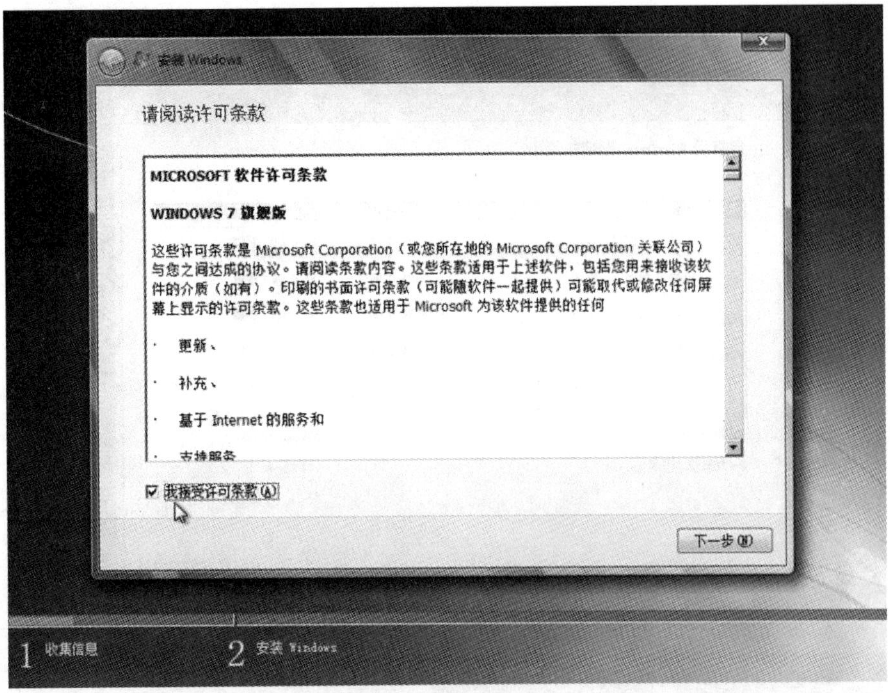

图 1-27　许可条款

步骤 3：选择安装类型，如图 1-28 所示。

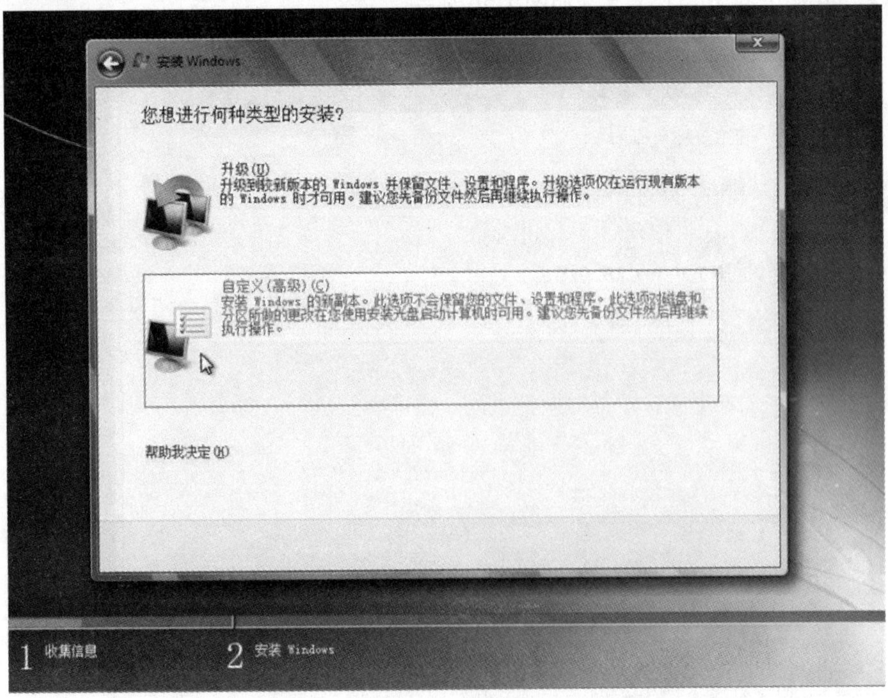

图 1-28　安装类型

步骤4：选择安装方式后，需要选择安装位置。默认将Windows 7安装在第一个分区（如果磁盘未进行分区，则安装前要先对磁盘进行分区），单击“下一步”按钮继续，如图1-29所示。

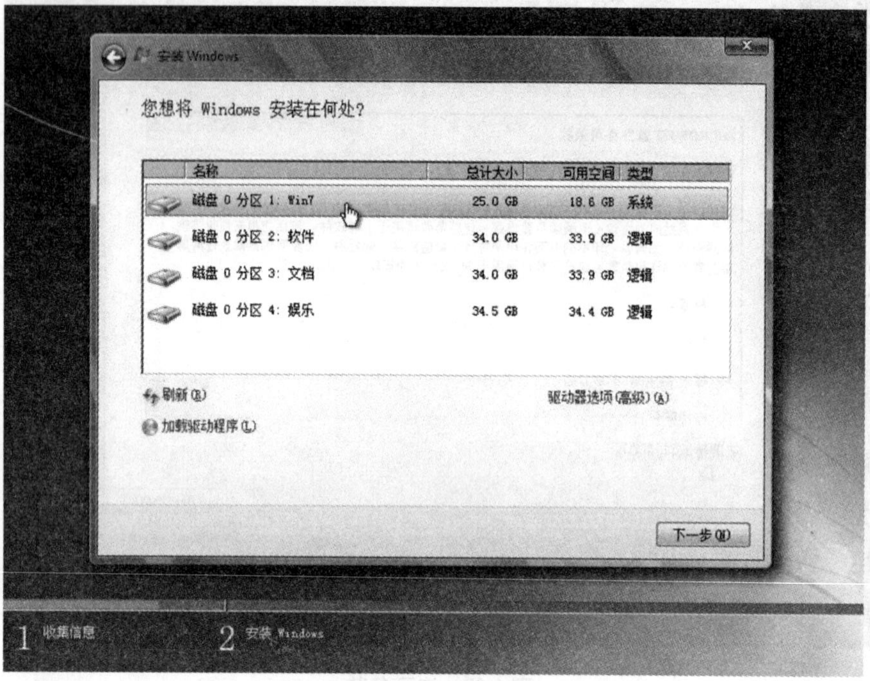

图1-29　安装位置

步骤5：开始安装Windows 7，如图1-30所示。

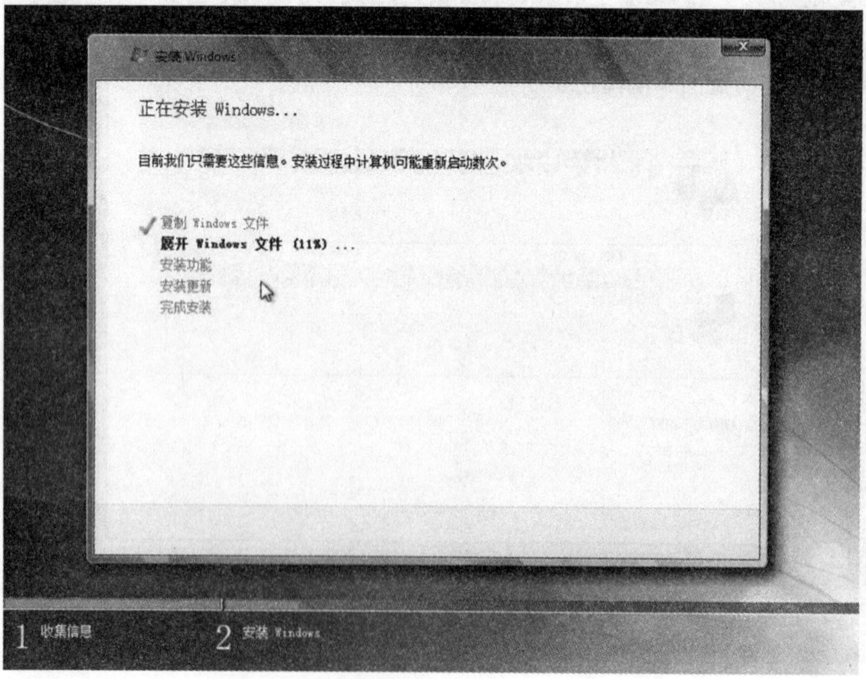

图1-30　正在安装

步骤 6：计算机重启数次，完成所有安装操作后进入 Windows 7 的设置界面，设置用户名和计算机名称，如图 1-31 所示。

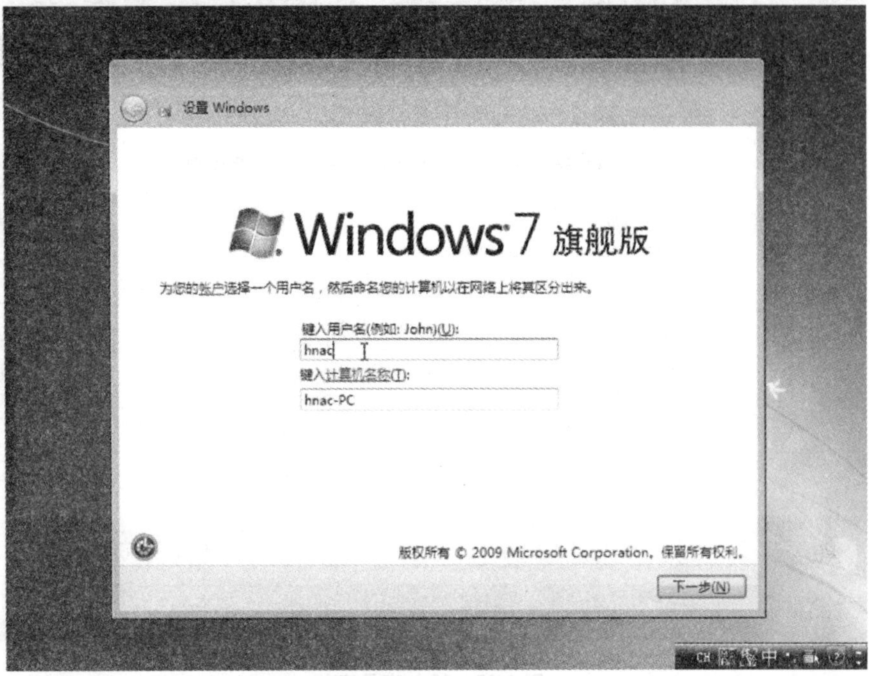

图 1-31　设置界面

步骤 7：为 Windows 7 设置密码，如图 1-32 所示。

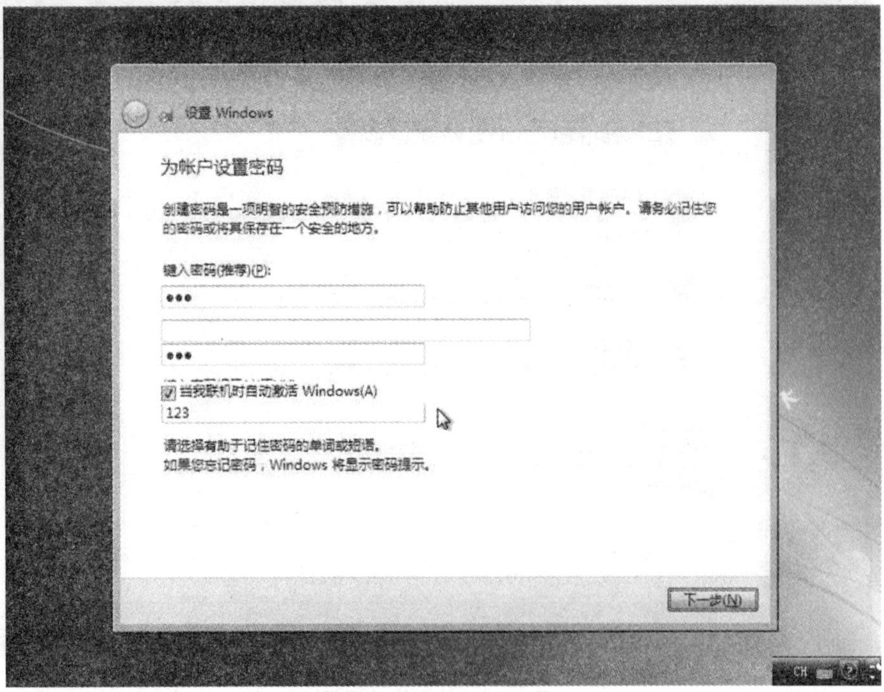

图 1-32　设置密码

步骤 8：输入产品密钥，如图 1-33 所示。

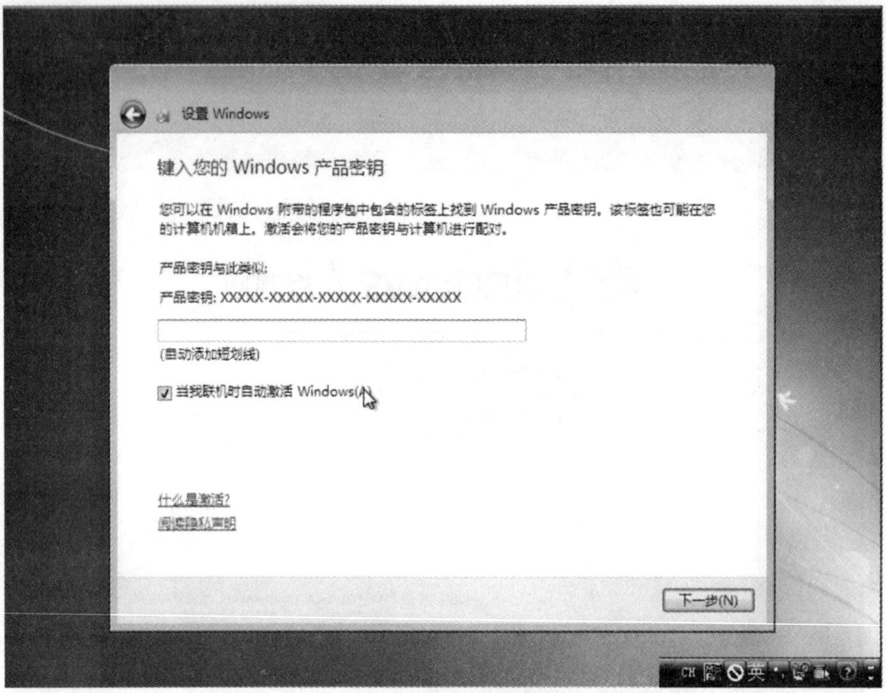

图 1-33　输入产品密钥

步骤 9：选择"帮助您自动保护计算机以及提高 Windows 的性能"选项，如图 1-34 所示。

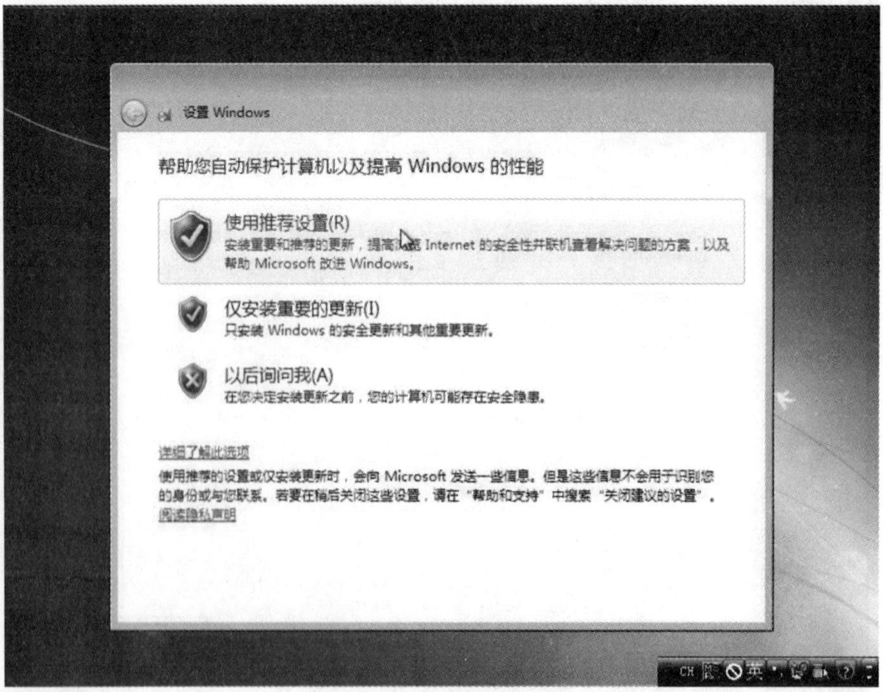

图 1-34　使用推荐设置

步骤 10：进行时区、时间、日期设定，如图 1-35 所示。

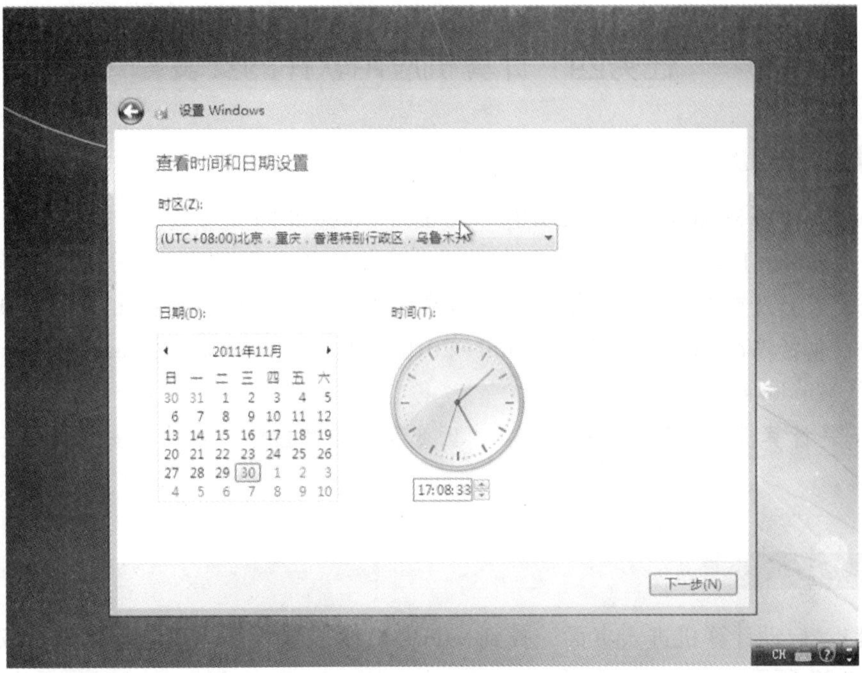

图 1-35　时间和日期设置

步骤 11：等待 Windows 完成设置，完成安装后，首次登录 Windows 7 的界面如图 1-36 所示。

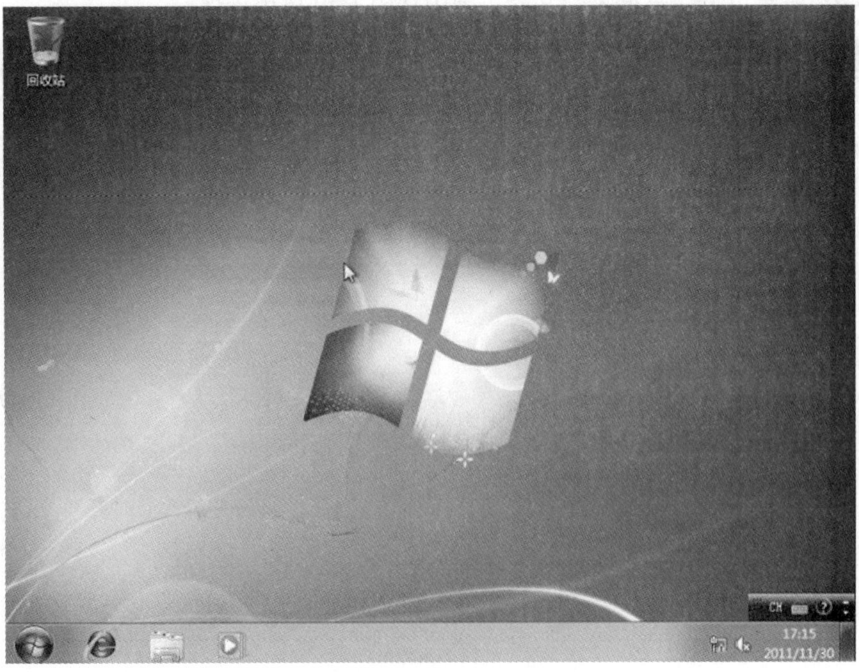

图 1-36　登录 Windows 7 界面

任务四　计算机应用软件的安装

★任务描述

Office 2010 即 Microsoft Office 2010。Microsoft Office 2010 是微软推出的新一代办公软件，开发代号为 Office 14，实际是第 12 个发行版。该软件共有 6 个版本，分别是初级版、家庭及学生版、家庭及商业版、标准版、专业版和专业高级版，此外还推出 Office 2010 免费版本，其中仅包括 Word 和 Excel 应用。Office 2010 可支持32 位和64 位 Vista 及 Windows 7，仅支持 32 位 Windows XP。

Office 是计算机中必备办公软件之一，因此我们应掌握办公软件的安装方法，提高日常办公效率。

★任务实施

步骤 1：启动计算机进入桌面，找到 Office 2010 安装程序，双击程序进行安装，如图 1-37、图 1-38 所示。

步骤 2：随后会出现 Microsoft Office 2010 的安装界面，可以直接单击“立即安装”按钮，系统将按照默认设置自动安装 Office 程序；如需选择安装的程序及安装目录等，可以单击“自定义”按钮进入下一步，如图 1-39 所示。

步骤 3：若单击了“自定义”安装，会出现图 1-40 所示选项。

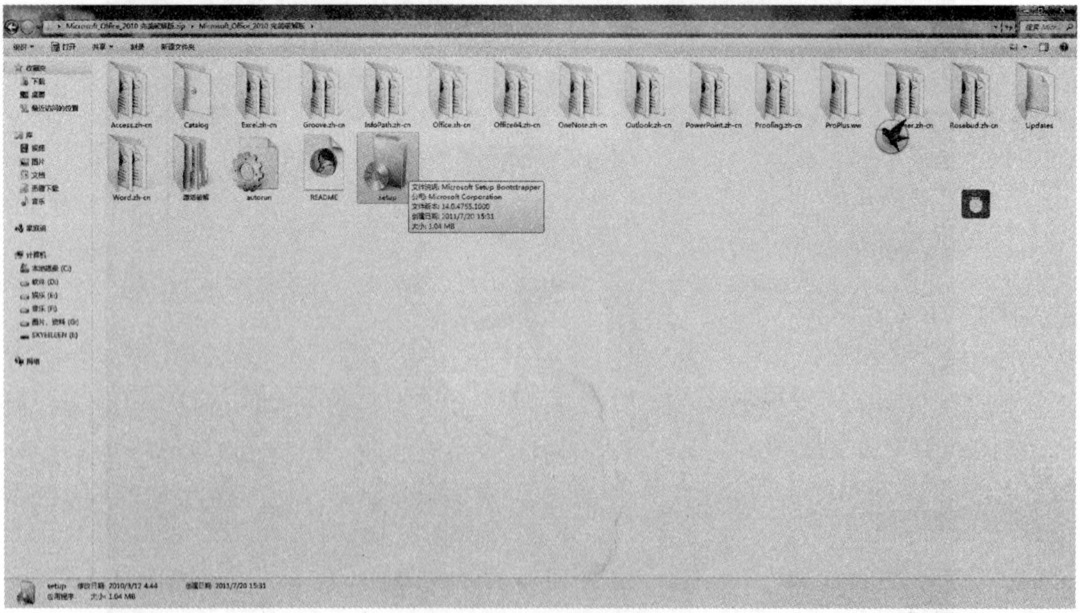

图 1-37　双击安装程序

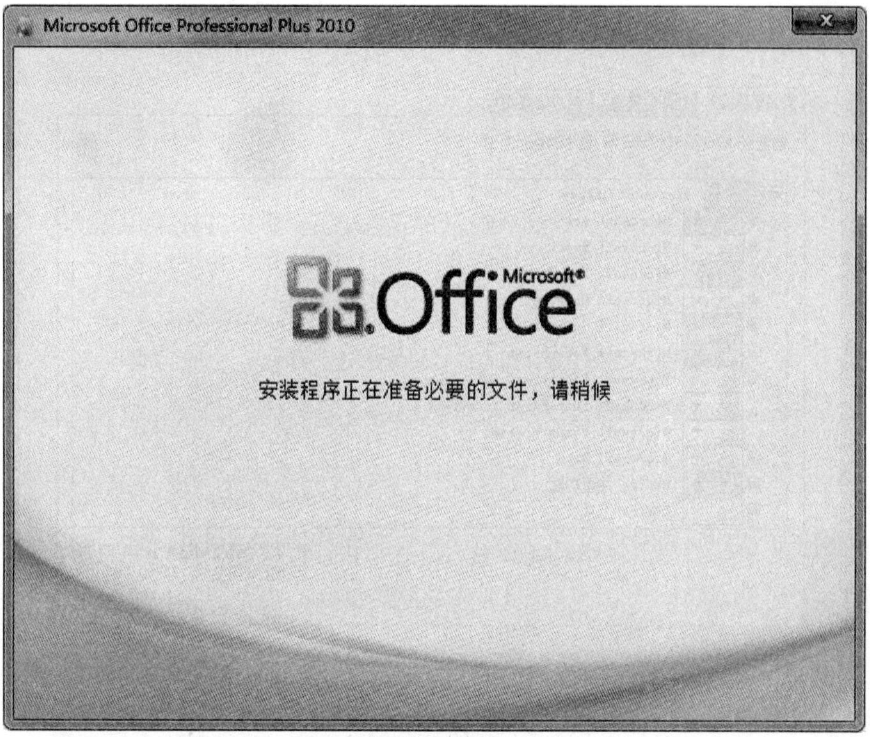

图 1-38　准备安装

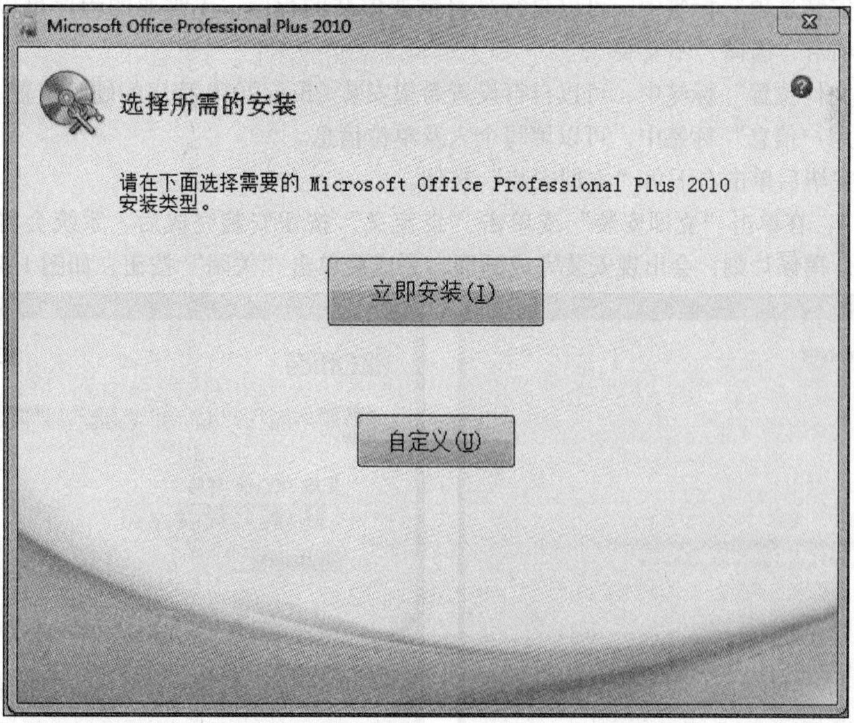

图 1-39　安装界面

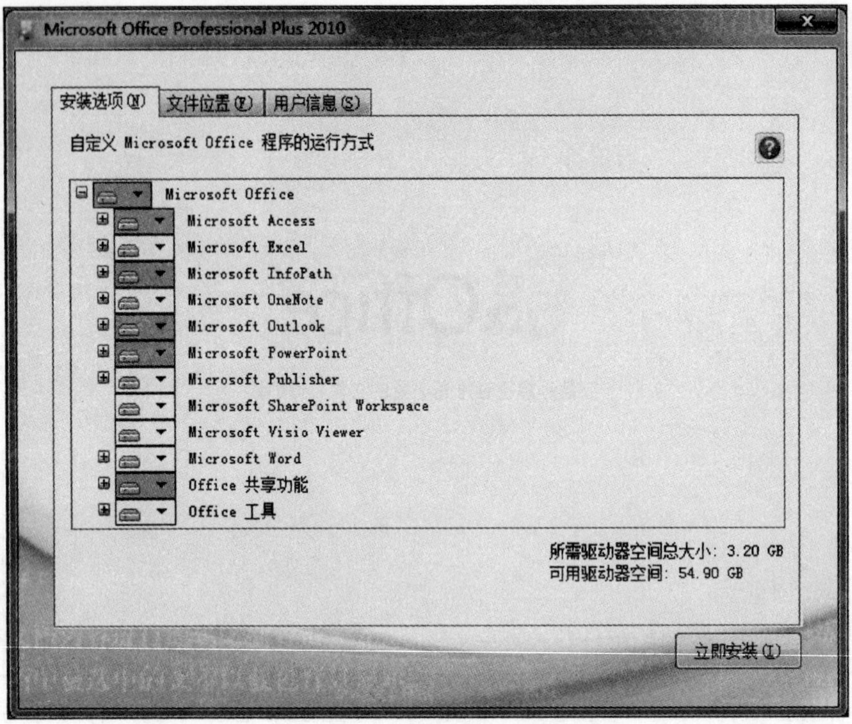

图 1-40　自定义安装

在“安装选项”标签中，可以自行选择需要安装的程序，不需要的程序可以单击该程序前的选项卡，选择“不安装”。

在“文件位置”标签中，可以自行设置希望安装 Office 2010 程序的硬盘位置。

在“用户信息”标签中，可以填写个人及单位信息。

设置完毕后单击右下角“立即安装”按钮。

步骤 4：在单击“立即安装”或单击“自定义”按钮安装完成后，系统会将程序安装到计算机，稍候片刻，会出现安装完成画面，完成后单击“关闭”按钮，如图 1-41 所示。

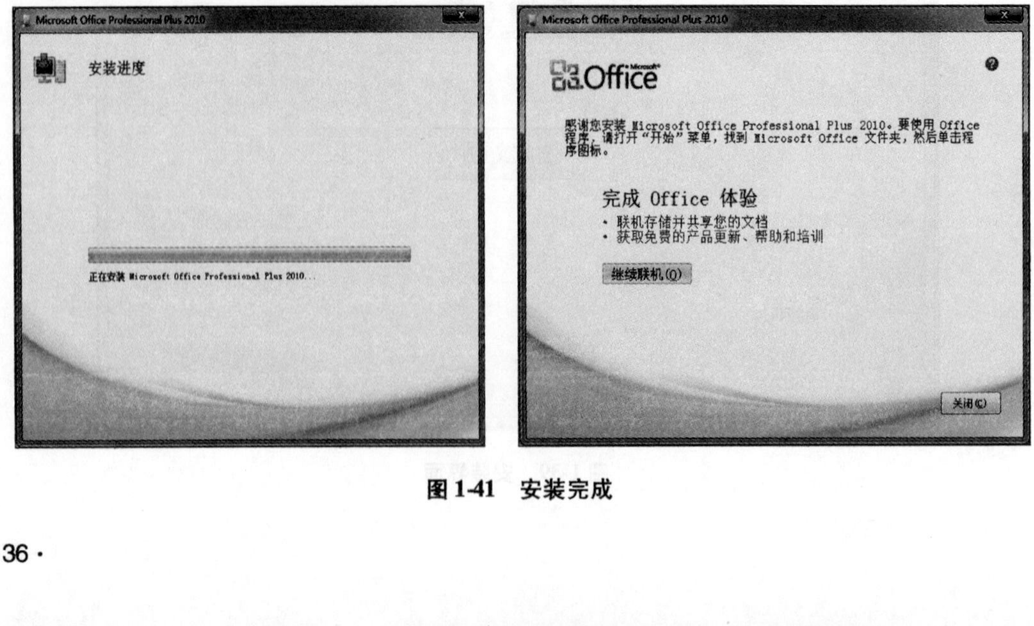

图 1-41　安装完成

任务五　键盘使用及输入法练习

★任务描述

1. 熟悉键盘的基本操作及键位。
2. 熟练掌握英文大小写、数字、标点的用法。
3. 掌握正确的操作指法及姿势。

★任务实施

一、基本知识

键盘上键位的排列按用途可分为主键盘区、功能键区、编辑键区、小键盘区和状态指示区，如图 1-42 所示。

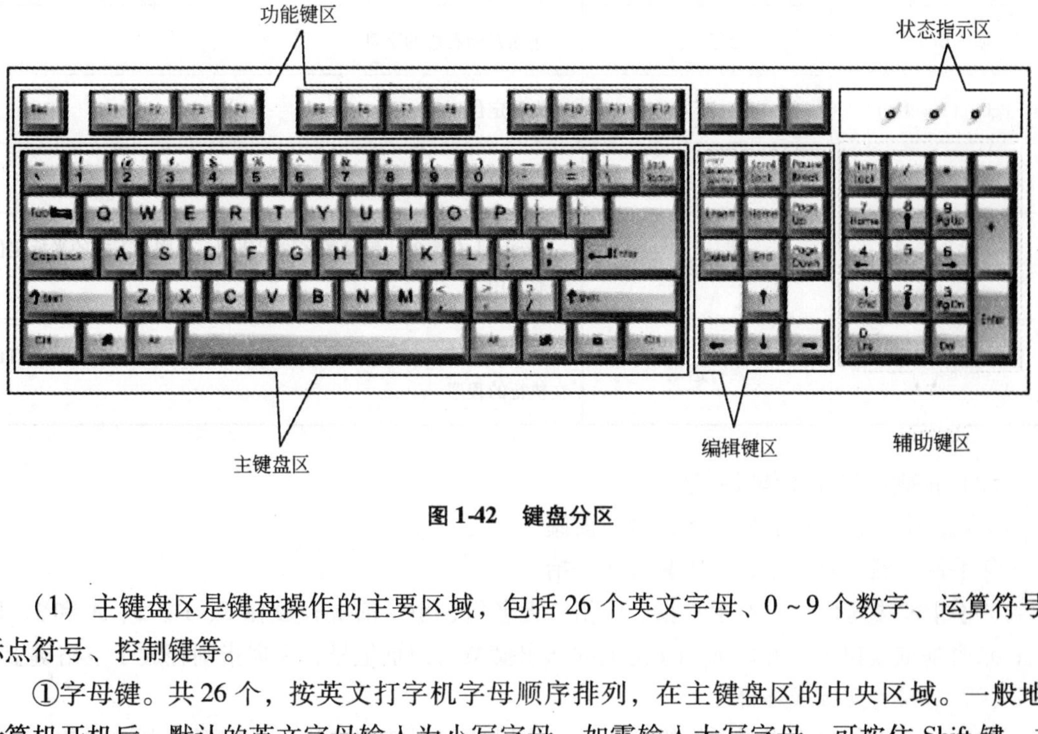

图 1-42　键盘分区

（1）主键盘区是键盘操作的主要区域，包括 26 个英文字母、0 ~ 9 个数字、运算符号、标点符号、控制键等。

①字母键。共 26 个，按英文打字机字母顺序排列，在主键盘区的中央区域。一般地，计算机开机后，默认的英文字母输入为小写字母。如需输入大写字母，可按住 Shift 键，击打字母键；或按下大写字母锁定键 CapsLock（此时，小键盘区对应的指示灯亮，表明键盘处于大写字母锁定状态），击打字母键。再次按下 CapsLock 键（小键盘对应的指示灯灭），重新转入小写输入状态。

②常用键的作用见表 1-5。

表 1-5　常用键的作用

按　键	名　称	作　用
Space	空格键	按一下产生一个空格
Backspace	退格键	删除光标左边的字符
Shift	换档键	同时按下 Shift 键和具有上下档字符的键，上档符起作用
Ctrl	控制键	与其他键组合成特殊的控制键
Alt	控制键	与其他键组合成特殊的控制键
Tab	制表定位	按一次，光标向右跳 8 个字符位置
CapsLock	大小写转换键	CapsLock 灯亮为大写状态，否则为小写状态
Enter	回车键	命令确认，且光标移到下一行
Ins（Insert）	插入覆盖转换	插入状态是在光标左面插入字符，否则覆盖当前字符
Del（Delete）	删除键	删除光标右边的字符
PgUp（PageUp）	向上翻页键	光标定位到上一页
PgDn（PageDown）	向下翻页键	光标定位到下一页
NumLock	数字锁定转换	NumLock 灯亮时小键盘数字键起作用，否则为下档的光标定位键起作用
Esc	强行退出	可废除当前命令行的输入，等待新命令的输入；或中断当前正在执行的程序

（2）正确的操作姿势及指法。

①腰部坐直，两肩放松，上身微向前倾。

②手臂自然下垂，小臂和手腕自然平抬。

③手指略微弯曲，左右手食指、中指、无名指、小指依次轻放在 F、D、S、A 和 J、K、L、; 八个基准键位上，并以 F 与 J 键上的凸出横条为识别记号，大拇指则轻放于空格键上。

④眼睛看着文稿或屏幕。

⑤按键时，伸出手指弹击按键，之后手指迅速回归基准键位，做好下次击键准备。如需按空格键，则用右手大拇指横向下轻击。如需按 Enter 键，则用右手小指侧向右轻击。

输入时，目光应集中在稿件上，凭手指的触摸确定键位，初学时尤其不要养成用眼确定指位的习惯。

正确的操作姿势和指法如图 1-43 和图 1-44 所示。

图 1-43　正确的操作姿势

图 1-44　正确的指法

二、启动软件

步骤 1：开机启动 Windows。

步骤 2：在任务栏上打开“开始”菜单，选择“程序”，单击其下“金山打字”，或双击桌面上的“金山打字”。

步骤 3：根据屏幕左边的菜单提示，单击“打字练习”或“打字游戏”。

步骤 4：根据屏幕指示进行英文输入，注意正确的操作姿势与指法。

步骤 5：关机。

退出系统关机必须执行标准操作，以利于系统保存内存中的信息，删除在运行程序时产生的临时文件。

步骤 1：关闭所有已打开的应用程序。

步骤 2：单击打开“开始”菜单，选择“关闭系统”选项，在弹出的对话框中单击选中“关闭计算机”选项后单击“是”按钮，系统自动关闭。

三、汉字输入法练习

步骤1：了解基本知识

1. Windows 提供的输入法

Windows 提供的输入法主要有全拼、双拼、智能 ABC 及五笔输入法。

2. 汉字输入法的选择及转换

在 Windows 中，汉字输入法的选择及转换方法有三种：

（1）单击任务栏上的输入法指示器 En 可选择输入方法。

（2）打开“开始”菜单，依次选择“设置”“控制面板”，在“控制面板”窗口中双击“输入法”图标，在“输入法属性”对话框中单击“热键”标签，在其选项卡中选择一种输入法（如切换到王码五笔型输入法）后，单击“基本键”输入框的列表按钮，选择“1”，在“组合键”区的“Alt”及“左键”前面的复选框中单击打上对钩标志，单击“确定”按钮后关闭“控制面板”窗口，此时按下字符键区左边的 Alt 键并按数字键 1，即可将输入法切换成所选输入法。

（3）按 Ctrl + 空格键，可实现中英文输入的转换；按住组合键 Ctrl + Shift 反复几次直至出现要选择的输入法。

3. 全角/半角的转换及中英文字符的转换

（1）单击输入法状态条上的半月形或圆形按钮，可实现半角与全角的转换。

（2）单击输入法状态条上的标点符号按钮，可实现英文标点符号与中文标点符号的转换。

4. 特殊符号的输入

需输入符号时，打开“插入”菜单，执行“符号”或“特殊符号”命令，在弹出的对话框中选择所需的符号后，单击“插入”按钮。“符号”对话框中包含了所有安装的各种符号，“特殊符号”对话框中包含了常用的数字序号、标点符号、拼音符号等。

5. 输入法的编码方法

（1）全拼。只要熟悉汉语拼音，就可以使用全拼输入法。全拼输入法是按规范的汉语拼音输入外码，即用 26 个小写英文字母作为 26 个拼音字母的输入外码，其中 ü 的输入外码为 v。

（2）双拼。双拼输入法简化了全拼输入法的拼音规则，即只用两个拼音字母表示一个汉字，规定声母和韵母各用一个字母，因而只要两次击键就可以打入一个汉字的读音。

双拼输入法中声母、韵母与键位的对照表见表 1-6。

表 1-6　双拼输入法中声母、韵母与键位的对照表

键位	声母	韵母
a		a
b	b	ou
c	c	iao

续表

键位	声母	韵母
d	d	uang，iang
e		e
f		en
g		eng
h		ang
i	ch	i
j	j	an
k	k	ao
l	l	ai
m	m	ian
n	n	in
o		o，uo
p	p	un
q	q	iu
r	r	uan，er
s	s	ong，
t	t	ue
u	sh	
v	zh	ui
w	w	ia，ua
x	x	ie
y	y	uai，ü
z	z	ei
;		ing

（3）智能 ABC 输入法。

①简介。智能 ABC 输入法功能十分强大，不仅支持人们熟悉的全拼输入、简拼输入，还提供混拼输入、笔形输入、音形混合输入、双打输入等多种输入法。此外，智能 ABC 输入法还具有一个约 6 万词条的基本词库，且支持动态词库。

如果单击“标准”按钮，切换到“双打智能 ABC 输入法状态”；再单击“双打”按钮，又回到“标准智能 ABC 输入法状态”。

②输入规则。在“智能 ABC 输入法状态”下，用户可以使用如下几种方式输入汉字。

a. 全拼输入。同上，略。

b. 简拼输入。简拼输入法的编码由各个音节的第一个字母组成，对于包含 zh、ch、sh

的音节，也可以取前两个字母组成。简拼输入法主要用于输入词组，例如下列词组的输入为：

词组	全拼输入	简拼输入
学生	xuesheng	xs（h）
练习	lianxi	lx

此外，在使用简拼输入法时，隔音符号可以用来排除编码的二义性。例如，若用简拼输入法输入“社会”，简拼编码不能是“sh”，因为它是复合声母 sh，因此，正确的输入应该是使用隔音符“'”，即输入“s' h”。

c. 混拼输入。智能 ABC 输入法支持混拼输入，就是在输入两个音节以上的词语时，有的音节可以用全拼编码，有的音节则用简拼编码。例如，输入“计算机”一词，其全拼编码是“jisuanji”，也可以采用混拼编码“jisj”或“jisji”。

此外，在使用混拼输入法时，也可以用隔音符号来排除编码的二义性。例如，“历年”一词的混拼编码为“li' n”，而不是“lin”，因为“lin”是“林”的拼音。

（4）五笔字型。

1）基础知识。

①五笔字型输入法将汉字笔画拆分成横（包括提笔）、竖（包括竖钩）、撇、捺（包括点）、折（包括除竖钩以外的各种带转折笔画）五种基本笔画。

②五笔字型输入法以字根为基本单位。字根是由若干基本笔画组成的相对不变的结构，对应于键盘分布在各字母键上，如图 1-45 所示。

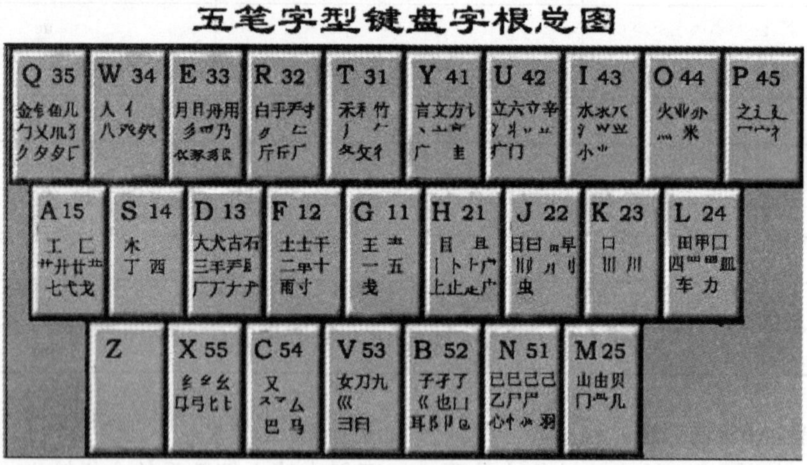

图 1-45　五笔字型字根

③五笔输入法中，字根间的位置结构关系有单、散、连、交四种。

单：指汉字本身可单独成为字根。如金、木、人、口等。

散：指汉字由多个字根构成，且字根之间不粘连、穿插。如“好”字由女、子构成。

连：指汉字的某一笔画与一基本字根相连（包括带点结构）。如“天”字为一与大相连。

交：指汉字由两个或多个基本字根交叉套叠构成。如“夫”字由二与人套叠而成。

④汉字分解为字根的拆分原则。

取大优先：指尽量将汉字拆分成结构最大的字根。

兼顾直观：指在拆分时应尽量按照汉字的书写顺序。

能散不连：指如果能将汉字的字根折分成散的关系，就不要折分成连的关系。

能连不交：指如果能将汉字折分成连的关系，就不要折分成交的关系。

识别码：全称为“末笔字型交叉识别码”，由这个汉字的最后一笔的代码与该汉字的字型结构代码相组合而成，见表 1-7。

表 1-7　识别码

笔画	左右型	上下型	杂合型
横	11　G	12　F	13　D
竖	21　H	22　J	23　K
撇	31　T	32　R	33　E
捺	41　Y	42　U	43　I
折	51　N	52　B	53　V

2）输入规则。

①单字输入：按汉字的书写顺序将汉字拆分成字根，依次输入字根所在键，全码为四键，不足四键补识别码（＋空格）。此外，还有几种特殊的汉字输入：

一级简码：首字根＋空格键，对应于英文 a ~ y 共 25 个字。

二级简码：首字根＋次字根＋空格键，有 625 个。

三级简码：首字根＋次字根＋第三字根＋空格键字，有 15 625 个。

成字字根：如果汉字本身为一个字根，则称其为成字字根，输入规则为：字根码＋首笔画＋次笔画＋末笔画（不足四键补空格）。

②词组的输入。

两字词：首字前两字根码＋末字前两字根码。

三字词：首字首字根码＋次字首字根码＋末字前两字根码。

四字词：各字的首字根码。

四字以上词：首字首字根码＋次字首字根码＋三字首字根码＋末字首字根码。

③学习键“Z”。“Z”键可以代替任何一个字根码，凡不清楚、不会拆的字根都可以用 Z 键代替。

步骤 2：启动输入法

（1）开机启动 Windows。

（2）在任务栏上打开“开始”菜单，选择“程序”，单击其下的“Word 2010”选项，启动 Word 2010 或其他中文文字处理软件。

（3）单击任务栏上的输入法按钮 En，选择一种输入法后，在 Word 编辑状态下，输入一些文字。

（4）单击输入法状态条上的半月形或圆形按钮，可实现半角与全角的转换。

（5）单击输入法状态条上的标点符号按钮，可实现英文标点符号与中文标点符号的转换。

(6) 按 Shift + Ctrl 组合键，可切换选择需要的输入法；按 Ctrl + 空格键，可使输入法在英文与所选择的中文之间转换。

(7) 需输入符号时，打开“插入”菜单，执行“符号”或“特殊符号”命令，在弹出的对话框中选择所需的符号后，单击“插入”按钮。

(8) 关机。

练 习

一、选择题

1. 冯·诺依曼在研制 ENIAC 计算机时，提出两个重要的改进，它们是________。
   A. 采用二进制和存储程序控制的概念
   B. 采用 ASCII 编码系统
   C. 引入 CPU 和内存储器的概念
   D. 采用机器语言和十六进制
2. 世界上公认的第一台通用计算机诞生的时间是________。
   A. 1950 年　　B. 1951 年
   C. 1943 年　　D. 1946 年
3. 下列叙述中，错误的是________。
   A. 把高级语言源程序转换为等价的机器语言目标程序的过程称为编译
   B. 计算机内部对数据的传输、存储和处理都使用二进制
   C. 把数据从内存传输到硬盘的操作称为写盘
   D. WPS Office 2003 属于系统软件
4. 下列关于世界上第一台电子计算机 ENIAC 的叙述中，错误的是________。
   A. 它是首次采用存储程序控制使计算机自动工作
   B. 它主要用于弹道计算
   C. 它是 1946 年在美国诞生的
   D. 它主要采用电子管和继电器
5. 计算机之所以能按人们的意图自动进行工作，最直接的原因是采用了________。
   A. 程序设计语言　　B. 存储程序控制
   C. 二进制　　D. 高速电子元件
6. 第三代计算机采用的电子元件是________。
   A. 大规模集成电路　　B. 电子管
   C. 晶体管　　D. 中、小规模集成电路
7. 电子计算机最早的应用领域是________。
   A. 工业控制　　B. 文字处理
   C. 数据处理　　D. 数值计算
8. 英文缩写 CAM 的中文意思是________。
   A. 计算机辅助教学　　B. 计算机辅助管理

C. 计算机辅助设计　　D. 计算机辅助制造

9. 第二代电子计算机所采用的电子元件是________。

A. 电子管　　B. 集成电路

C. 继电器　　D. 晶体管

10. 现代微型计算机中所采用的电子器件是________。

A. 小规模集成电路　　B. 大规模和超大规模集成电路

C. 电子管　　D. 晶体管

11. 微型机按结构可分为________。

A. 单片机、单板机、多芯片机、多板机

B. 286 机、386 机、486 机、Pentium 机

C. 8 位机、16 位机、32 位机、64 位机

D. 都不是

12. 计算机在现代教育中的主要应用有计算机辅助教学、计算机模拟、多媒体教室和________。

A. 网上教学和电子大学　　B. 家庭娱乐

C. 电子试卷　　D. 以上都不是

13. 在信息时代，计算机应用非常广泛，主要有如下几大领域：科学计算、数据处理、过程控制、计算机辅助工程、家庭生活和________。

A. 军事应用　　B. 现代教育

C. 网络服务　　D. 都不是

14. 计算机的特点是处理速度快、计算速度高、存储容量大、可靠性高、工作全自动以及________。

A. 造价低廉　　B. 便于大规模生产

C. 使用范围广、通用性强　　D. 体积小巧

15. 计算机按规模性能可分为 5 大类：巨型机、大型机、小型机、微型机和________。

A. 工作站　　B. 超小型机

C. 网络机　　D. 以上都不是

二、操作题

录入以下文字，15 分钟内完成，正确率不低于 98%。

爬山虎自述

我叫爬山虎，在植物分类中属葡萄科。我的卷须顶端长有吸盘，使我成为爬山爬墙的好手。

我占地少，生长快，覆盖面积大。我国不少城市绿化覆盖率较小，房屋毗连，空地渐少，大量开辟庭院的可能性较小。例如上海市区人均公共绿地面积目前只有 0.96 平方米，绿地覆盖率只有 11.7%。而我只需占用围墙一角，便能生根发芽，攀墙生长。一根茎粗 2 厘米的藤条，种植 2 年，墙面的绿化覆盖面积便可达 30～50 平方米，三四年后，我能把整幢房屋的墙面爬满。

我在环境保护中发挥着多方面的作用。我的叶片较大，呈卵形，宽 10～20 厘米。炎夏，

从根部吸收的水分经叶片蒸腾，可带走空气中的热量，降低环境温度。我的茎叶密集，覆盖在房屋墙面上，可以遮挡强烈的阳光，又可以使空气在叶片与墙面之间流动，因而降低室内温度。我的卷须上的吸盘吸收墙面水分，有助于潮湿的房屋干燥；而干燥季节，有我遮蔽墙面，又可以保护房屋的湿度。我的绿叶能制氧，是空气中氧气的一个重要来源。我的枝叶攀缘在围墙、房屋的墙面上，可以吸收环境中的噪声，还能吸附飞扬的尘土。

我在一般土壤中就能生长。我喜阳，又较耐阴、耐干旱，种植后一般不需管理，只是在夏季久旱不雨，土壤过干时，浇些水就可以了。我既可地栽，又宜盆植，播种、压条、扦插都能繁殖生长，但最简单的是扦插。早春时剪取藤枝一段，直接插入土中，5月中旬就能生长发芽，倚墙攀缘。不久，我便能送给您一片绿荫。

模块二　计算机操作系统——Windows 7

Windows 7 是由微软公司开发的操作系统。Windows 7 可供家庭及商业工作环境、笔记本计算机、平板计算机、多媒体中心等使用。微软公司在 2009 年 10 月 22 日于美国、2009 年 10 月 23 日于中国正式发布了 Windows 7，2011 年 2 月 22 日发布了 Windows 7 SP1（Build7601. 17514. 101119-1850）。同时也发布了服务器版本——Windows Server 2008R2。同 2008 年 1 月发布的 Windows Server 2008 相比，Windows Server 2008R2 继续提升了虚拟化、系统管理弹性、网络存取方式，以及信息安全等领域的应用，其中有不少功能需搭配 Windows 7。

项目一

初次接触 Windows 7

任务一　正确开机和关机

★任务描述

1. 要使用一台计算机，首先要做的工作是启动计算机。
2. 注销计算机，以便其他人在使用这台计算机时不会改变你设置的工作环境。
3. 使用完计算机后关闭计算机。

★任务实施

步骤 1：启动计算机

打开显示器上的电源，然后按下主机的电源开关。系统经过自检后，出现 Windows 7 的启动界面，进入 Windows 7 默认的用户操作界面。

★知识链接

启动计算机的方法有冷启动、热启动和复位启动三种。

(1) 冷启动。在计算机尚未开启电源的情况下启动，即步骤 1 中所用方法。

(2) 热启动。简单地说，就是重新启动，方法是单击桌面左下角的 Windows 图标，在弹出的“开始”菜单中单击“关机”按钮旁的三角按钮，在弹出快捷菜单中选择“重新启动”选项，如图 2-1 所示。

(3) 复位启动。当使用计算机时遇到系统突然没有响应，如鼠标不能移动，键盘不能输入等情况，可以通过复位来实现重新启动，方法是按下主机箱上的 Reset 按钮。

由于程序没有响应或系统运行时出现异常，导致所有操作不能进行，这种情况称为“死机”。死机时应首先进行热启动，若不行再进行复位启动，如果复位启动还是不行，就只能按住电源键 10 秒进行强制关机，然后进行冷启动。

步骤 2：注销和关闭计算机

（1）注销。单击桌面左下角的 Windows 图标，在弹出的“开始”菜单中单击“关机”按钮旁的三角按钮，在弹出的快捷菜单中选择“注销”选项，如图 2-2 所示。

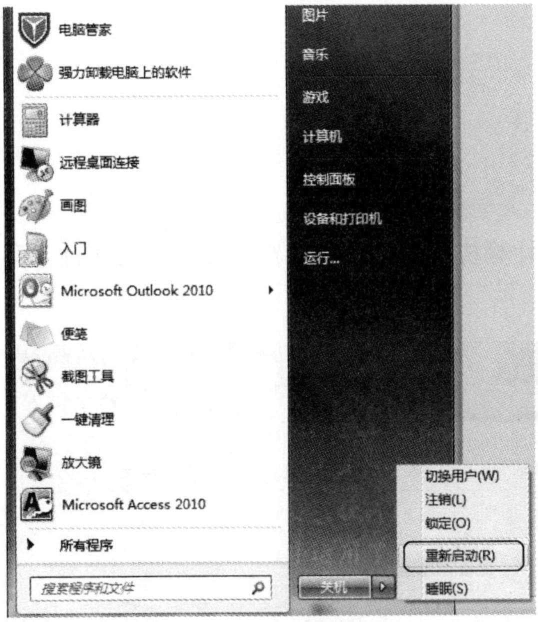

图 2-1　重新启动计算机

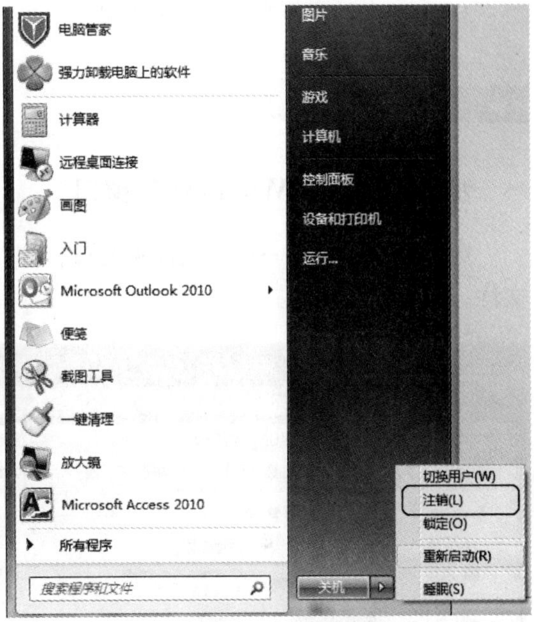

图 2-2　注销

★知识链接

图 2-2 中快捷菜单的 6 个选项的含义如下。

切换用户：可以在打开应用程序的情况下切换用户。

锁定：帮助用户锁定计算机不被其他人操作。

重新启动：首先会退出 Windows 7 操作系统，然后重新启动计算机。

睡眠：首先退出 Windows 7 操作系统，进行“睡眠”状态，此时除部分控制电路工作外，其他电源自动关闭，从而使计算机进入低功耗状态。要使计算机恢复原来的工作状态，移动和单击鼠标或在键盘上按任意键即可。

休眠：一种主要为便携式计算机设计的电源节能状态。使用休眠模式，并确信在回来时所有工作（包括没来得及保存或关闭的程序和文档）都会完全精确地还原到离开时的状态。

（2）关闭计算机。首先检查系统是否还有未执行完的任务或尚未保存的文档，如果有，首先关闭正在执行的任务，并保存文档，然后关闭计算机。关机时注意要首先关闭主机电源，再关闭显示器电源。

任务二　熟悉 Windows 7 窗口操作

★任务描述

1. 认识 Windows 7 窗口的形式及组成。
2. 打开一个程序窗口，对其进行最大化、最小化、放大、缩小等操作。
3. 在所有打开的窗口间进行切换。

★任务实施

步骤 1：认识 Windows 7 窗口

窗口分为两种，一种是文件夹窗口，如“计算机”窗口，这类窗口显示的是文件夹和文件，如图 2-3 所示。

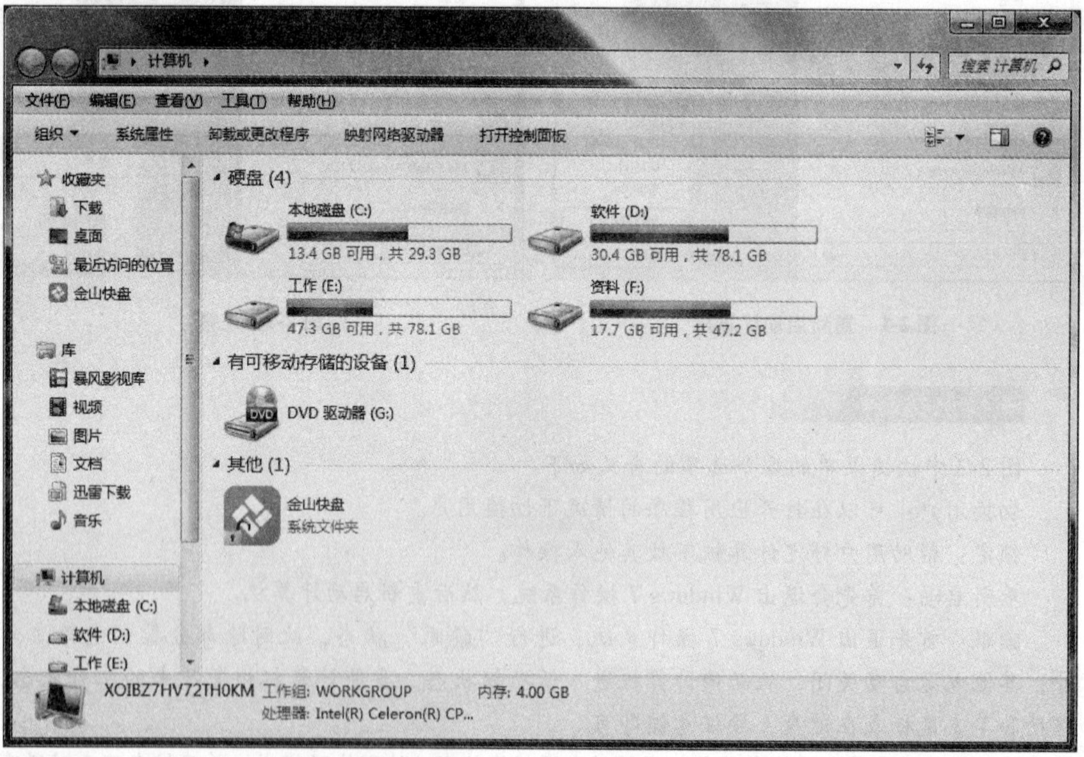

图 2-3　“计算机”窗口

另一种窗口为应用程序窗口，如执行“开始”|“所有程序”|“记事本”命令，打开“记事本”窗口，如图 2-4 所示。

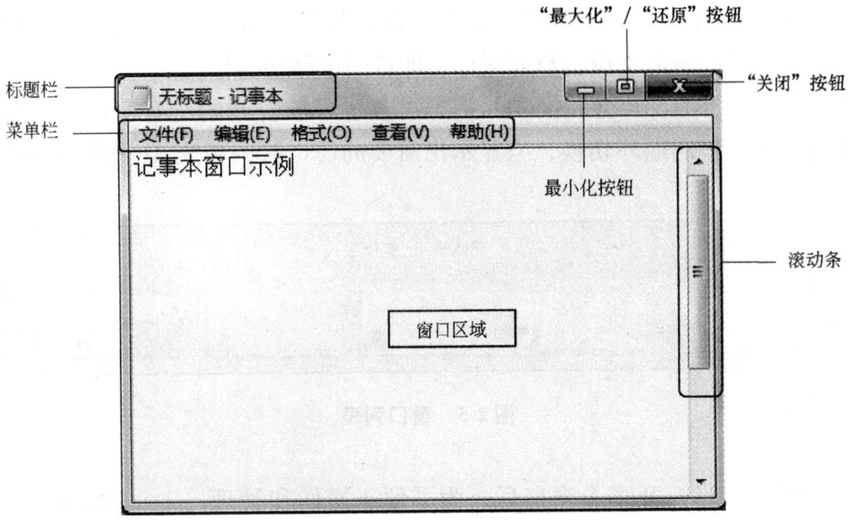

图 2-4　应用程序窗口示例

应用程序窗口的组成部分及其作用如下：

（1）标题栏。用于显示窗口的名称，如果用户在桌面上打开多个窗口，其中一个窗口的标题栏会处于亮显状态，为当前活动窗口。在标题栏上按住左键可拖动窗口。

（2）“最小化”按钮、“最大化”/“还原”按钮、“关闭”按钮。可以根据需要隐藏窗口、放大或还原窗口、关闭窗口。

（3）菜单栏。用于显示应用程序的菜单项，单击每一个菜单项可以打开相应的菜单，从中可以选择需要的命令。

（4）窗口区域。用于显示窗口中的内容。

（5）滚动条。当窗口区域内容较多时，用户只能看到其中的部分内容，要想查看其他部分内容，可拖动滚动条。

步骤 2：Windows 7 窗口的操作

（1）打开窗口。单击图标后按 Enter 键即可打开窗口，也可双击程序图标打开窗口。

（2）最大化、最小化及还原窗口。最大化窗口是指将窗口设为整个屏幕的大小，从而方便操作，其方法是单击窗口右上角的“最大化”按钮；最小化窗口是指将打开的窗口以按钮的形式缩放到任务栏的任务按钮区中，即不让它显示在屏幕中，其方法是单击窗口标题栏右上角的“最小化”按钮；还原窗口是指将窗口恢复到操作前的状态，主要包括下面两种情况：

①当窗口最大化后，“最大化”按钮将变成“还原”按钮，可将最大化窗口还原为原始大小。

②当窗口最小化到任务栏后，在任务按钮区中单击相应任务按钮，即可将其还原。

（3）缩放窗口。窗口处于非最大化或最小化状态时，可通过将鼠标指针移动到窗口的四边或四个角，当指针变成双向箭头时进行拖动来缩放窗口。

（4）移动窗口。当窗口处于非最大化状态时，将鼠标指针移动到该窗口的标题栏上，按住鼠标左键不放拖动至适当位置释放鼠标，即可完成移动操作。

（5）切换窗口。按住 Alt 键后按 Tab 键即可查看目前打开的所有窗口，如图 2-5 所示，再按 Tab 键可以在窗口间循环切换，当显示出需要的窗口时，释放 Alt 键即可实现对窗口的切换。

图 2-5　窗口列表

（6）排列窗口。当打开多个窗口后，为了便于操作和管理，可将这些窗口进行层叠、堆叠和并排等排列，方法是在任务栏按钮区的空白位置右击，在弹出的快捷菜单中选择相应的窗口命令即可将窗口排列为所需的样式，如图 2-6 所示。

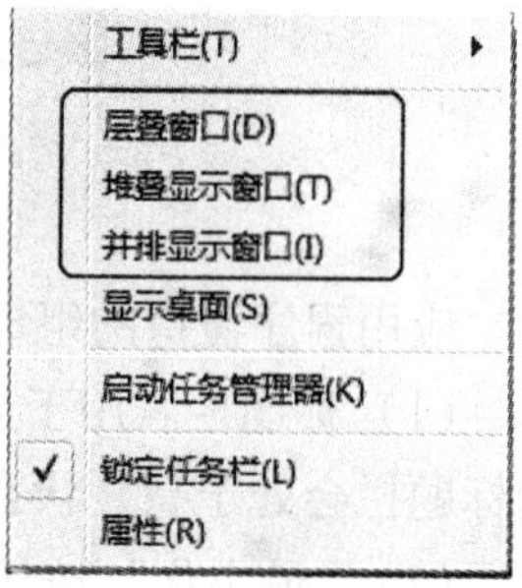

图 2-6　窗口排列方式

①层叠窗口。当在桌面中打开多个窗口并需在窗口间来回切换时，可以层叠方式排列窗口。

②堆叠显示窗口。指以横向的方式同时在屏幕上显示所有窗口，所有窗口互不重叠。

③并排显示窗口。以垂直的方式同时在屏幕上显示所有窗口，窗口间互不重叠。

（7）关闭窗口。使用完某个窗口后，单击“关闭”按钮即可关闭窗口，也可使用 Alt + F4 快捷键关闭窗口。

项目二

Windows 7 的基本操作

任务一　认识和自定义桌面

★任务描述

1. 添加桌面图标，并对其进行适当的排版。
2. 设置桌面背景。

★任务实施

步骤 1：个性化设置桌面图标

在 Windows 7 操作系统中，所有的文件、文件夹以及应用程序都可以用形象的图标表示，将这些图标放置在桌面上就叫作“桌面图标”，双击任意一个图标都可以快速地打开相应的文件、文件夹或应用程序。

1. 添加桌面快捷方式

执行“开始” | “所有程序” | “附件”命令，在弹出的相应的程序组列表中选择“画图”选项，右击，在弹出的快捷菜单中执行“发送到” | “桌面快捷方式”命令，如图 2-7 所示。返回桌面，即可看到一个“画图”快捷方式图标，如图 2-8 所示。

2. 排列桌面图标

在日常应用中，不断地添加桌面图标会使桌面变得混乱，这时通过排列桌面图标可以整理桌面。

在桌面空白处右击，在弹出的快捷菜单中选择“排列方式”选项，在下一级菜单中可以看到 4 种排列方式，如图 2-9 所示。选择按照“修改日期”进行排列，即可按建立时间早晚查看图标。

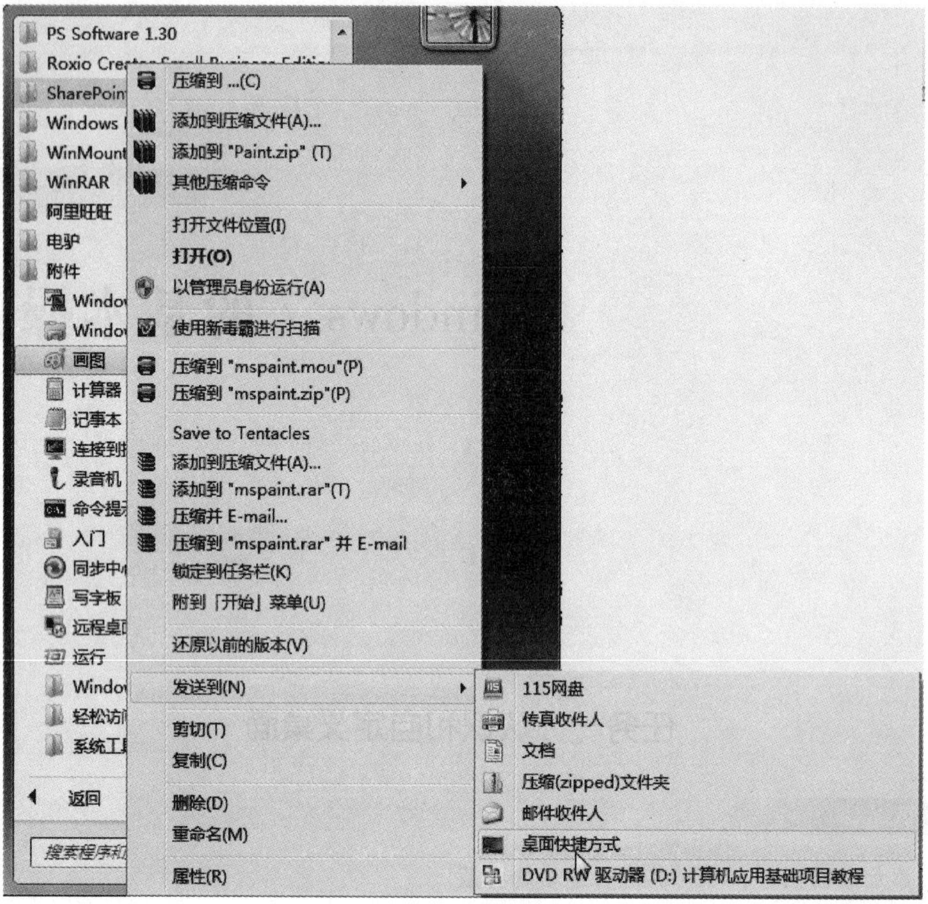

图 2-7　发送桌面快捷方式

图 2-8　桌面图标

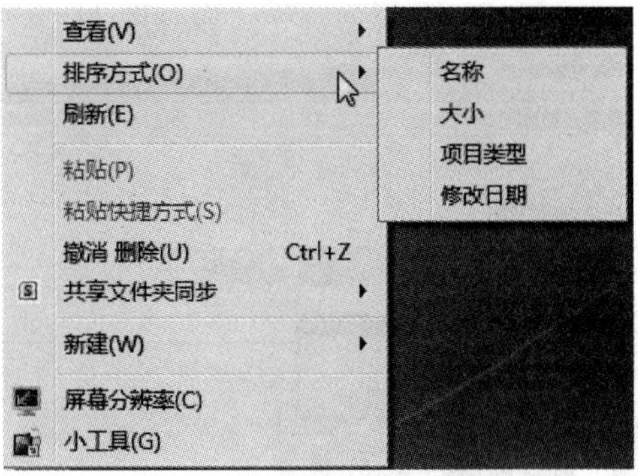

图 2-9　选择排列方式

步骤 2：设置桌面背景

Windows 7 系统自带了很多精美的背景图片，用户可以从中挑选自己喜欢的图片作为桌面背景。

（1）执行“开始”｜“控制面板”菜单命令，在弹出的窗口中选择“显示”命令，打开如图 2-10 所示的显示窗口。

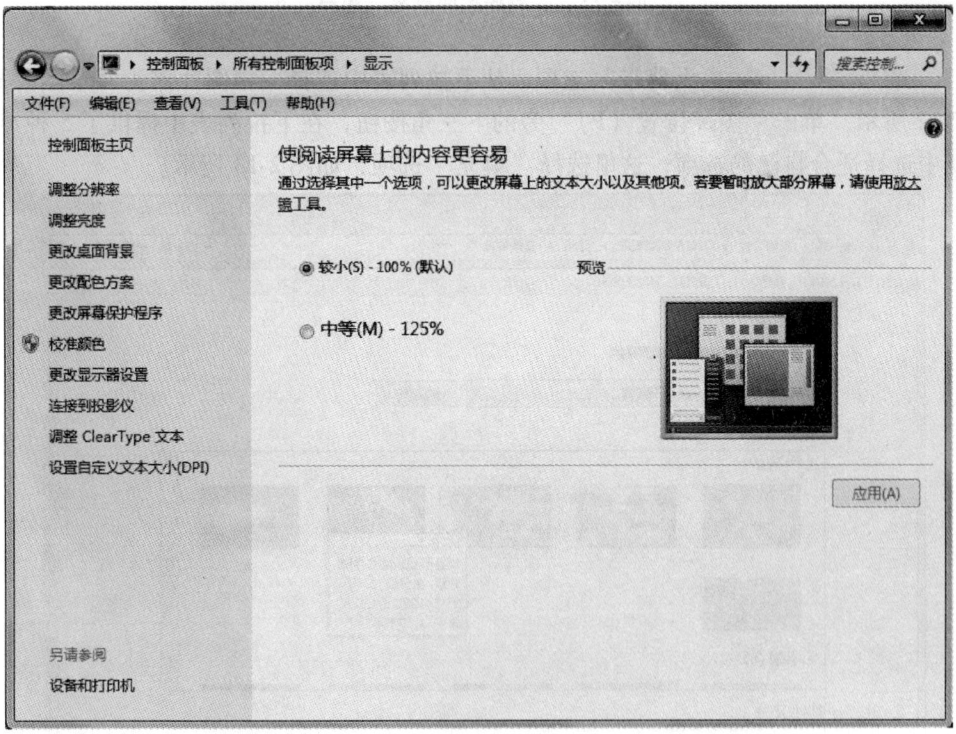

图 2-10　显示窗口

单击左侧的“更改桌面背景”命令，切换到“选择桌面背景”窗口，单击“图片位置(L)”下三角按钮，在弹出的下拉列表中列出了 4 个系统默认的图片存放文件，如图 2-11 所示。

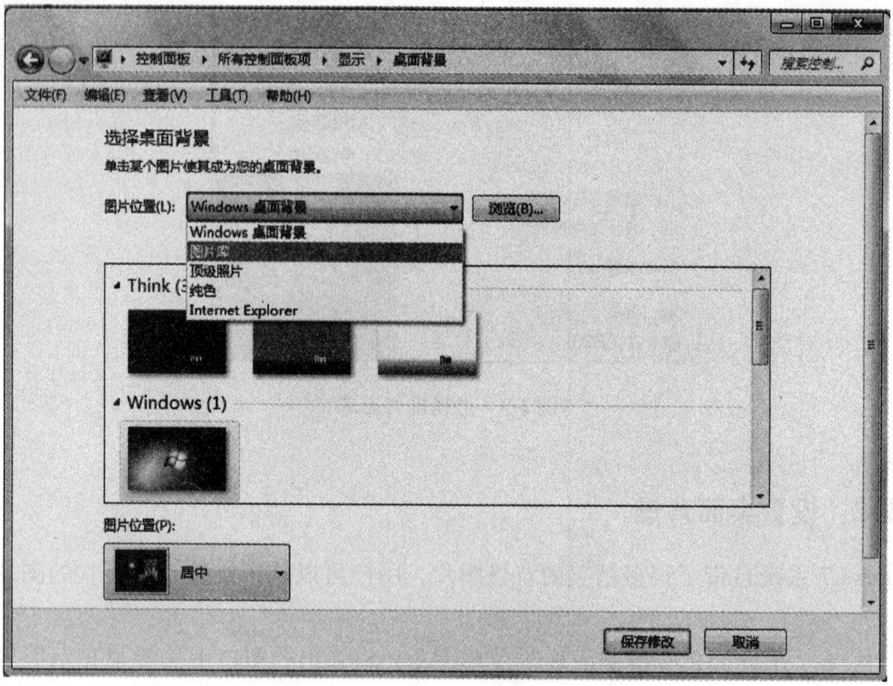

图 2-11 “选择桌面背景”窗口

（2）选择“Windows 桌面背景”选项，从下拉列表中选择一幅图片作为背景图片即可，如图 2-12 所示。单击“图片位置（P）”旁的下三角按钮，在下拉列表中提供了 5 种显示方式，从中选择适合自己的选项，这里选择“填充”选项，如图 2-13 所示。

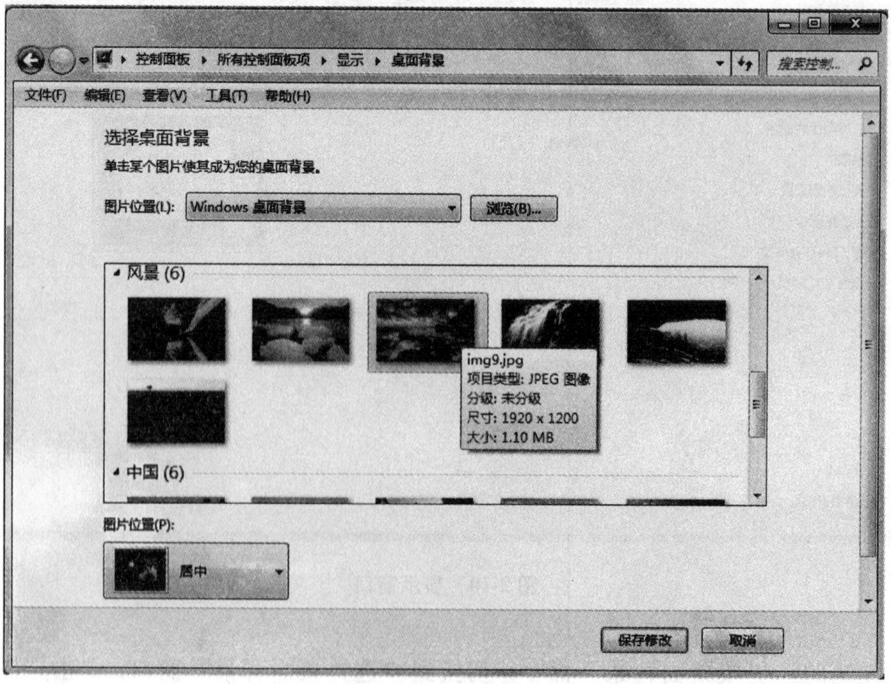

图 2-12 选择图片

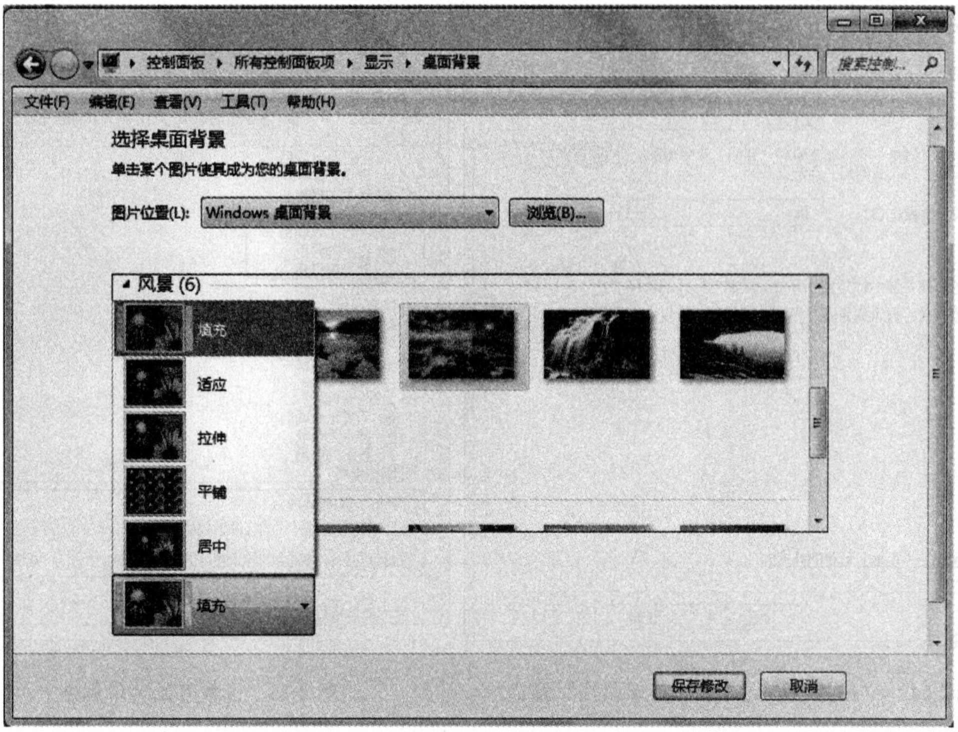

图 2-13　选择“填充”方式

（3）完成背景的设置，单击“保存修改”按钮，系统会自动返回到显示窗口。

任务二　个性化设置“开始”菜单

★任务描述

Windows 7 中几乎所有的操作都可以通过“开始”菜单来实现，为了使开始菜单更符合自己的使用习惯，可以设置“开始”菜单的属性、出现在其中的固定程序、常用程序等。

★任务实施

步骤 1：设置“开始”菜单属性

（1）在“开始”菜单上右击，从弹出的快捷菜单中选择“属性”选项，弹出“任务栏和‘开始’菜单属性”选项卡，如图 2-14 所示。

（2）在开始“菜单”选项卡中单击“自定义”按钮，弹出“自定义‘开始’菜单”对话框，在该对话框中可以对“开始”菜单中各个选项的属性进行设置，如选中“计算机”选项下方的“显示为菜单”选项，如图 2-15 所示。

（3）在“要显示的最近打开过的程序的数目”微调框中设置最近打开程序的数目，在“要显示在跳转列表中的最近使用的项目数”微调框中设置最近使用的项目数，如图 2-15 所示。

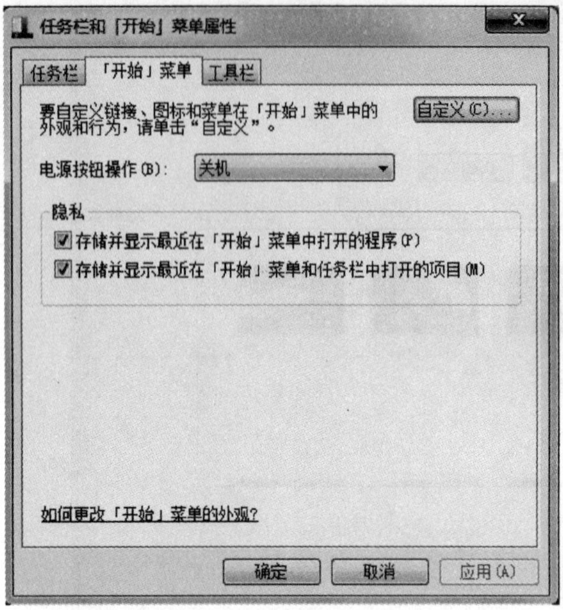

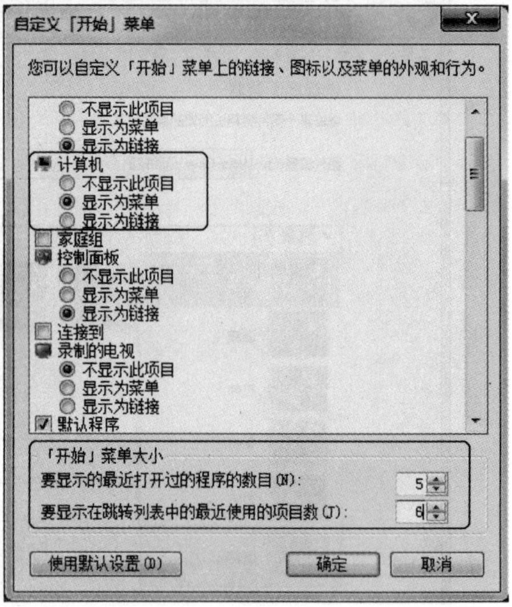

图 2-14 “任务栏和‘开始’菜单属性”窗口　　　　**图 2-15 设置开始菜单属性**

（4）单击“确定”按钮返回到“任务栏和‘开始’菜单”对话框，然后单击“确定”按钮。打开“开始”菜单，可以看到设置的地方发生了变化，如图 2-16 所示。

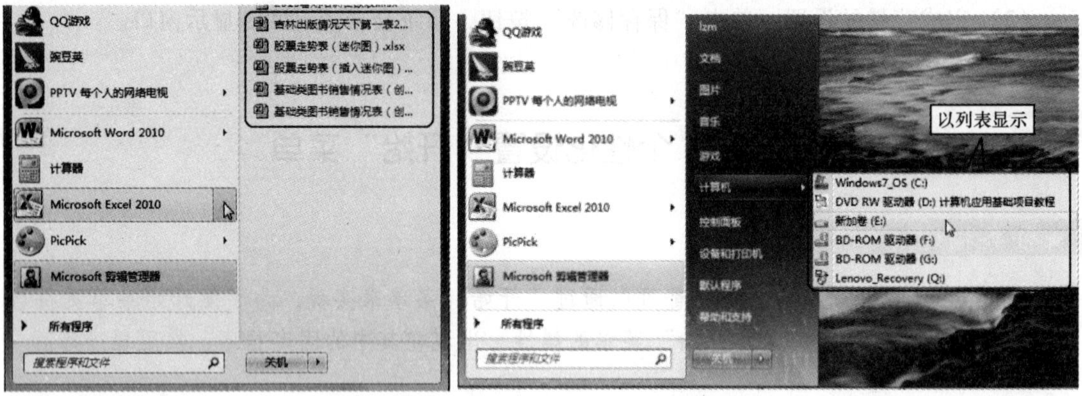

图 2-16 修改后“开始”菜单显示

步骤 2：“固定程序”列表个性化

“固定程序”列表中的程序会固定显示在“开始”菜单中，在此可以快速地打开其中的应用程序，也可以根据自己的需要将常用程序添加到“固定列表”中，具体步骤如下：

（1）执行“开始”｜“所有程序”｜“附件”命令，从弹出的“附件”菜单中选择“记事本”选项，然后右击，从弹出的快捷菜单中选择“附在开始菜单”选项。单击“返回”菜单，返回到“开始”菜单，可以看到“记事本”已被添加到“固定程序”列表中，如图 2-17 所示。

（2）如果不想再使用“固定程序”列表中的某个程序，如刚刚添加的“记事本”程序，可以将其删除，只需要在该程序上右击鼠标，从弹出的快捷菜单中选择“从开始菜单解锁”选项即可。

步骤 3：“常用程序”列表个性化

“常用程序”列表中列出了一些经常使用的程序，随着日后对一些程序的频繁使用，在该列表中会默认列出 10 个最常用的程序。用户可以根据实际需要设置“常用程序”列表中的程序显示数目，方法在步骤 1 中已经进行了介绍。按照前面的方法打开“自定义‘开始’菜单”对话框，在“要显示的最近打开过的程序的数目”微调框中设置最近打开程序的数目即可。

如果要删除不经常使用的某个应用程序，如“计算器”，只需要在该程序上右击，在弹出的快捷菜单中选择“从列表中删除”选项即可，如图 2-18 所示。

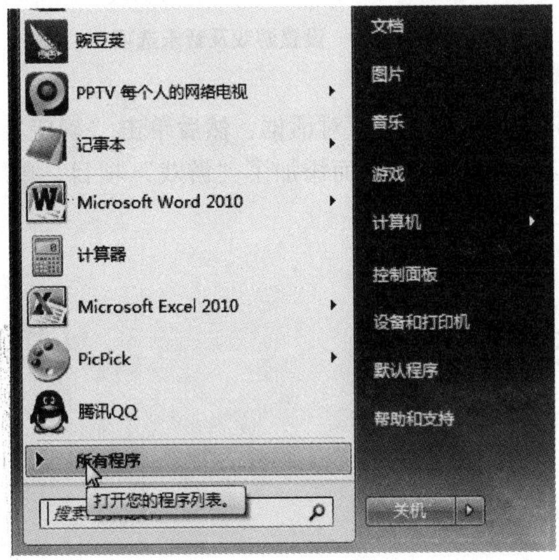

图 2-17　添加后效果

图 2-18　从常用列表中删除程序快捷方式

步骤 4：个性化“启动”菜单

在“开始”菜单右侧窗格中列出了部分 Windows 的项目链接，有 4 个默认库，即文档、音乐、图片和视频。在默认情况下，文档、图片和音乐显示在该菜单中，如图 2-19 所示。用户可以通过单击这些链接快速地打开窗口进行各项操作，也可以根据自己的需要添加或删除这些项目链接并定义其外观。

要添加“游戏”项目，操作过程如下：

（1）根据前面的讲解打开“自定义‘开始’菜单”对话框，在其中拖动滚动条找到“游戏”选项并选择下方的“显示为菜单”选项，选择“音乐”选项下方的“不显示此项目”选项，如图 2-20 所示。

图 2-19 “启动”菜单

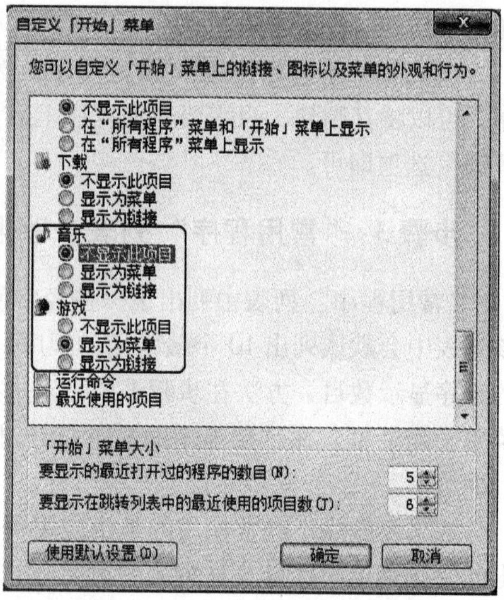

图 2-20 设置游戏及音乐选项

（2）单击“确定”按钮返回到“任务栏和‘开始’菜单”对话框，然后单击“确定”按钮。打开“开始”菜单，可以看到“音乐”项目已被删除，而添加了“游戏”项目，单击可以看到游戏项目是以菜单形式显示的。

任务三　任务栏设置

★任务描述

1. 对任务栏上程序按钮的显示方式进行设置。
2. 使用跳转列表迅速访问程序。
3. 设置通知区域，使其尽量占用更少的空间。

★任务实施

步骤 1：设置程序按钮区

在 Windows 7 中，任务栏完全经过了重新设计，任务栏图标不但拥有了新外观，而且除了为用户显示正在运行的程序外，还新增了一些功能。

1. 任务栏上的显示方式

（1）在任务栏任意空白位置右击，在弹出的菜单中选择“属性”选项，如图 2-21 所示，在弹出的“任务栏和‘开始’菜单属性”对话框中选择“任务栏”选项卡，在“任务栏外观”组的“任务栏按钮”列表中选择一个选项即可，如图 2-22 所示。

图 2-21　执行任务栏“属性”命令

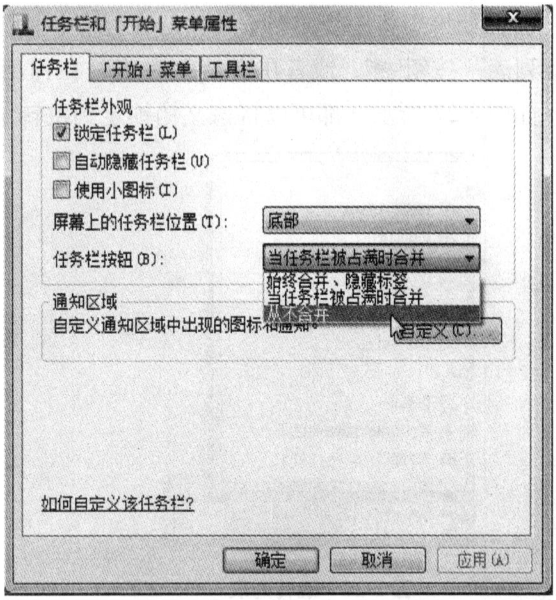

图 2-22　设置任务栏按钮显示方式

（2）选择“始终合并、隐藏标签”选项，这是系统的默认设置，此时每个程序显示为一个无标签的图标，即使在打开某个程序的多个项目时也是一样，如图 2-23 所示。

图 2-23　始终合并、隐藏标签

（3）选择“当任务栏被占满时合并”选项，则将每个程序显示为一个有标签的图标，当“任务栏”变得很拥挤时，具有多个打开项目的程序会重叠为一个程序图标，单击图标可显示打开的项目列表，如图 2-24 所示。

图 2-24　当任务栏被占满时合并

（4）选择“从不合并”选项，则图标不会重叠为一个图标，无论打开多少个窗口都是一样的，随着打开的程序和窗口越来越多，图标会变小，并且最终在“任务栏”中滚动，如图 2-25 所示。

图 2-25　从不合并

2. 使用任务栏中的跳转列表

跳转列表就是最近使用的列表，此功能是 Windows 7 的一大特色，能够帮助用户迅速访问历史记录。在任务栏的跳转列表中显示的是最近使用的程序。

（1）在任务栏的程序上右击，最近通过这个程序打开的文档就会全部显示出来，如图 2-26 所示。

（2）如果想将一些文档一直保留在任务栏的跳转菜单中，可以单击文档右侧的“锁定到此列表”按钮，或者在文档上右击，在弹出的快捷菜单中选择“锁定到此列表”选项，如图 2-27 所示，都可以将该文档锁定到跳转菜单中。

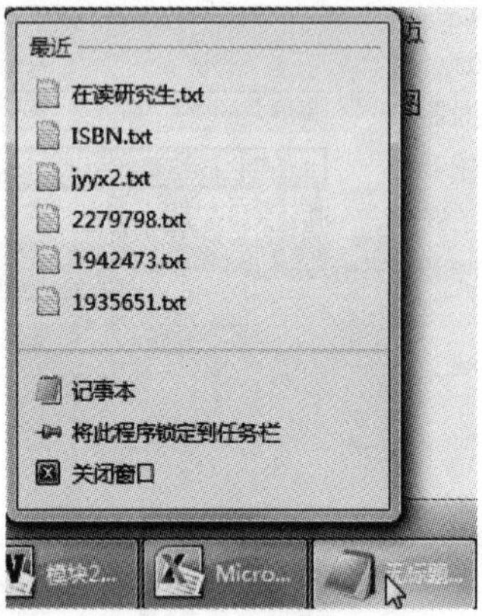

图 2-26　跳转列表

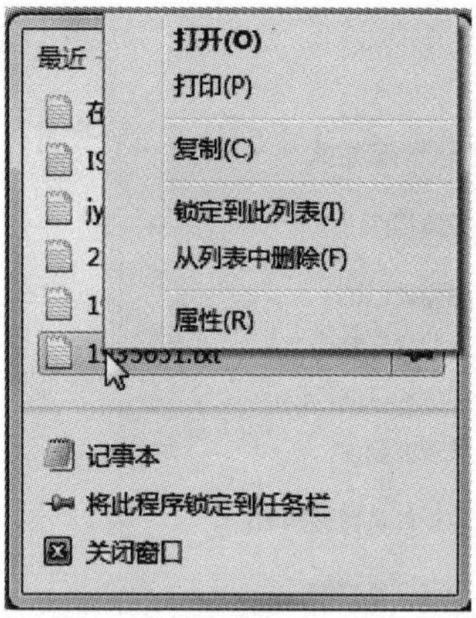

图 2-27　将文档锁定到跳转列表

步骤 2：设置通知区域

默认情况下，通知区域位于“任务栏”的右侧，除了包含时钟、音量等标识外，还包含一些程序图标，这些程序图标提供传入的有关电子邮件、更新、网络连接等事项的状态和通知。在安装新程序时，可以将程序的图标添加到通知区域中。

（1）设置通知区域中的显示方式。在任务栏空白位置右击，在弹出的快捷菜单中选择“属性”选项，在弹出的“任务栏和‘开始’菜单属性”对话框中选择“任务栏”选项卡，在“通知区域”组中单击“自定义”按钮，如图 2-28 所示。在弹出的“通知区域图标”窗口中可以根据需要对各图标进行相应的设置，如图 2-29 所示。

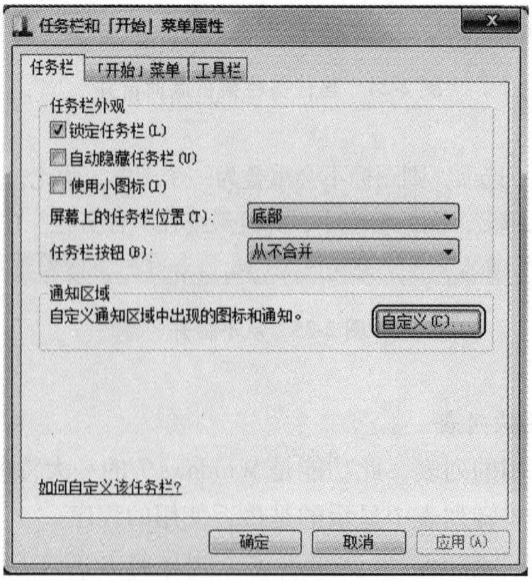

图 2-28　任务栏选项卡

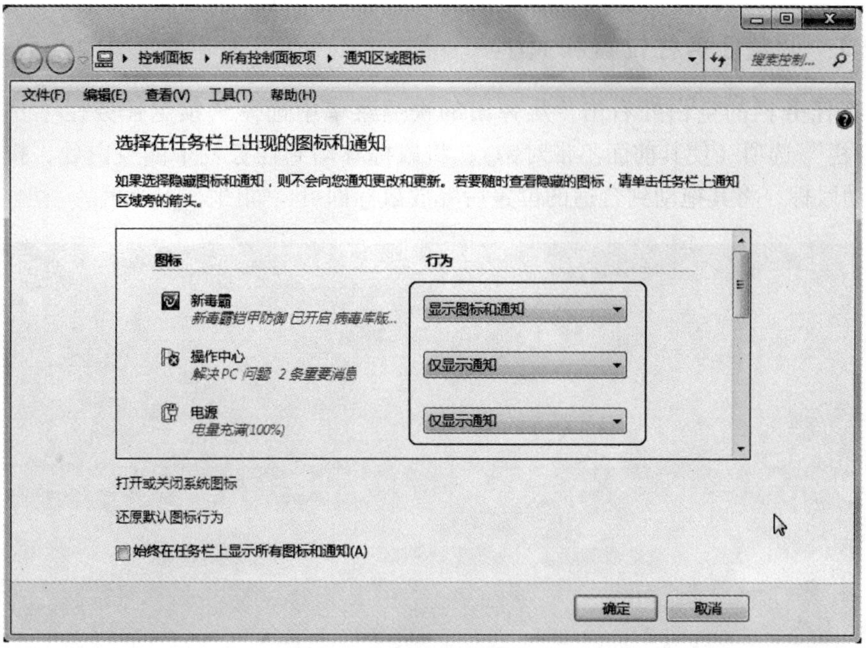

图 2-29 “通知区域图标”窗口

（2）打开和关闭系统图标。在图2-29所示的“通知区域图标”窗口中单击“打开或关闭系统图标”链接，打开“打开或关闭系统图标”窗口，在其中的列表框中设置有 5 个系统图标的行为，可在“电源”图标右侧单击，在弹出的下拉列表中选择“关闭”选项，如图 2-30所示，即可将“电源”图标从任务栏的通知区域中删除或关闭。

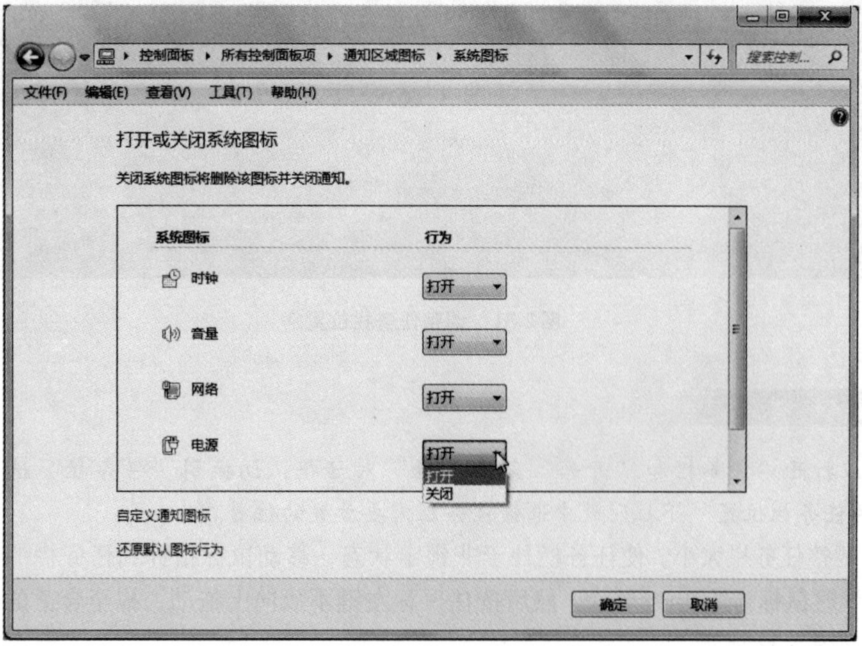

图 2-30 “打开或关闭系统图标”窗口

步骤 3：调整任务栏位置和大小

（1）在任务栏的空白处右击，从弹出的快捷菜单中选择“锁定任务栏”选项，取消“锁定任务栏”选项（使其前面不带对钩），将鼠标移动到任务栏中的空白处，按住鼠标左键不放拖动鼠标，将其拖动到合适的位置后释放鼠标即可，如图 2-31 所示。

图 2-31　调整任务栏位置

★知识链接

还可以打开“任务栏和‘开始’菜单属性”对话框，切换到“任务栏”选项卡，从“屏幕上的任务栏位置”下拉列表中选择任务栏需要放置的位置。

（2）调整任务栏大小。使任务栏处于非锁定状态，移动鼠标指针到任务栏的空白区域的上方，此时鼠标指针变成形状，然后按住鼠标左键不放向上拖动，拖至合适的位置后释放即可，如图 2-32 所示。

图 2-32　调整任务栏大小

任务四　系统字体设置

★任务描述

1. 对系统字体进行添加、预览、显示和隐藏等设置。
2. 为使字体清晰而圆润，调整 ClearType 文本。

★任务实施

步骤 1：设置字体

执行“开始”|“控制面板”命令，打开“控制面板”窗口，单击“字体”链接，如图 2-33 所示，打开“字体”窗口。在左侧窗格中单击“字体设置”链接，如图 2-34 所示，弹出“字体设置”窗口，如图 2-35 所示。

（1）根据语言设置隐藏字体。选中该复选框，程序中就会仅列出适用于语言设置的字体，因为 Windows 可以隐藏不适用于输入语言设置的字体。

（2）允许使用快捷方式安装字体（高级）。勾选该复选框，当用户需要安装字体时，只需要安装快捷方式即可，这样可以节省计算机空间。

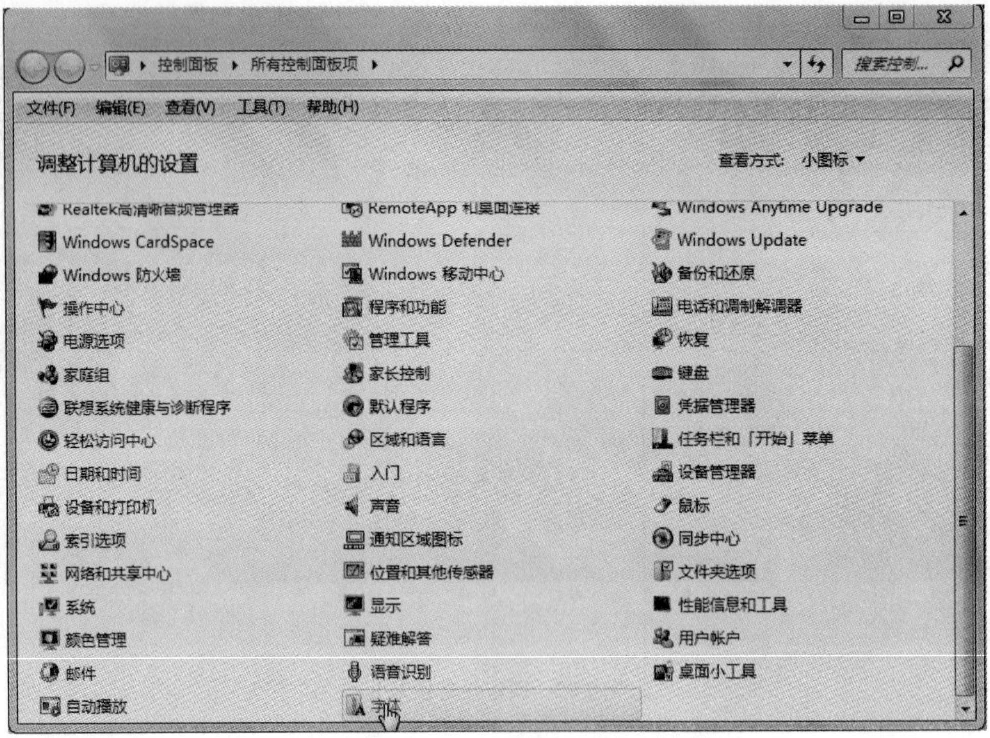

图 2-33 “控制面板”窗口

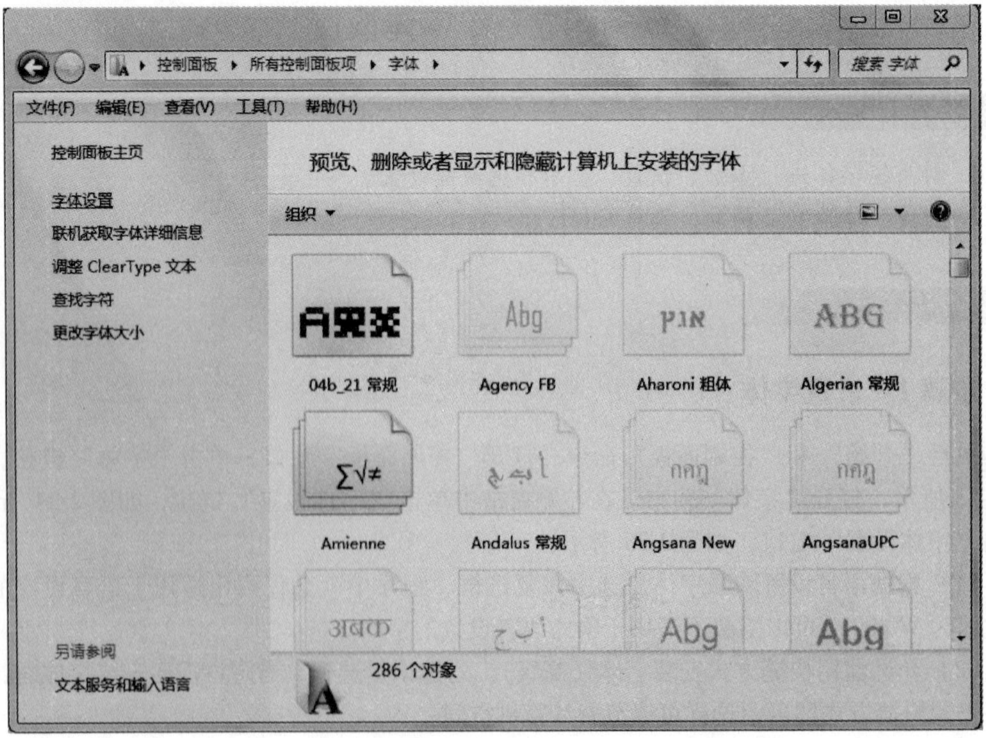

图 2-34 “字体设置”命令

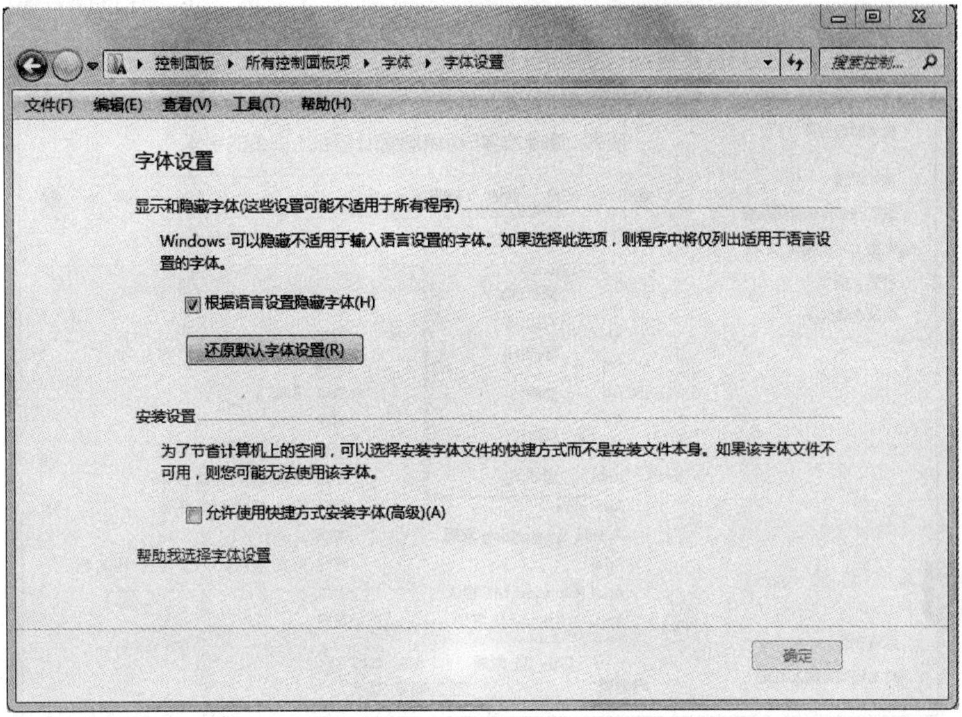

图 2-35　“字体设置”窗口

步骤 2：添加字体

首先找到需要安装的字体所在的位置，选中需要安装的字体，然后在字体图标上右击，从弹出的快捷菜单中选择“安装”选项，如图 2-36 所示。弹出“正在安装字体”对话框，如图 2-37 所示，安装完毕后，安装的字体即可添加到“字体”窗口中。

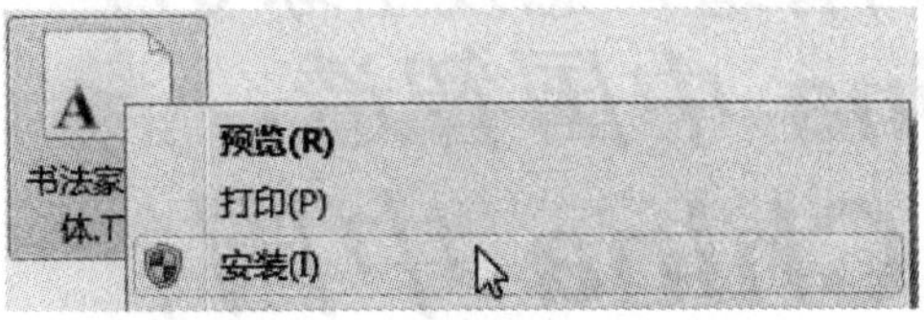

图 2-36　执行“安装”命令

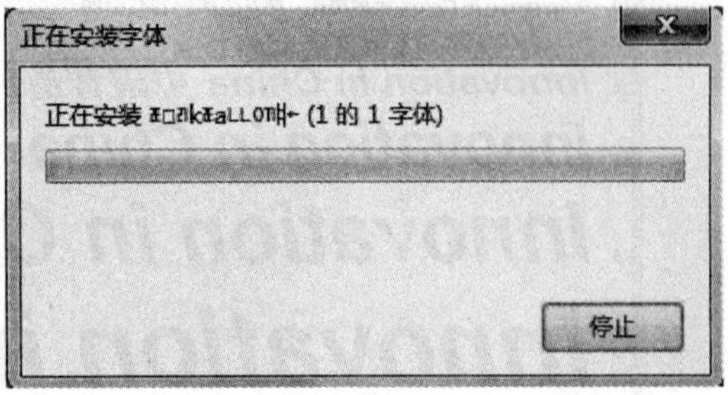

图 2-37　“正在安装字体”对话框

步骤 3：预览字体

打开“字体”窗口，单击该窗口中的某种字体，在工具栏上会显示出“预览”、“删除”和“组织”或“隐藏”等选项，在此选择“预览”选项；或者在字体上右击，在弹出的快捷菜单中选择“预览”选项，如图 2-38 所示，即可弹出预览字体的窗口，如图 2-39 所示。

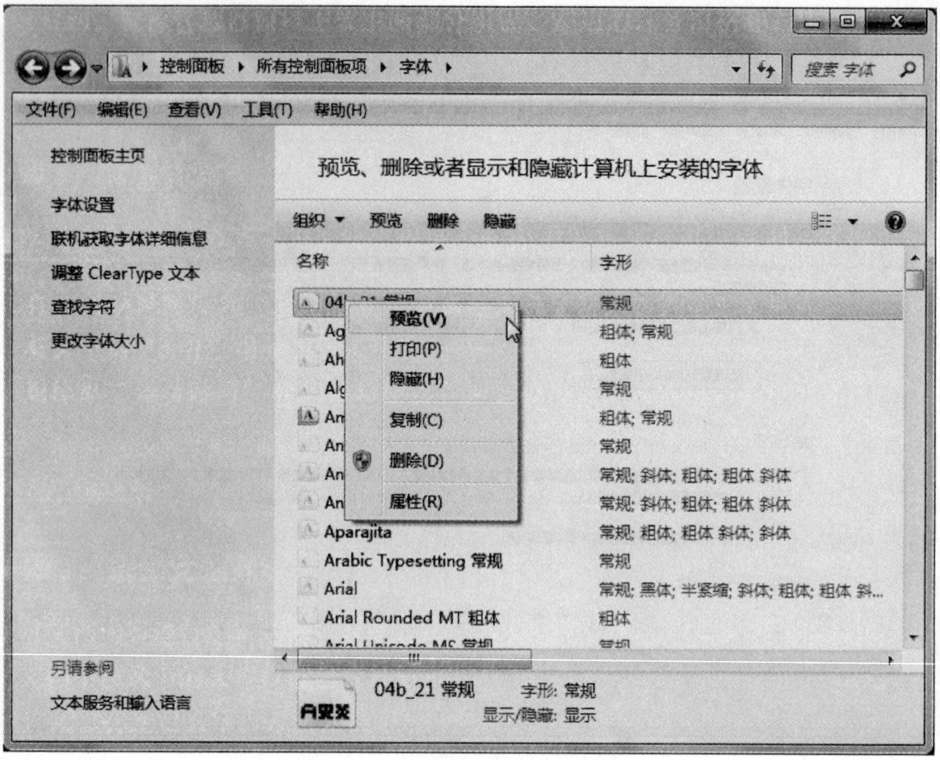

图 2-38 执行“预览”命令

图 2-39 字体预览

步骤 4：调整 ClearType 文本

（1）打开“字体”窗口，在左侧窗格中单击“调整 ClearType 文本”链接，弹出“ClearType 文本调谐器”对话框，选中“启用 ClearType”复选框，如图 2-40 所示，然后单击“下一步”按钮。

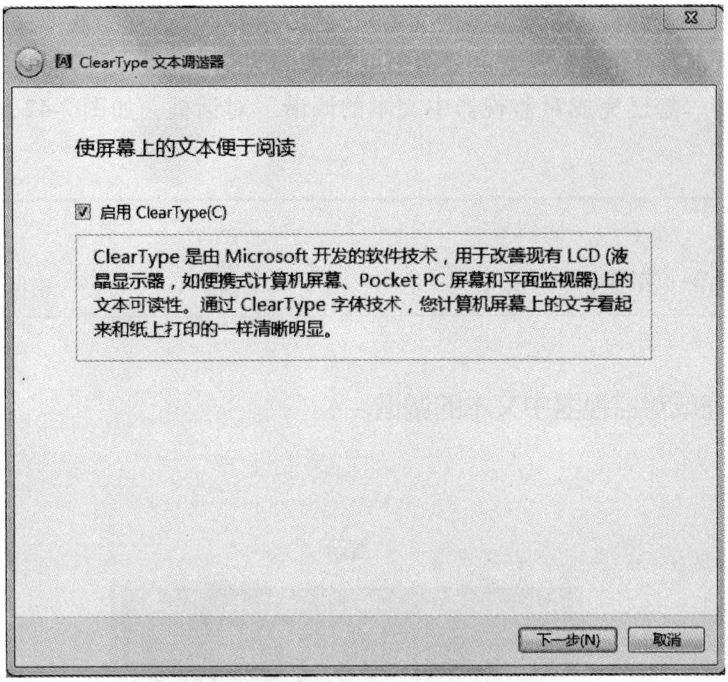

图 2-40　“ClearType 文本调谐器”对话框

（2）在弹出的“Windows 正在确保将您的监视器设置为其本机分辨率”对话框中，单击“下一步”按钮，弹出“单击您看起来最清晰的文本示例（1/4）”对话框，从中选择比较清晰的文本，如图 2-41 所示，然后单击“下一步”按钮。

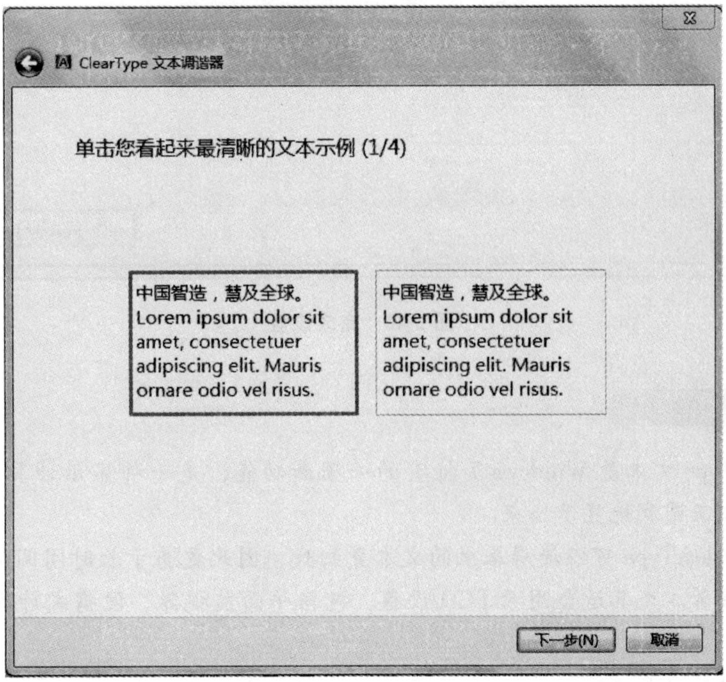

图 2-41　“单击您看起来最清晰的文本示例（1/4）”对话框

（3）弹出“单击您看起来最清晰的文本示例（2/4）”对话框，从中选择比较清晰的文本，以此类推，直到“单击您看起来最清晰的文本示例（4/4）”对话框，然后单击“下一步”按钮，弹出“您已完成对监视器中文本的调谐”对话框，如图2-42所示，单击“完成”按钮即可。

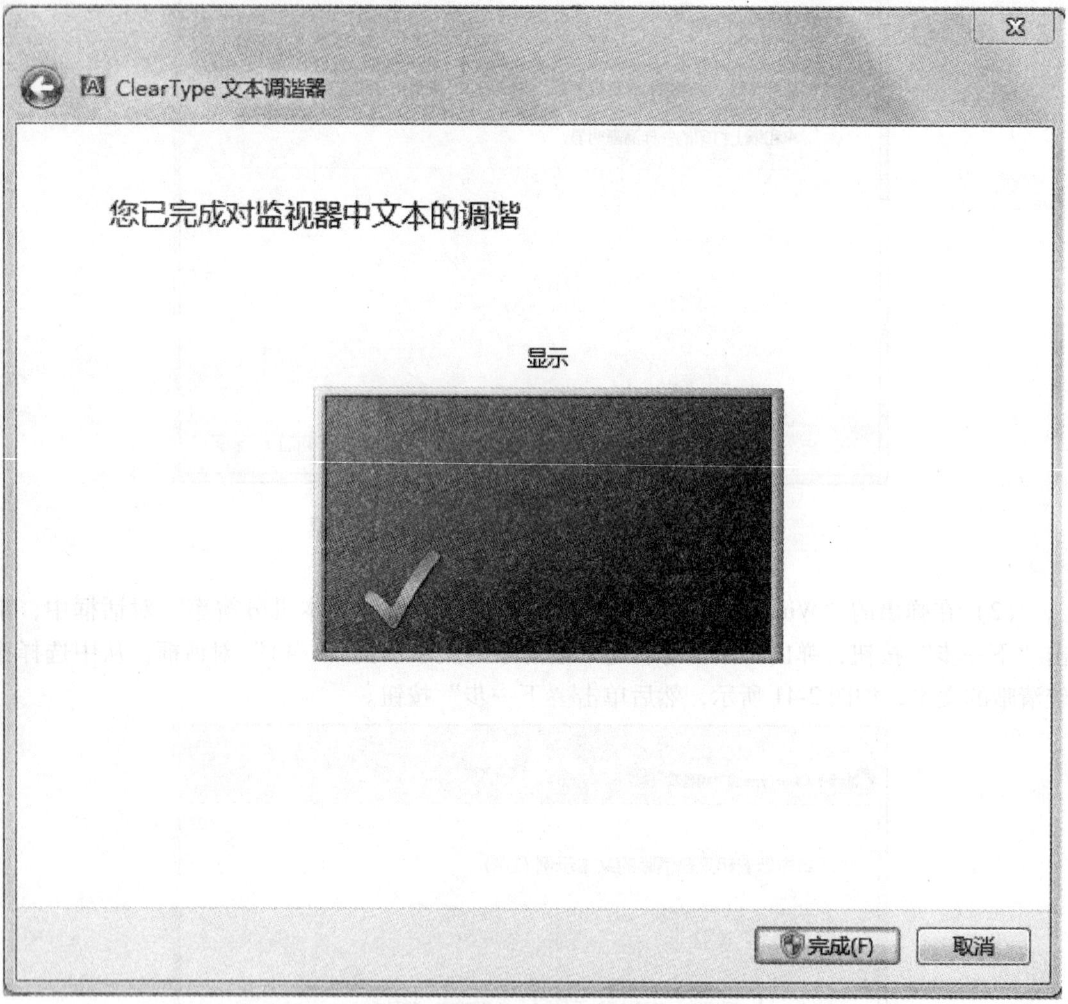

图2-42 完成设置

★知识链接

（1）ClearType文本是Windows 7特有的一项新功能，是一种显示计算机字体的技术，可以使字体清晰又圆润地显示出来。

（2）由于ClearType可以使屏幕上的文本更细致，因此更易于长时间阅读，而不致使眼睛紧张或精神疲劳。尤其适合用于LCD设备，包括平面监视器、便携式计算机以及更小的手持设备。

任务五　用户管理

★任务描述

Windows 7 具有多用户账户的功能，可以方便多人共用一台计算机，为了不影响其他用户使用计算机，同时有效地保护自己的资源，可以创建一个账号，并为其设置密码。

★任务实施

步骤 1：创建新用户

(1) 执行“开始”|“控制面板”命令，弹出“控制面板”对话框，在该对话框中选择“用户账户”选项，打开“更改用户账户”窗口，在该窗口中选择“管理其他账户”选项，如图 2-43 所示。

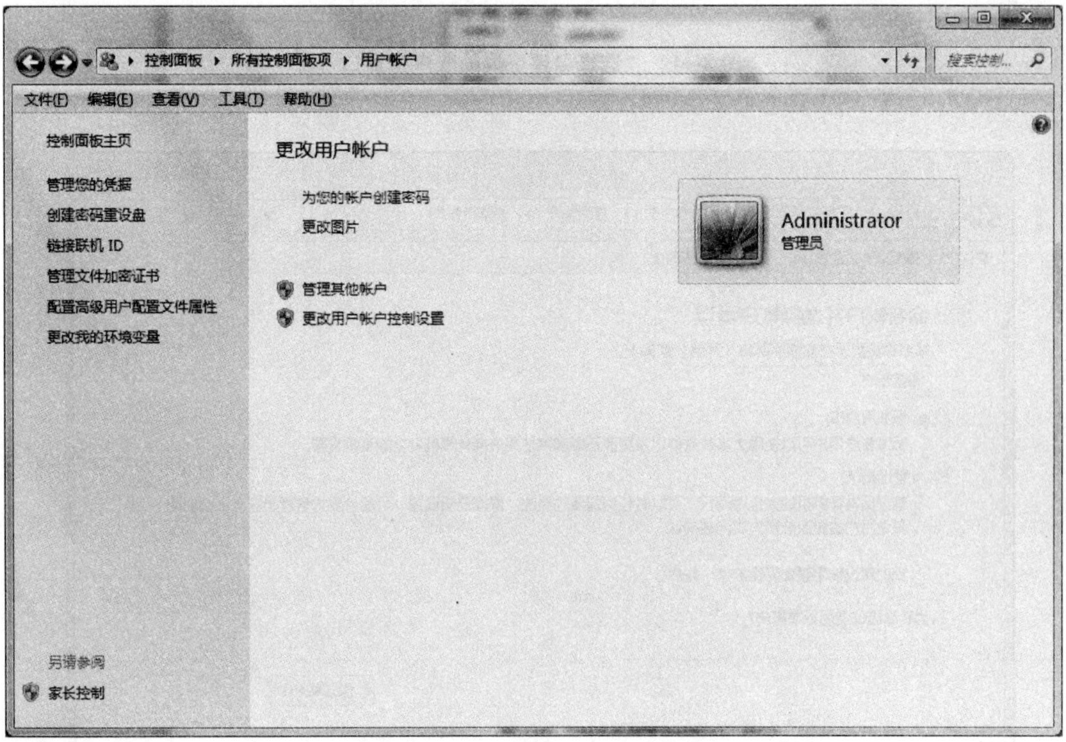

图 2-43　“更改用户账户”窗口

(2) 打开“选择希望更改的账户”窗口，选择“创建一个新账户”选项，如图 2-44 所示。在打开的窗口中输入新账户名，如图 2-45 所示。单击“创建账户”按钮，返回到“选择希望更改的账户”窗口，可以看到新建的用户账户，如图 2-46 所示。

图 2-44 “选择希望更改的账户”窗口

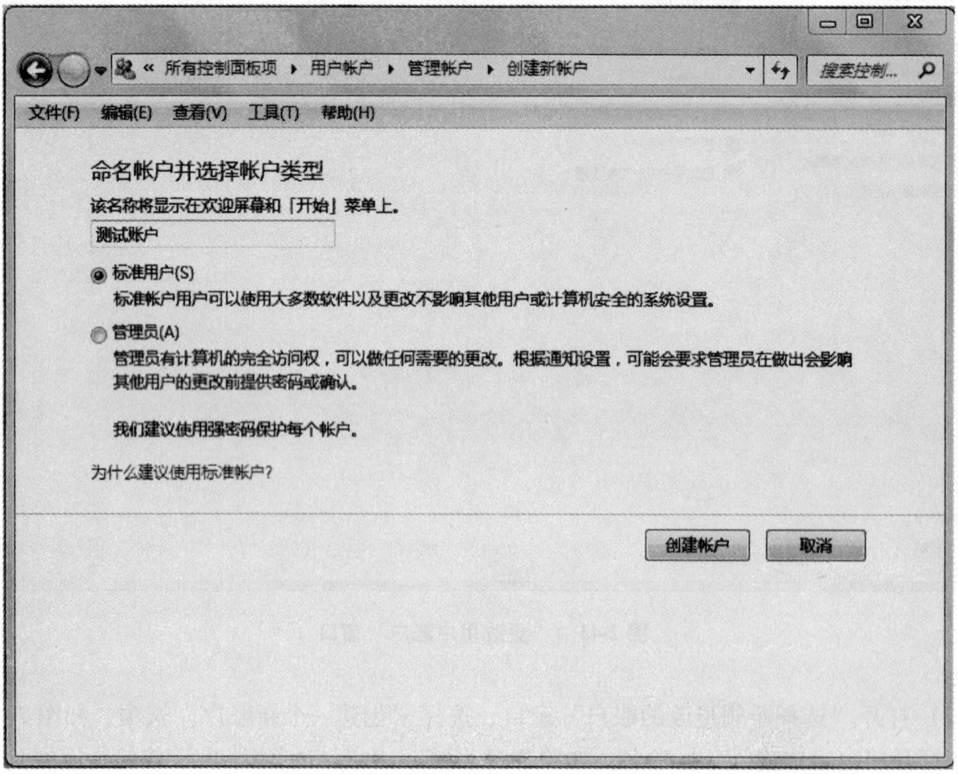

图 2-45 输入新账户名

图 2-46　添加完成

★知识链接

在使用用户账户之前，首先要了解什么是用户账户，这样能够明确不同类型账户的使用权限，在 Windows 7 中共有以下 3 种用户账户类型：

（1）管理员账户。管理员账户是用户账户的“老大”，使用它可以访问计算机中的所有文件，并且可以对其他用户账户进行更改、对操作系统进行安全设置、安装软件和硬件等操作。

（2）标准用户账户。使用标准用户账户可以使用计算机中的大部分功能，当要进行可能影响到其他用户账户或操作系统安全等的操作时，则需要经过管理员账户的许可。

（3）来宾账户。使用来宾账户不能访问个人账户文件夹、不能进行软硬件的安装、不能创建或更改密码等，它主要供在这台计算机上没有固定账户的来宾使用。

步骤 2：设置新用户属性

（1）在图 2-46 所示窗口，有 3 个账户类型，选择“测试账户”选项，打开“更改测试账户的账户”窗口，如图 2-47 所示，可以看到在该窗口中包含多种选项，单击相应的选项即可对该账户进行设置。

（2）在此选择“创建密码”选项，打开“为测试账户的账户创建一个密码”窗口，在新密码和确认新密码提示文本框中输入密码，然后输入提示信息，如“生日”，如图 2-48 所示。单击“创建密码”按钮，返回到“更改测试账户的账户”窗口，在该窗口中可以看到用户账户图标中出现密码保护的提示并且在左侧出现了“更改密码”和“删除密码”选项，如图 2-49 所示。

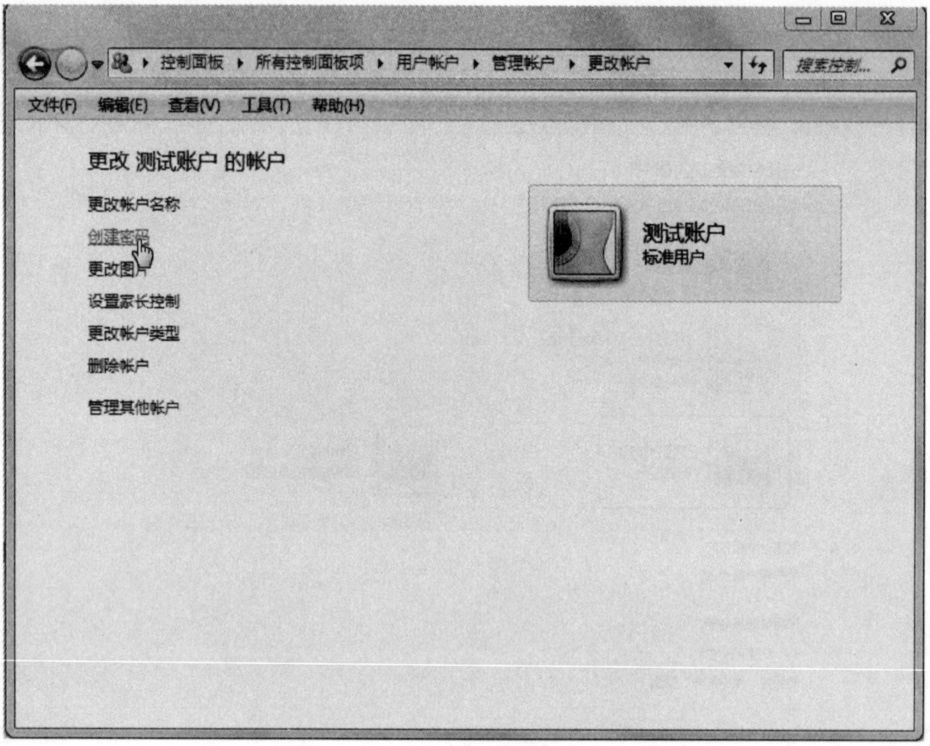

图 2-47 “更改测试账户的账户”窗口

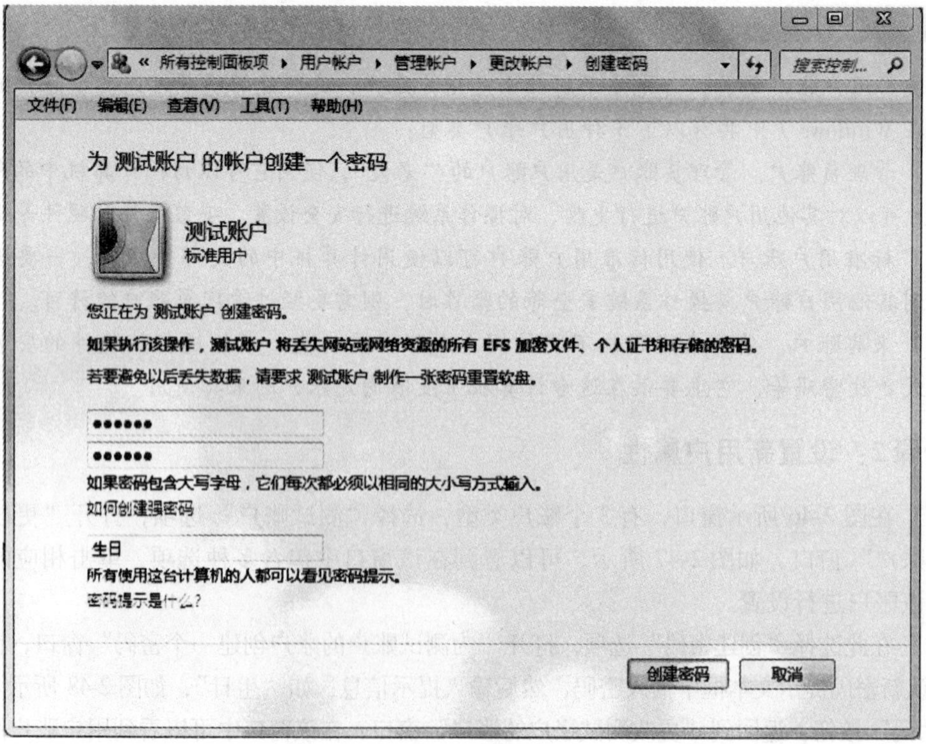

图 2-48 设置密码

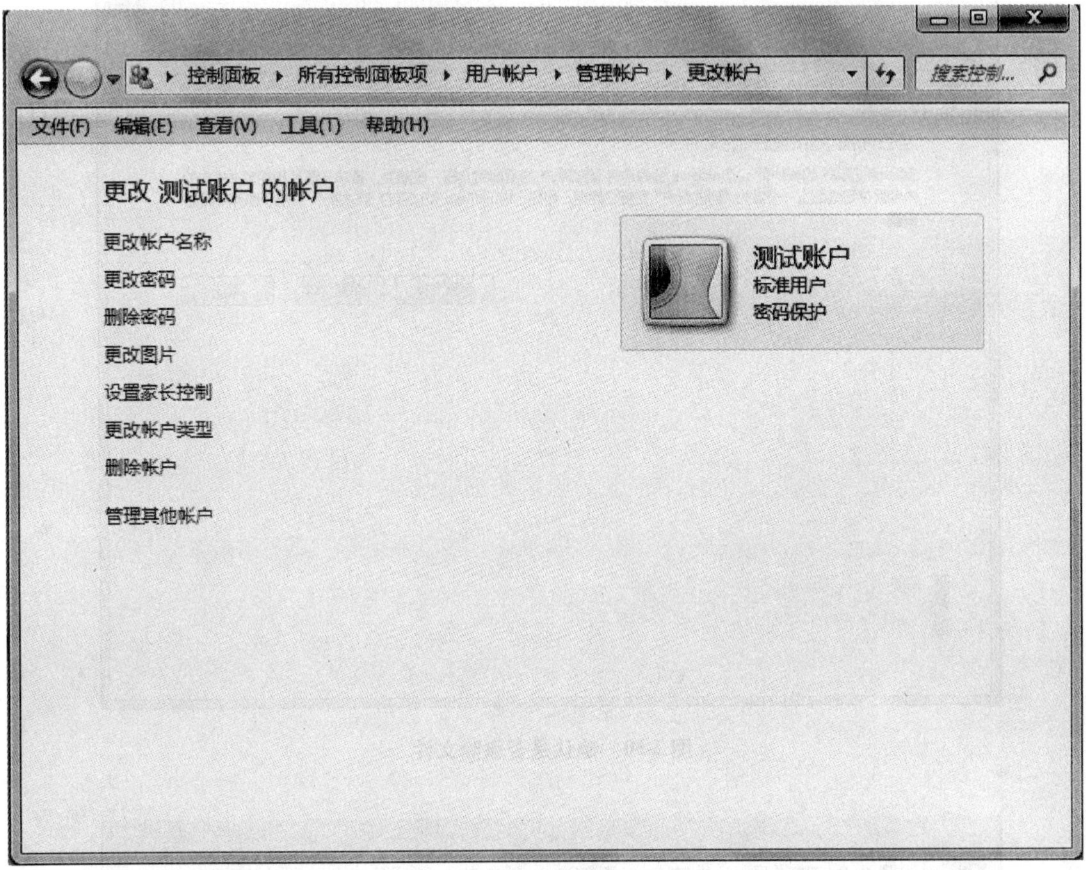

图 2-49　设置完成

步骤 3：删除用户账户

（1）根据前面的方法，进入“更改测试账户的账户”窗口，在该窗口中选择“删除账户”选项，打开“是否保留测试账户的文件”窗口，如图 2-50 所示。单击“保留文件”按钮，保留该用户账户的文件，如果不需要保留该用户账户的文件，可单击“删除文件”按钮。

（2）进入“确定要删除测试账户的账户吗”窗口，单击“删除账户”按钮，如图 2-51 所示，返回到“选择希望更改的账户”窗口，可以看到“测试账户”账户已经被删除。

★知识链接

控制面板（controlpanel）是 Windows 图形用户界面的一部分，可通过“开始”菜单访问，也可以通过运行命令“control”命令直接访问。它允许用户查看并操作基本的系统设置和控制，比如添加硬件、添加/删除软件、控制用户账户、更改辅助功能选项等。

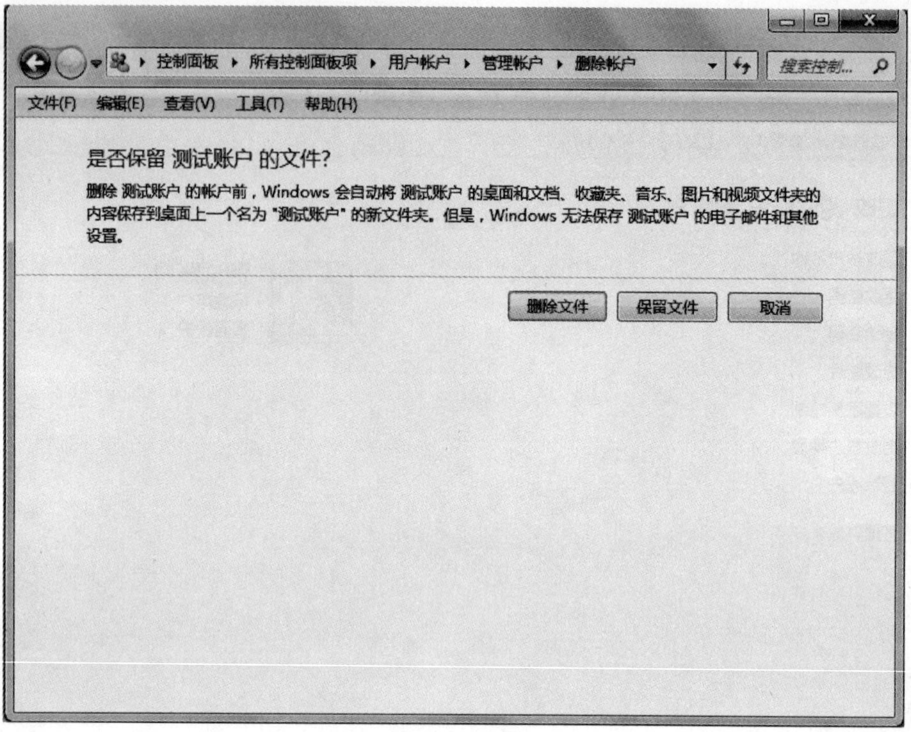

图 2-50　确认是否删除文件

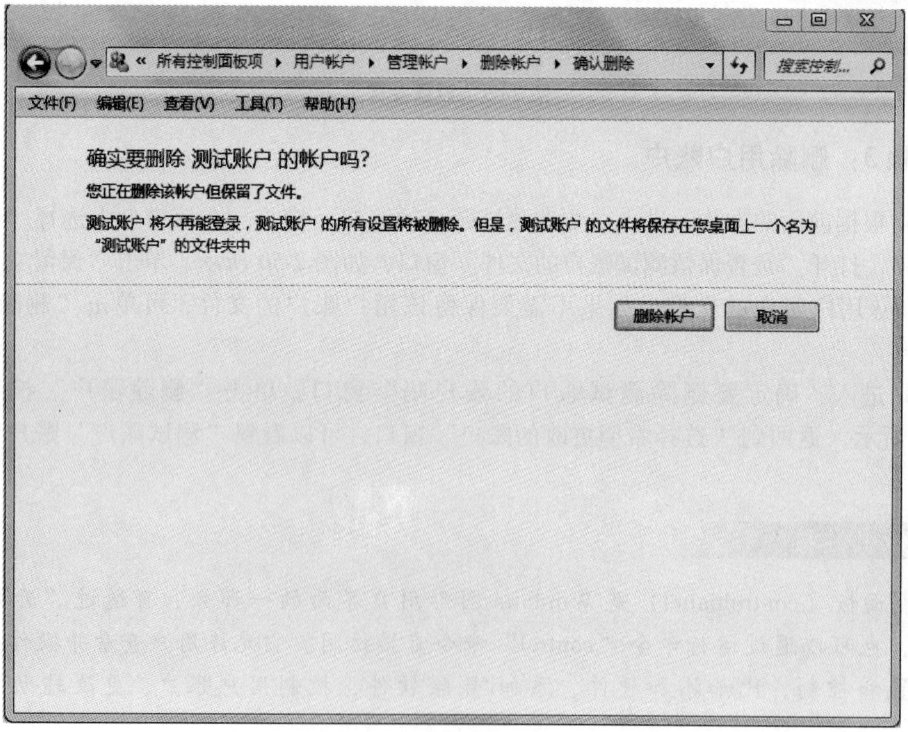

图 2-51　确认是否删除账户

项目三

管理磁盘空间

任务一　磁盘管理

★任务描述

1. 在使用 Windows 7 的过程中，由于使用时间过长，产生了大量的垃圾文件，这些垃圾文件不但占用磁盘空间，而且影响系统的运行速度，可通过磁盘清理来删除它们。

2. 计算机的运行过程实质上是不停地进行读写操作的过程，由于运行时间过长，在磁盘中产生了不连续的文件碎片，使启动和打开文件变慢。使用磁盘碎片清理的办法，将文件碎片收集起来形成连续的整体存储在磁盘中。

3. 为防止由于遇到病毒侵袭或突然断电等情况造成计算机中的数据文件丢失，设置系统还原点备份 Windows 系统。

4. 还原 Windows 系统。

★任务实施

步骤 1：磁盘清理

（1）执行“开始”|“所有程序”|“附件”|“系统工具”|“磁盘清理”命令，弹出“磁盘清理：驱动器选择”对话框。在“驱动器”下拉列表中选择“新加卷（E:）”选项，如图 2-52 所示。

（2）单击“确定”按钮，弹出“新加卷（E:）的磁盘清理”对话框，如图 2-53 所示，在此对话框中选择“回收站”选项。单击“确定”按钮，在弹出的“磁盘清理”对话框中，询问是否永久删除这些文件。单击“删除文件”按钮，系统将自动对该驱动器上的垃圾文件进行清理和删除。

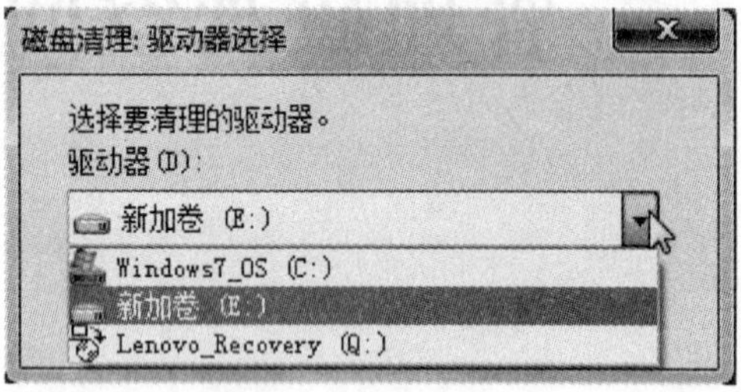

图 2-52　选择驱动器

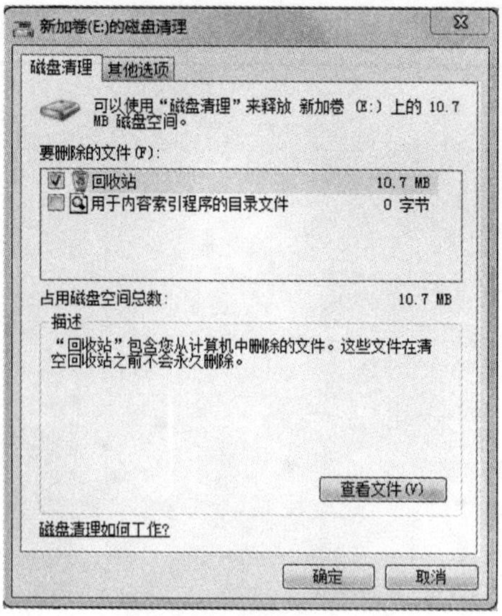

图 2-53　选择要删除的文件

步骤 2：整理磁盘碎片

（1）执行“开始”｜“所有程序”｜“附件”｜“系统工具”｜“磁盘碎片整理程序”命令，打开“磁盘碎片整理程序”对话框，在“当前状态”列表框中选择“新加卷（E:）”选项，如图 2-54 所示。

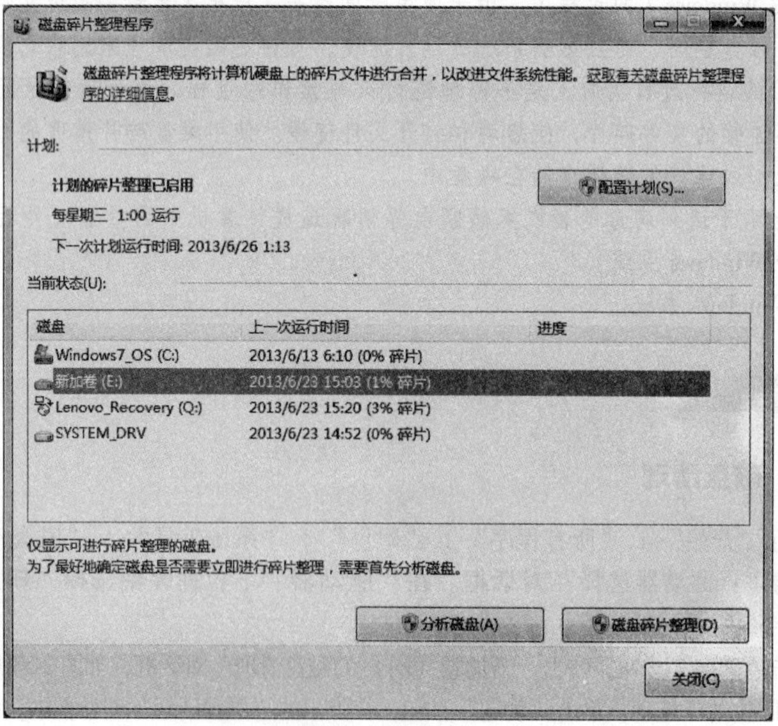

图 2-54　选择磁盘

（2）单击“磁盘碎片整理”按钮，系统对 E 盘进行分析和磁盘碎片整理工作，如图 2-55所示。单击“停止操作”按钮将停止操作。

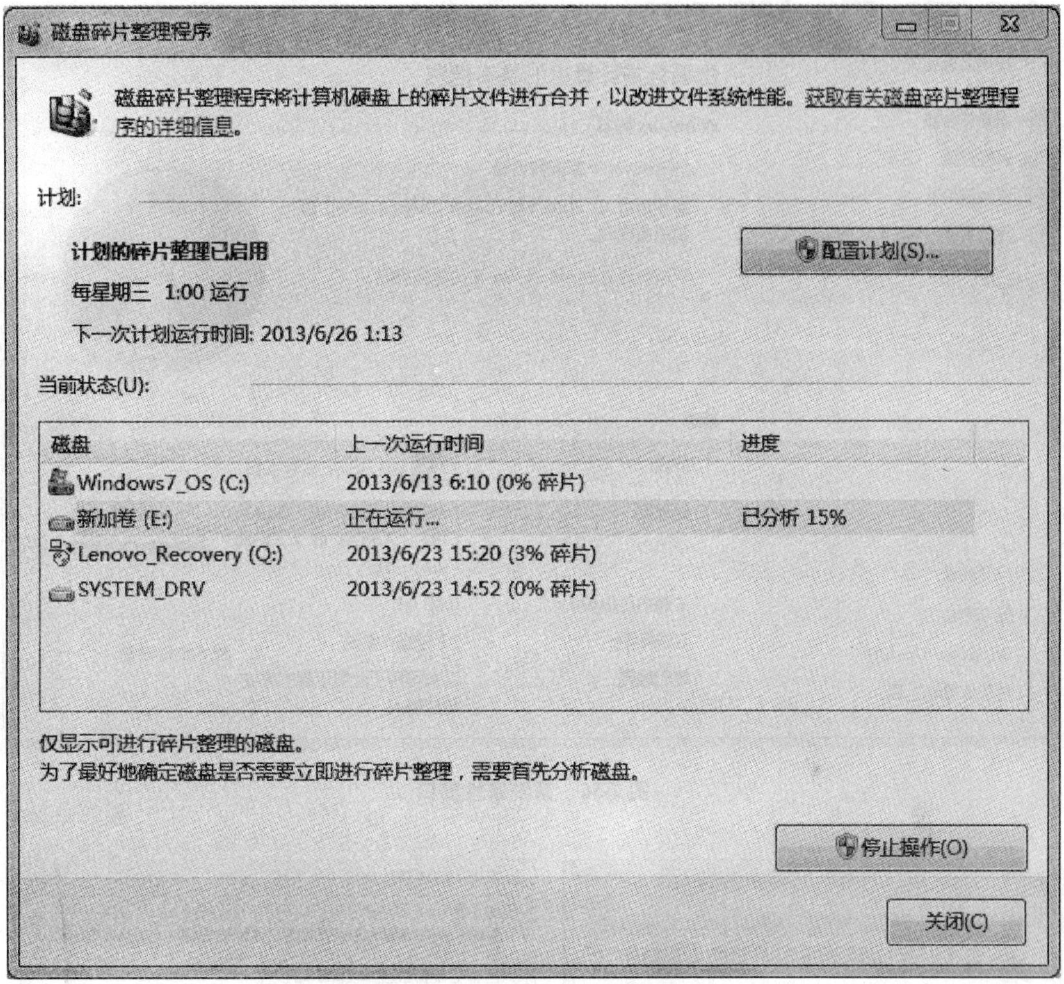

图 2-55　进行磁盘碎片分析和整理

步骤 3：创建 Windows 7 系统还原点

（1）右击“计算机”图标，在弹出的快捷菜单中选择“属性”命令，弹出系统属性窗口，如图 2-56 所示。

（2）单击左侧的“系统保护”链接，弹出“系统属性”对话框，切换到“系统保护”选项卡，如图 2-57 所示。单击“配置”按钮，在弹出的对话框中勾选“还原系统设置和以前版本的文件”，如图 2-58 所示，单击“确定”按钮。

（3）返回到系统保护界面，单击“创建”按钮，输入还原点名称，如图 2-59 所示，单击“创建”按钮，便会自动创建还原点。

图 2-56　系统属性窗口

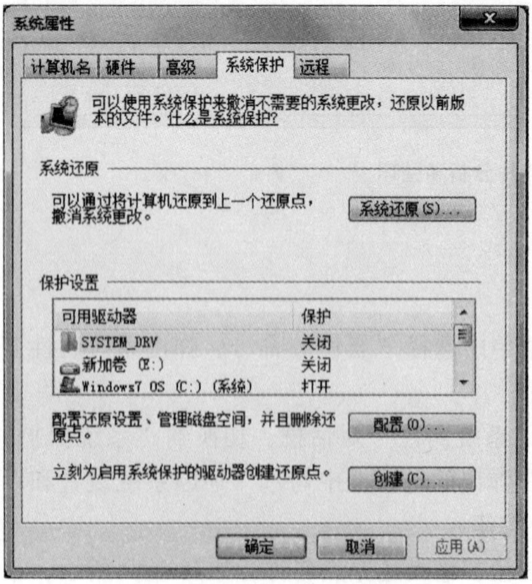

图 2-57　“系统属性”对话框

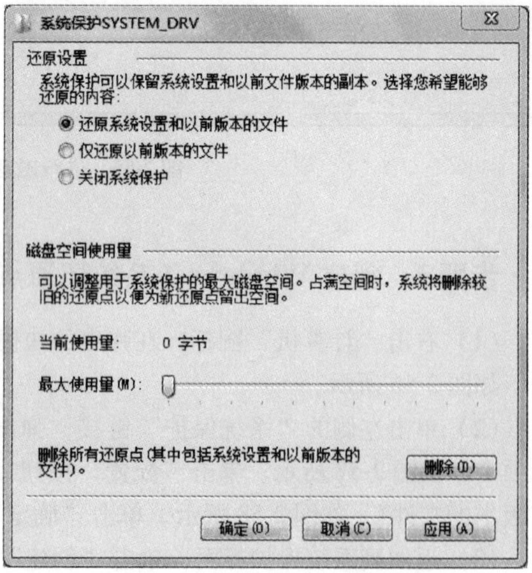

图 2-58　勾选“还原系统设置和以前版本的文件”

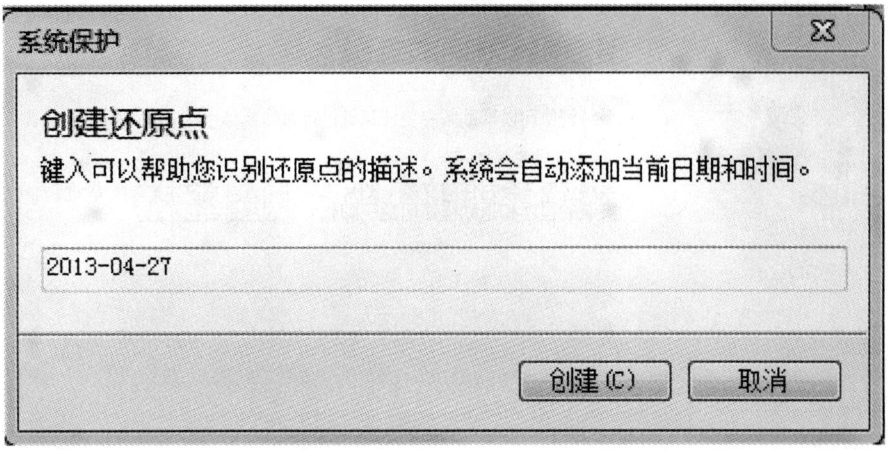

图 2-59　设置还原点名称

★知识链接

在使用 Windows 7 的过程中，默认状态下它是打开了系统还原功能的，在下列情况下系统会自动创建还原点。

（1）Windows 7 安装完成第一次启动时。

（2）当 Windows 7 连续开机时间达到 24 小时，或关机时间超过 24 小时再开机时。

（3）通过系统更新安装软件时。

（4）软件的安装程序运用了 Windows 7 所提供的系统还原技术，在安装的过程中也会创建还原点。

（5）当在安装未经 Microsoft 签署认可的驱动程序时。

（6）当用户账户使用备份程序还原文件和系统时。

（7）当运行还原命令，要将系统还原到以前的某个还原点时。

步骤 4：还原 Windows 7 系统

（1）执行“开始”|“所有程序”|“附件”|“系统工具”|“系统还原”命令，打开“系统还原”对话框，如图 2-60 所示。单击“下一步”按钮，进入“将计算机还原到所选事件之前的状态”窗口，如图 2-61 所示。在此窗口可以选择所需的还原点。

（2）单击“下一步”按钮，在打开的对话框中单击“完成”按钮，系统开始还原，此时计算机会自动重启，然后打开“系统还原”对话框，单击“确定”按钮，系统即可还原到创建还原点时的状态。

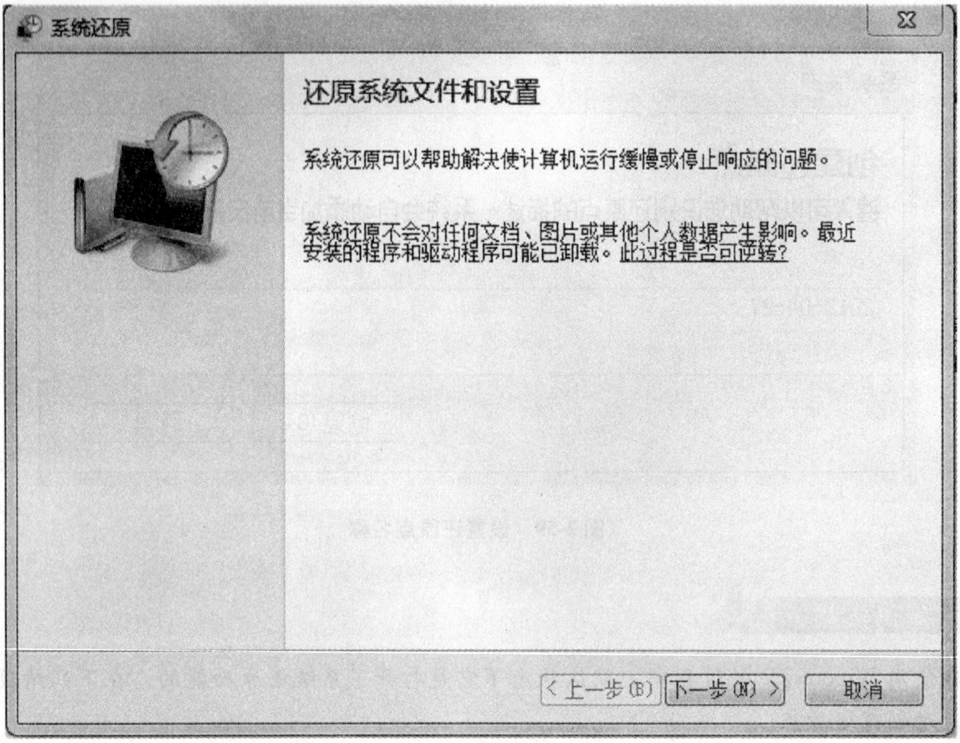

图 2-60 “系统还原”对话框

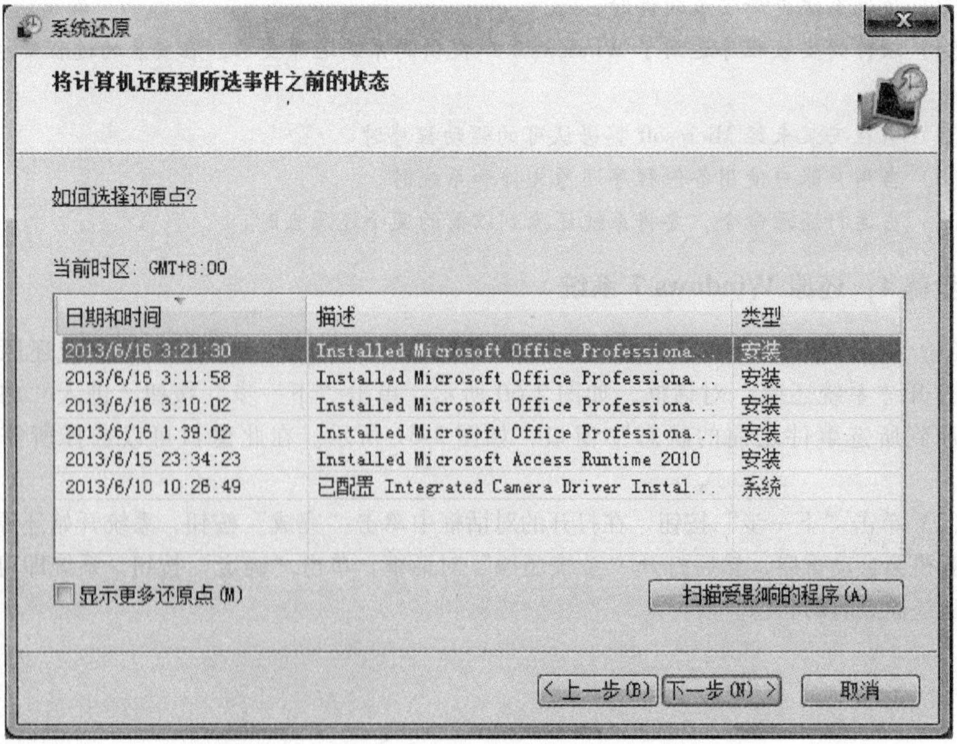

图 2-61 “将计算机还原到所选事件之前的状态”窗口

任务二　文件和文件夹的操作

★任务描述

1. Windows 资源管理器显示了用户计算机上所有的文件、文件夹和驱动器分层次结构，在“计算机”中可以完成的操作在“资源管理器”中同样可以完成，而且更加方便。打开资源管理器，并对其中文件显示方式进行设置。

2. 对文件和文件夹进行新建、重命名、选定、复制、移动、删除等操作。

★任务实施

步骤 1：打开资源管理器

在“开始”按钮上右击，从弹出的快捷菜单中选择“打开 Windows 资源管理器”命令，即可打开“资源管理器”窗口，如图 2-62 所示。

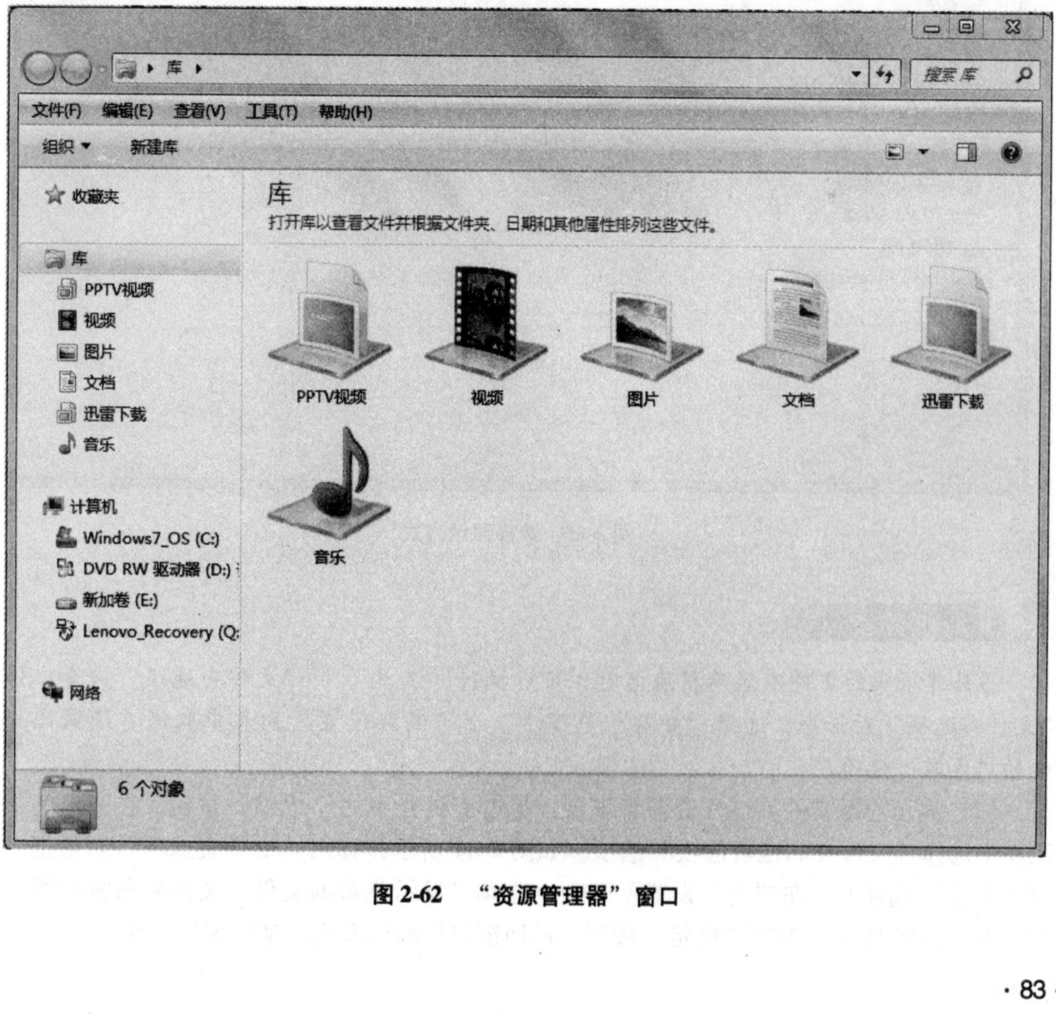

图 2-62　“资源管理器”窗口

可以看到，资源管理器窗口主要由两部分组成：左边的任务窗格和右边的内容窗格。左侧任务窗格中展开了 4 个以树形结构目录显示当前计算机中所有资源的“文件夹”栏，即收藏夹、库、计算机和网络；在窗格右边的内容窗格中显示的是左侧文件夹中相应的内容。

步骤 2：管理计算机资源

（1）设置文件显示方式。为了便于根据不同的需要对文件进行查询，在操作资源管理器时，可以为文件或文件夹设置不同的显示方式，只需要在资源管理器窗口中单击“视图”按钮，在弹出的下拉列表中选择想要显示的方式即可，如图 2-63 所示。

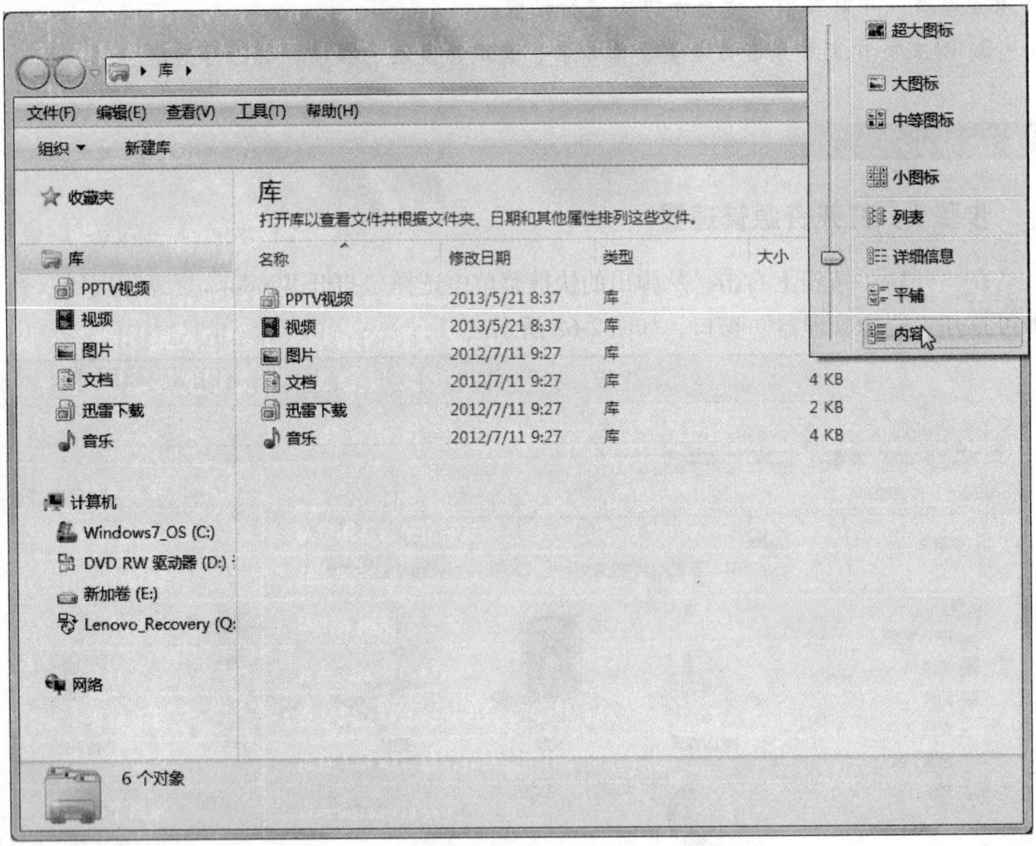

图 2-63 选择显示方式

★知识链接

当计算机中的文件不显示扩展名时，可以执行“工具”|“文件夹选项”命令，弹出“文件夹选项”对话框，选择“查看”选项卡，在“高级设置”列表中取消“隐藏已知文件的扩展名”选项。

（2）显示隐藏文件。打开资源管理器，单击工具栏中的“组织”按钮，在弹出的下拉菜单中选择“文件夹和搜索选项”选项，如图 2-64 所示，弹出“文件夹选项”对话框，选择“查看”选项卡，在“高级设置”列表中选择“显示隐藏的文件、文件夹和驱动器”选项，如图 2-65 所示。单击“确定”按钮，返回窗口后即可看到原来隐藏的文件。

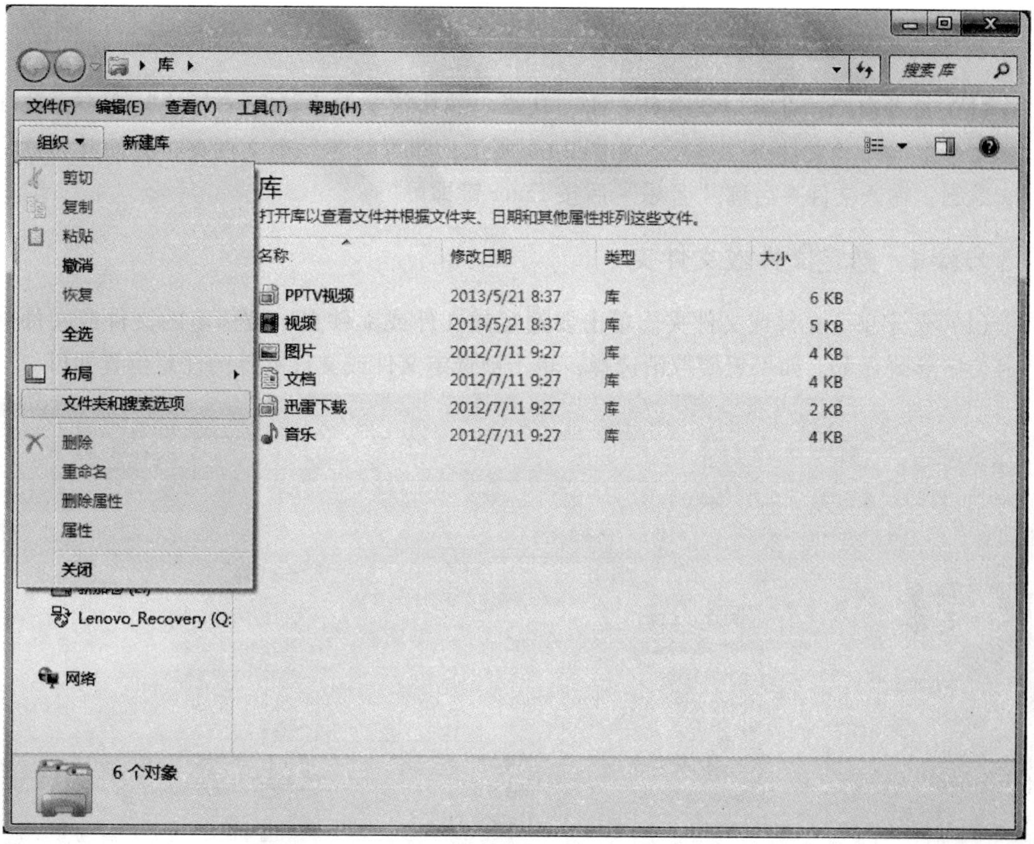

图 2-64 选择“文件夹和搜索选项”选项

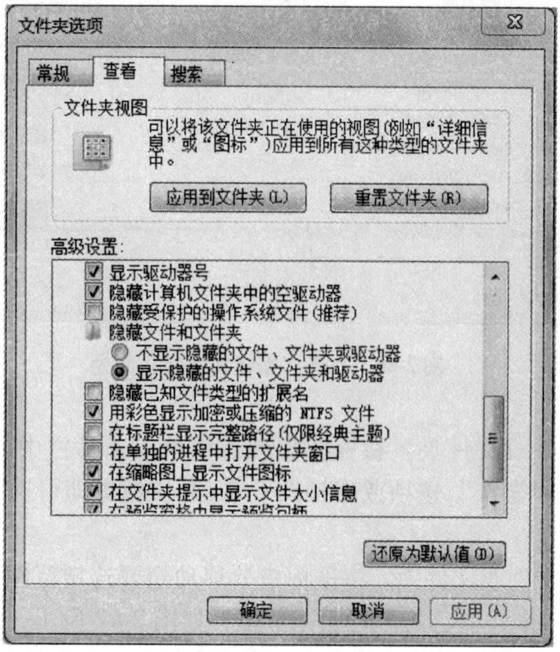

图 2-65 设置文件夹属性

步骤 3：新建文件夹

进入 E 盘窗口，在窗口空白处右击，从弹出的快捷菜单中执行“新建”命令，从弹出的子菜单中选择“文件夹”选项，如图 2-66 所示，即可新建一个文件夹，并使其名称呈可编辑状态，输入文件夹名称“音乐”后按 Enter 键即可。

步骤 4：选定文件或文件夹

（1）选定单个文件或文件夹。单击要选定的文件或文件夹，被选定的文件或文件夹以蓝底白字形式显示，如果想要取消选择，单击被选定文件或文件夹外的任意位置即可。

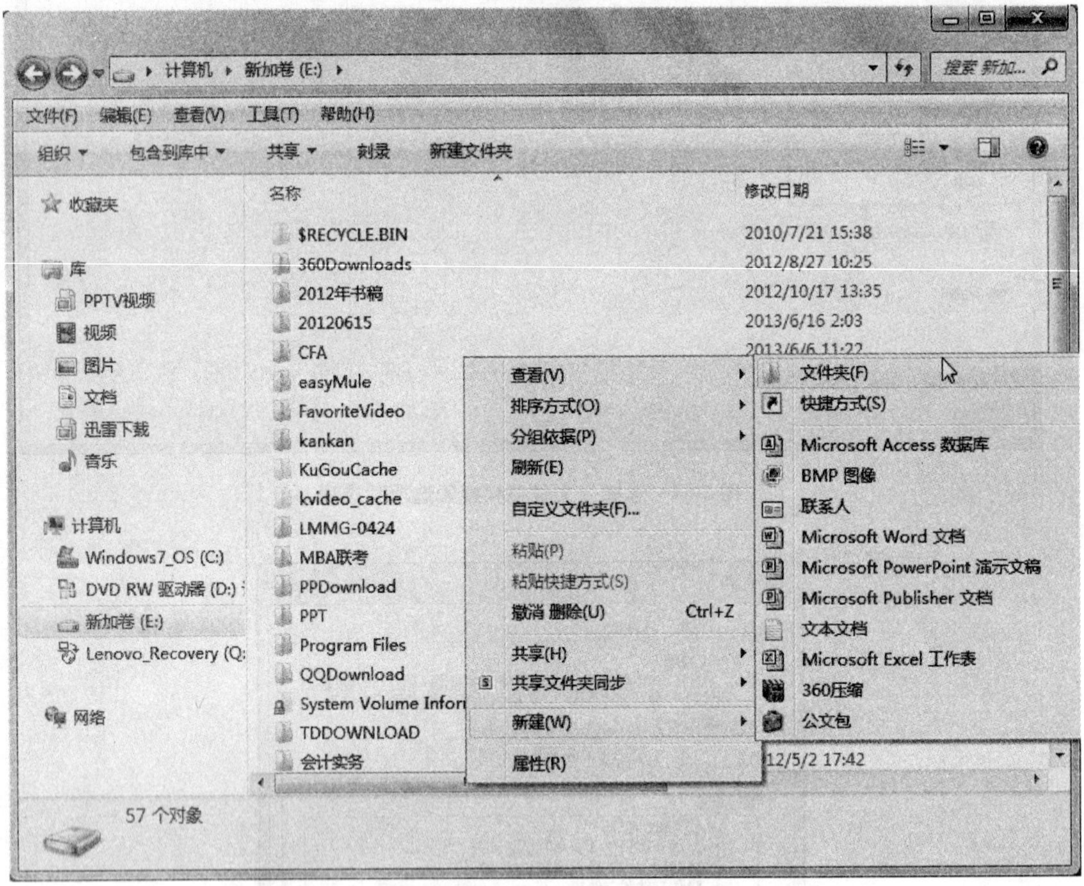

图 2-66 执行“新建文件夹”命令

（2）选定全部文件或文件夹。在资源管理器中单击工具栏中的“组织”按钮，在弹出的下拉菜单中选择“全选”选项或直接按 Ctrl + A 快捷键即可选定当前窗口中的所有文件或文件夹。

（3）选定相邻的文件或文件夹。将鼠标指针移动到要选定范围的一角，按住鼠标左键不放进行拖动，出现一个浅蓝色的半透明矩形框，如图 2-67 所示，用矩形框框选所需的文件或文件夹后释放鼠标左键，即可选中所有矩形框中的文件和文件夹。

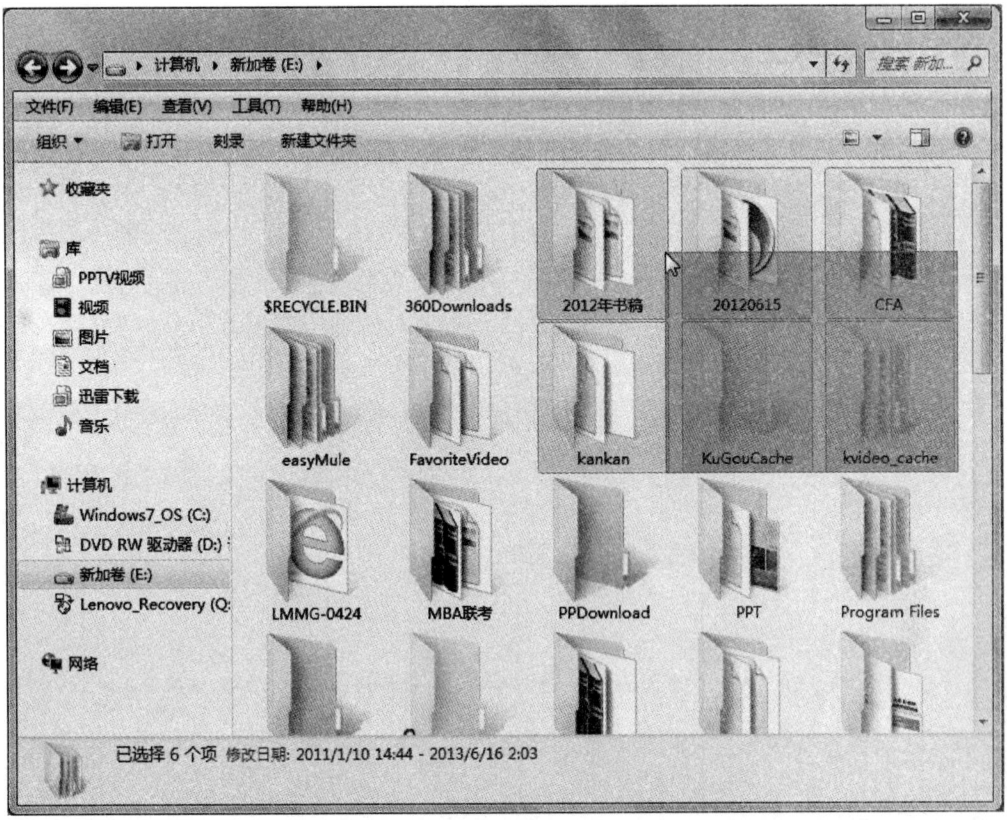

图 2-67　选定相邻的文件或文件夹

（4）选定多个连续的文件或文件夹。首先单击第一个文件或文件夹，然后按住 Shift 键不放，再单击要选中的最后一个文件或文件夹即可。

（5）选定多个不相邻的文件或文件夹。首先选中一个文件或文件夹，然后按住 Ctrl 键不放，再依次单击所要选择的文件或文件夹即可。

步骤 5：移动和复制文件或文件夹

（1）通过鼠标拖动移动或复制文件或文件夹。选定要移动的文件或文件夹，按住鼠标左键不放，将其拖动到目标文件夹图标上，释放鼠标左键即可将选定的文件或文件夹移动到目标文件夹中。如果在拖动过程中按住 Ctrl 键，则可实现复制。

（2）通过剪贴板移动或复制。选定需要移动的文件或文件夹，按 Ctrl + X 快捷键（剪切）或 Ctrl + C 快捷键（复制），将其剪切或复制到 Windows 的剪贴板中。打开目标文件夹，然后按 Ctrl + V 快捷键即可将剪贴板中文件或文件夹粘贴到目标位置。

练　习

1. 创建一个名为“自己姓名”的标准用户，并为该用户打开“家长控制”。

2. 新建一个文本文件，文件名为默认；新建一个文件夹名称为“自己姓名”，并把新建的“文本文件”移动到新建的文件夹中。

3. 复制桌面任意2个图标到名称为“自己姓名”的文件夹中，并新建一个默认名称的文件夹。

4. 删除名称为“自己姓名”的文件夹中的“新建文件夹”。

模块三　文字处理软件——Word 2010

Word 软件是微软公司发布的办公软件 Microsoft Office 的重要组件之一。作为文字处理软件，它也是普及性较高且易掌握的一款软件，通过它，不仅可以进行文字输入、编辑、排版和打印，还可以制作出各种图文并茂的办公文档和商业文档。使用 Word 2010 自带的各种模板，还能快速地创建和编辑各种专业文档。

项目一

认识 Office 2010

任务一　Office 2010 介绍

★任务描述

在使用 Office 2010 前，首先要对其中的组件功能有所了解。认识和了解了其用途后，才能更好地将软件的功能应用到实际工作中。

★任务实施

一、了解 Word 2010

Word 2010 是 Office 2010 系列软件中重要的组成部件，其功能强大，也是目前全世界用户最多、使用范围最广的文字编辑软件之一。它的主要功能包括文档的排版、表格的制作与处理、图形的制作与处理、页面设置和打印文档等，被广泛应用于各种办公和日常事务处理中。

二、了解 Excel 2010

Excel 2010 是 Office 2010 系列软件中专门用于电子表格处理的软件，Excel 的功能也很强大，可以制作表格、计算和管理数据、分析与预测数据，并且能制作多种样式的图标，另外还能实现网络共享。

三、了解 PowerPoint 2010

PowerPoint 2010 主要用于制作动态幻灯片。在幻灯片中可以插入各种对象，如文本、图片、视频、音频等，再通过动画功能将多个对象连接起来。幻灯片具有动态效果，能更直观地将幻灯片中的对象形象生动地展示出来。

任务二　了解 Office 2010 的新增功能

★任务描述

相对于以前的版本，Office 2010 针对不同的操作需求提供了很多新增功能，大大方便了办公应用，操作起来更得心应手。

★任务实施

一、实时预览

在 Office 2010 中，当用户在选择实现某项功能之前，可以得到预览。例如在选择字号或者字体时，当鼠标移动到某种字号时，工作区中的字体就会瞬时改变，用户可以方便地看到所选择的效果。

二、保护视图

当打开从不安全位置获得的文件时，Office 2010 会自动进入保护视图，保护视图相当于沙箱，防止来自 Internet 和其他可能不安全位置的文件中可能包含的病毒、蠕虫和其他种类的恶意软件，避免它们对计算机可能构成的危害。在“受保护的视图”中，只能读取文件并检查其内容，不可进行编辑等操作，降低可能发生的风险。

三、“导航”窗格

Office 2010 为用户提供了“导航”窗格，可用于浏览文档标题、文档页面和搜索文档内容，如图 3-1 所示。“导航”窗格中包括搜索文本框和三个选项卡，需要搜索长文档中的内容时，在搜索文本框中输入需要搜索的内容，系统会自动执行搜索操作。需要查看长文档标题或浏览长文档的具体内容时，在“导航”窗格中单击相应标签或标题即可。

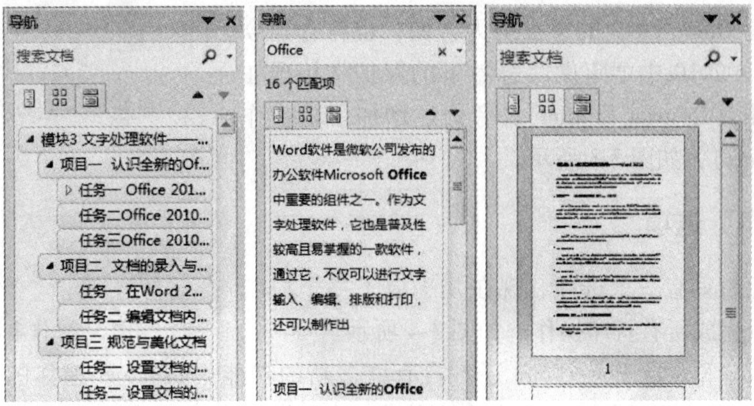

图 3-1　“导航”窗格

四、新的 SmartArt 模板

SmartArt 是 Office 2007 引入的一个很有用的功能，可以轻松制作出精美的业务流程图，而 Office 2010 在现有类别下增加了大量新模板，还新添了数个新的类别，如图 3-2 所示。

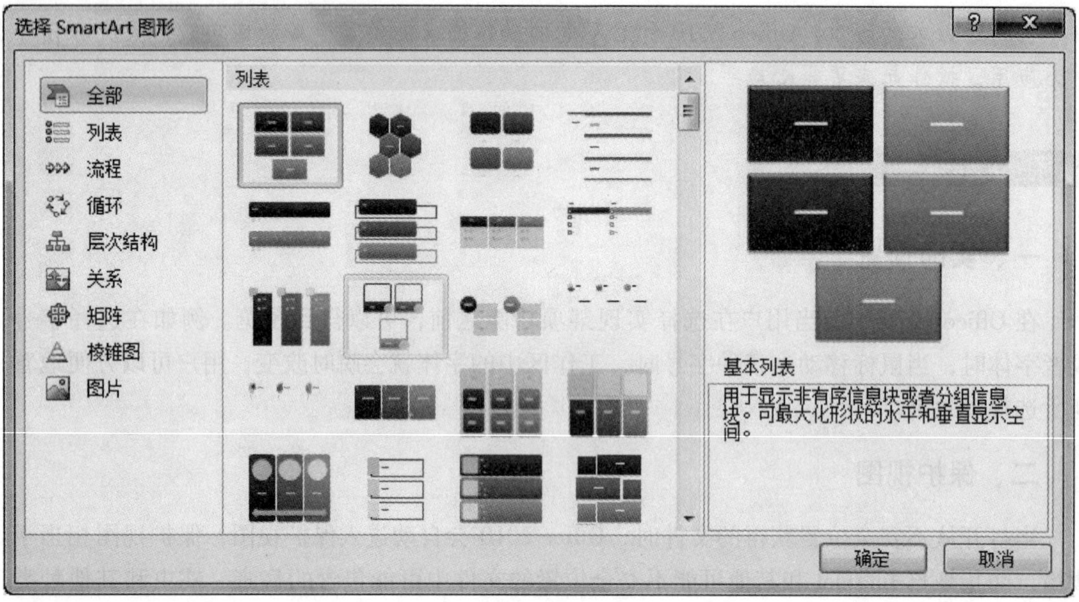

图 3-2　SmartArt 模板

五、屏幕截图

使用 Office 2010 提供的截图功能可以将当前的计算机屏幕画面插入当前文档中。截图时可以截取全屏画面，也可以根据需要自定义截取范围。

六、作者许可（Author Permissions）

在线协作是 Office 2010 的重点努力方向，也符合当今办公趋势。Office 2010 中“审阅”标签下的保护文档现在变成了限制编辑（Restrict Editing），旁边还增加了阻止作者（Block Authors），如图 3-3 所示。

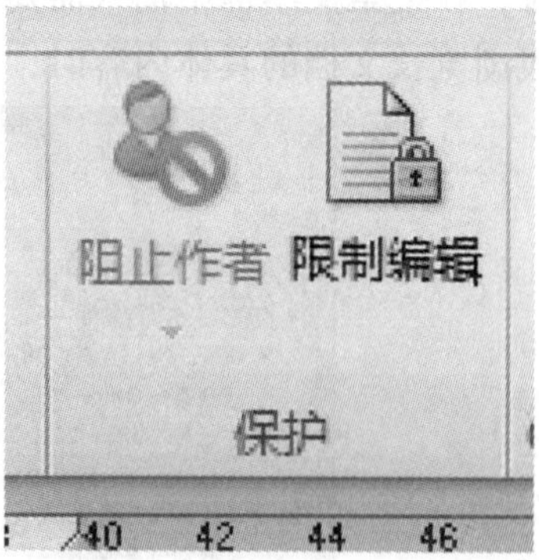

图 3-3　作者许可

七、“打印”选项

打印部分此前只有三个选项，现在几乎成了一个控制面板，基本可以完成所有打印操作，如图 3-4 所示。

此外，Word、Excel、PowerPoint 还各自有许多新的功能，如 Excel 迷你图、Excel 切片器、PowerPoint 视频编辑功能等，都有待读者进一步探索，这里不再详细讲述。

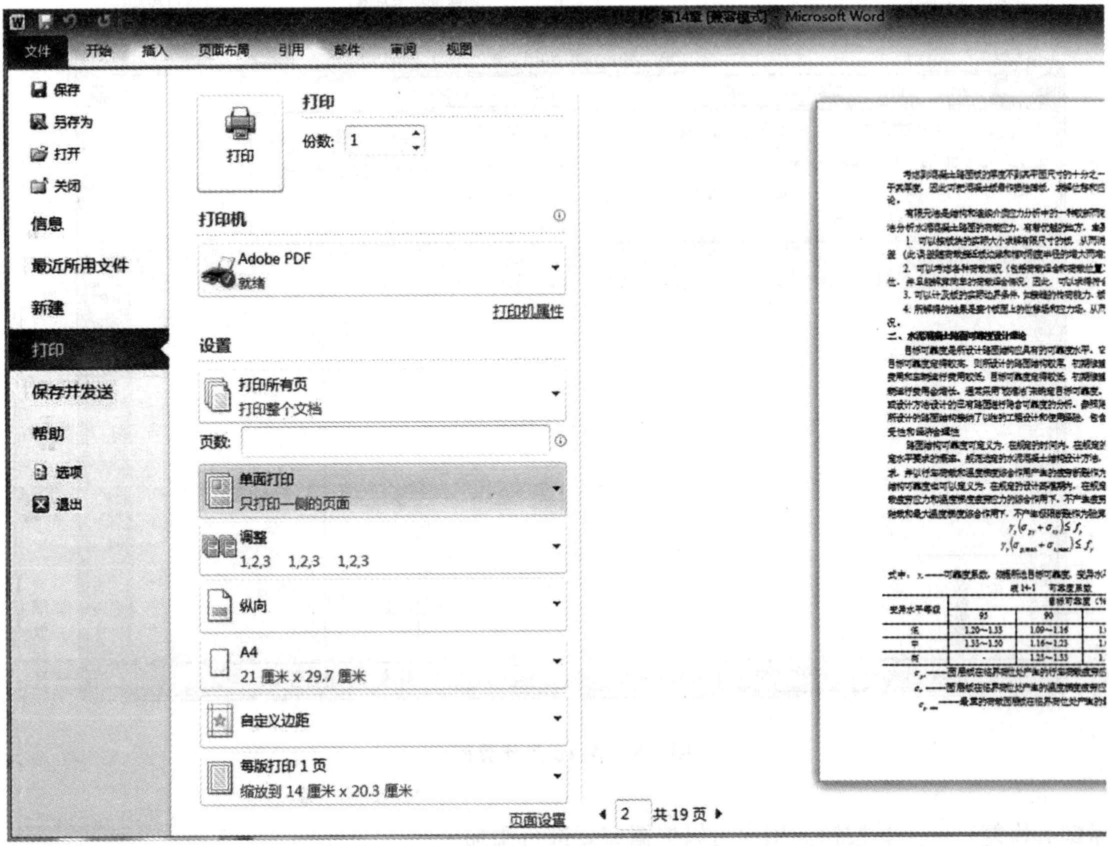

图 3-4　“打印”选项

任务三　Office 2010 组件的共性操作

★任务描述

Office 是具有办公功能的软件的集合，虽然其中的各个软件在应用类别和功能上有所不同，但很多操作方法都是相同的，下面以 Word 为例介绍，其他组件的操作基本相同。

★任务实施

步骤 1：认识 Office 2010 工作界面

在学习使用 Office 软件之前，首先需要对其工作界面和工作视图有所了解。以 Word 2010 的工作界面（图 3-5）为例，介绍工作界面的各组成部分及其作用。

（1）快速访问工具栏。位于窗口上方左侧，用于放置一些常用工具，默认包括保存、

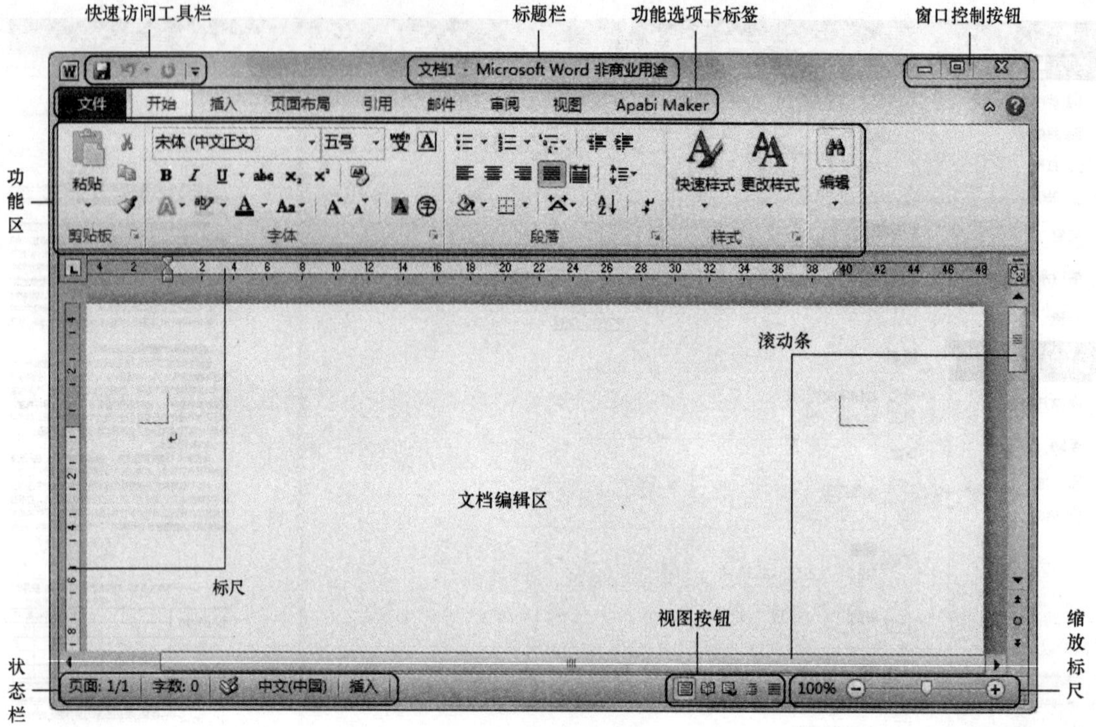

图 3-5　Word 工作界面

撤销和恢复三个工具按钮。用户可以根据需要进行添加。

（2）功能选项卡标签。用于切换功能区，单击功能选项卡的标签名称就可以完成切换。

（3）标题栏。用于显示当前文档的名称。

（4）功能区。用于放置编辑文档时所需的功能按钮，系统将功能区的按钮按功能划分为一个一个的组，称为工具组。在某些功能组右下角有“对话框启动器”按钮，单击该按钮可以打开相应的对话框，打开的对话框包含了该工具组的相关设置选项。

（5）窗口控制按钮。包括最小化、最大化和关闭三个按钮，用于对窗口的大小和关闭进行控制。

（6）标尺。分为水平标尺和垂直标尺，用于显示或定位文本的位置。

（7）滚动条。分为水平滚动条和垂直滚动条，拖动滚动条可以查看文档中未显示的内容。

（8）文档编辑区。用于显示或编辑文档内容的工作区域，编辑区内不停闪烁的光标称为插入点，新输入或插入的文本内容定位在此处。

（9）状态栏。用于显示当前文档的页数、字数、拼写和语法状态、使用语言、输入状态等信息。

（10）视图按钮。用于切换文档的视图方式，单击相应按钮，即可切换到相应视图。

（11）缩放标尺。用于对编辑区的显示比例和缩放尺寸进行调整，用鼠标拖动缩放滑块后，标尺左侧会显示缩放的具体数值。

步骤 2：掌握 Office 2010 的基本操作

（1）启动 Office 组件。

方法 1：执行“开始”菜单下 Microsoft Office 子菜单下的相应命令启动相关组件。

方法 2：双击桌面上 Office 组件的快捷方式图标，启动相应程序。

方法 3：从“我的电脑”或“资源管理器”窗口中双击 Word/Excel/PowerPoint 文件，在打开该文件内容的同时打开相应程序窗口。

（2）新建 Office 文档。通过启动 Office 组件方法中的方法 1 和方法 2 启动 Office 组件后，就新建了一个空白文档。用户也可以在现有文档基础上另外新建空白文档，方法是单击“文件”功能选项卡中的“新建”命令，然后单击右侧的“可用模板”列表中的“空白文档”选项，单击“创建”按钮，创建新的空白文档，如图 3-6 所示。

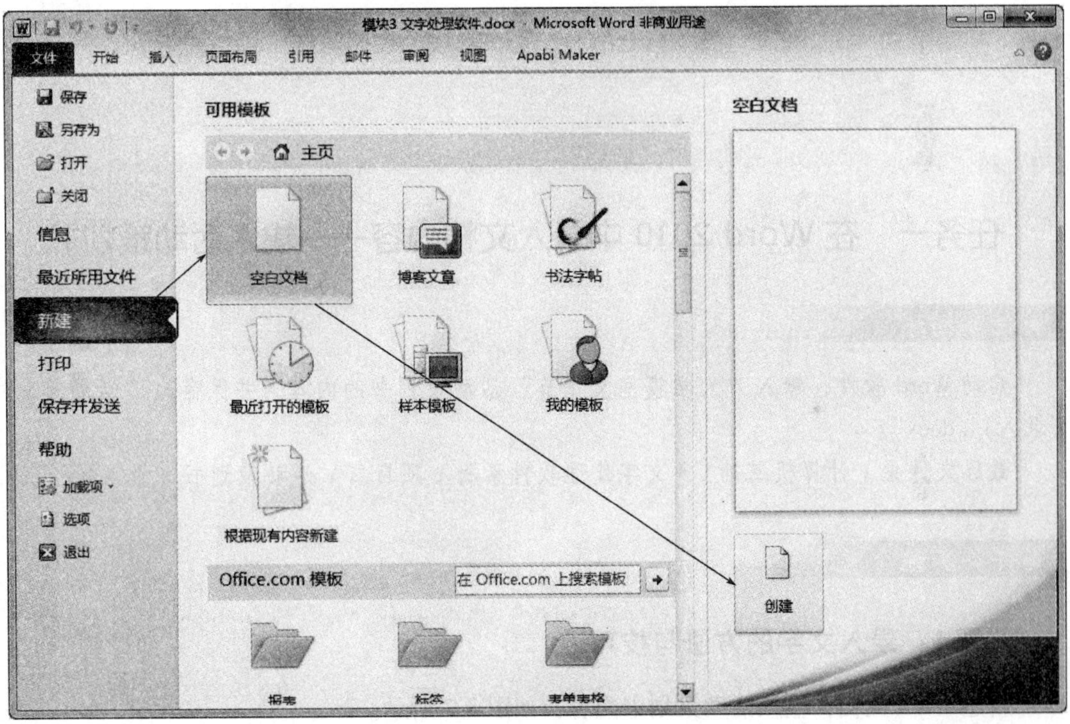

图 3-6　新建 Office 文档

★知识链接

在编辑文档的过程中，按下 Ctrl + N 快捷键，可快速创建空白文档。如果重复按该快捷键，可按文档 1、文档 2……的命名方式新建空白文档。

项目二

文档的录入与编辑

任务一 在 Word 2010 中录入文档内容——输入活动策划书

★任务描述

启动 Word 软件，输入“大学寝室文化节”活动策划书的内容，并保存为“活动策划书（录入）.docx”。

最终文件见\计算机基础\3 文字处理软件素材\项目二\活动策划书（录入）.docx。

★任务实施

步骤 1：录入文字的方法与技巧

新建 Word 文档，输入活动策划书内容，如图 3-7 所示。

在录入文本时，还需要注意以下几点：

（1）在 Word 中，可以通过按 Shift + Ctrl 快捷键切换各种已经安装好的输入法；如果是从英文输入法切换到默认的中文输入法，那么需要按 Ctrl + Space 快捷键。

（2）录入文本时，在同一段文本之间不需要手动分行；当输入内容超过一行时，Word 会自动换行。

（3）当录入完一段文字后，按 Enter 键，文档会自动产生一个段落标记符，表示换行。

（4）如果需要强制换行，并且需要该行的内容与上一行的内容保持一个段落属性，可以按 Shift + Enter 快捷键来完成。

（5）当文本出现错误或有多余的文字时，可以使用删除功能。按键盘上的 Backspace 键可以删除插入点左侧的文字；按“Delete”键可以删除插入点右侧的文字。

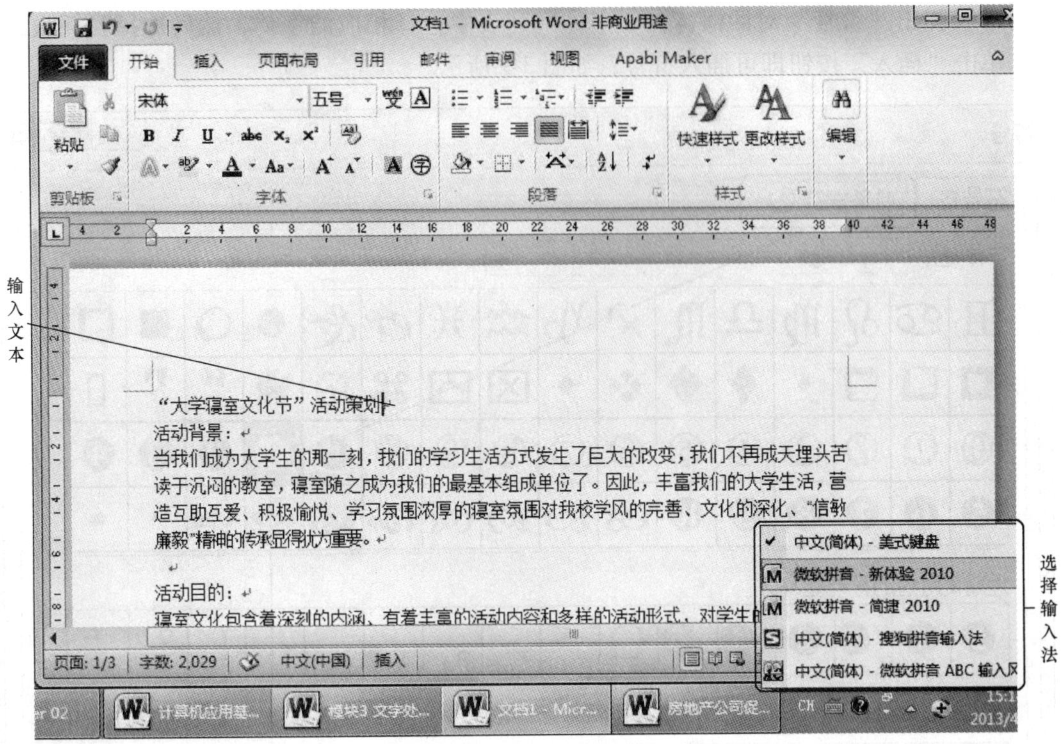

图 3-7　输入文本内容

★知识链接

在文档空白区域的任意位置处双击，可以启动 Word 的“即点即输”功能，此时插入点定位在该位置，此后输入的文本或插入的图标、表格或其他对象将出现在新的插入点处。

步骤 2：录入特殊符号

利用键盘可以轻松地输入常用的标点符号、字母、数字，如果需要插入键盘外的其他符号，则需要通过“插入符号”功能来完成。在该活动策划书中，就用到了序号①②③……，录入方法如下。

(1) 单击“插入”选项卡中“符号”工具组中的“符号”按钮，在弹出的下拉菜单中执行“其他符号”命令，如图 3-8 所示。

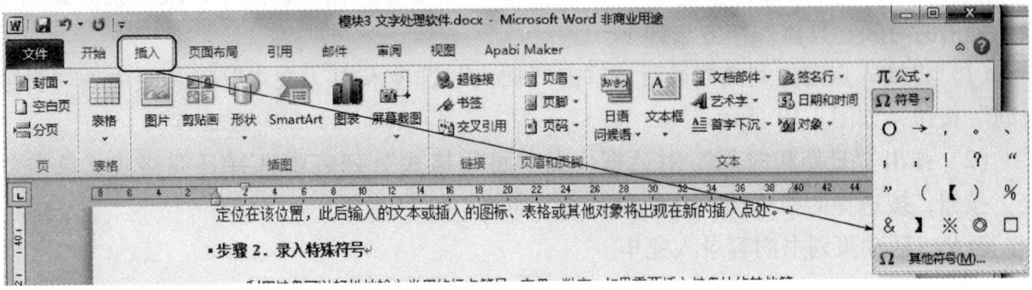

图 3-8　执行“其他符号”命令

（2）弹出“符号”对话框，在“字体”列表中选择相应的字体，然后选择要插入的符号。单击“插入”按钮即可插入符号，如图 3-9 所示。

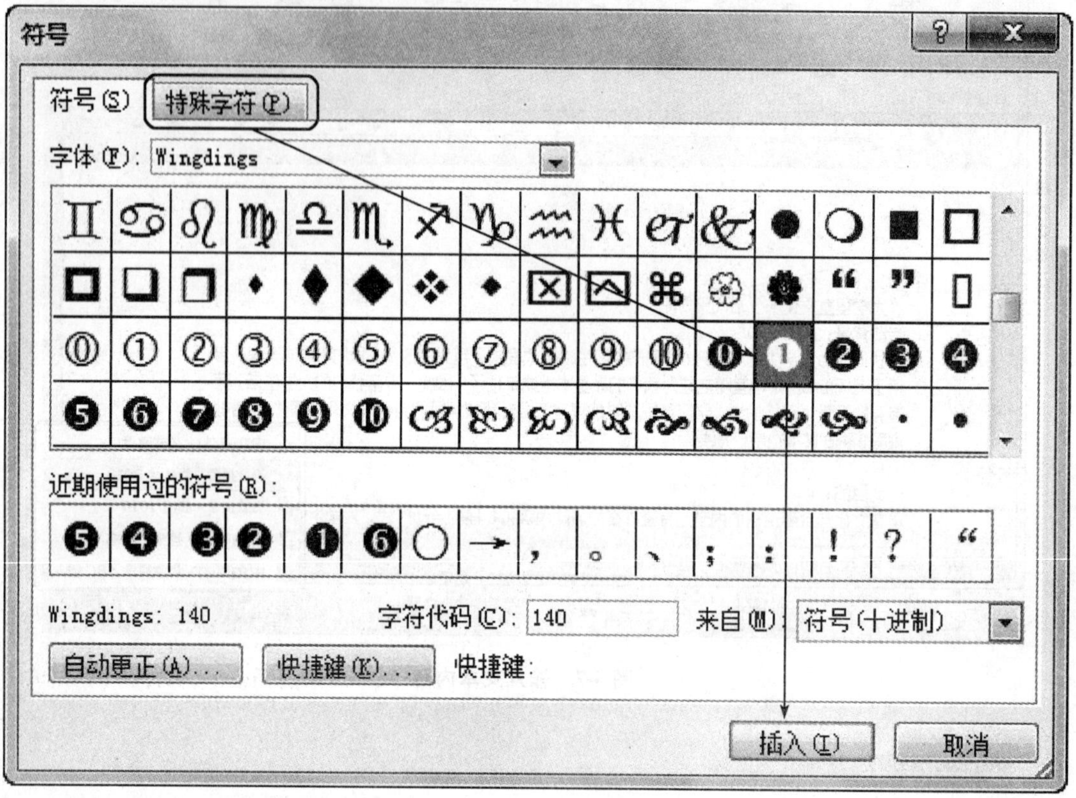

图 3-9 “符号”对话框

★知识链接

“二〇一〇年三月”等特殊时间，以及“洳”“澴”等生僻字，“±”“1/4”“α”“≥”等特殊符号，用键盘输入法是输入不了的，必须使用“插入”功能来解决这一问题。

步骤 3：插入日期和时间

在制作合同、信函、通知类的办公文档时，通常需要在文档的末尾输入当前的日期与时间。在 Word 中可以快速插入日期与时间，不用手动输入。在本任务中，最后就需要制定完成策划书的时间，具体操作方法如下。

（1）将插入点定位到文档最后，单击“插入”选项卡中“文本”工具组中的“日期和时间”按钮，如图 3-10 所示。

（2）弹出“日期和时间”对话框，在“可用格式”列表中选择日期格式，单击“确定”按钮，按选择的格式插入日期和时间，如图 3-11 所示。

至此，活动策划书内容录入完毕。

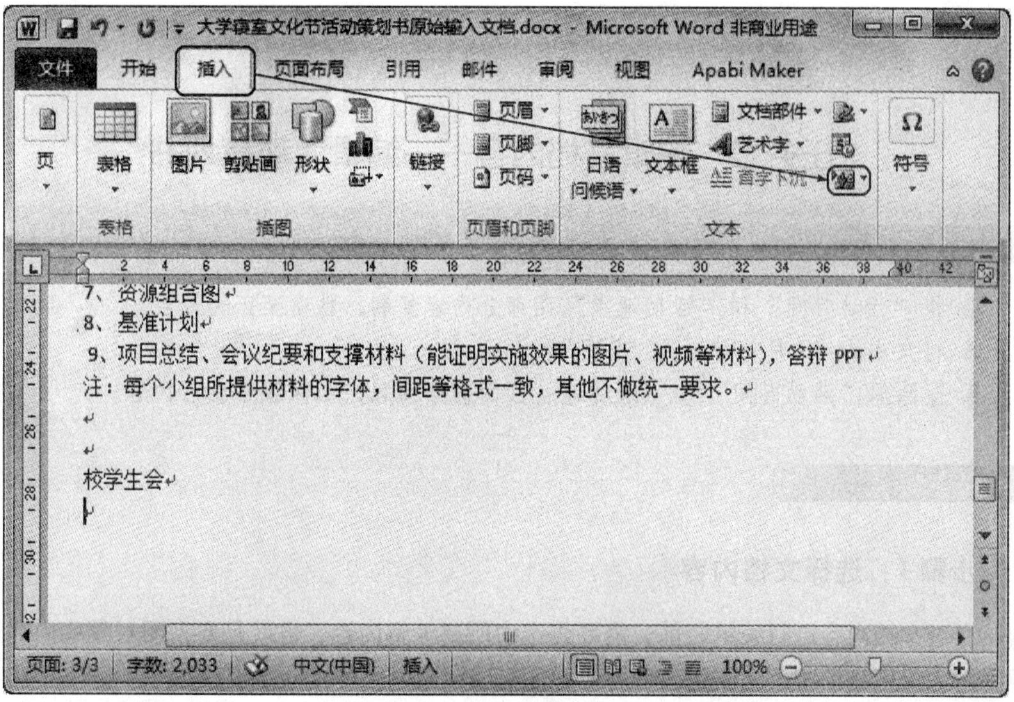

图 3-10　执行插入“日期和时间”命令

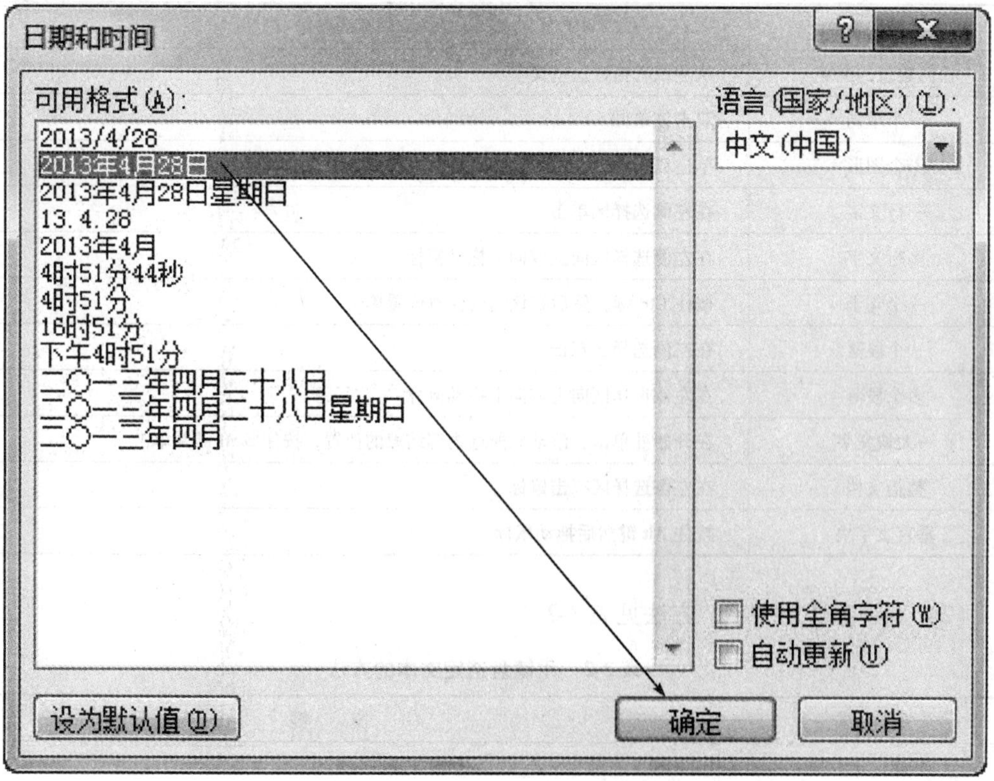

图 3-11　“日期和时间”对话框

任务二　编辑文档内容——编辑活动策划书

★任务描述

1. 将“活动时间”和“活动地点”两部分内容复制，粘贴至正文最后。
2. 将文中的“3 月”替换为“5 月”。
3. 删除原“活动时间”和“活动地点”两部分内容，仅保留粘贴后内容。

★任务实施

步骤 1：选择文档内容

在对文档内容进行编辑之前，需要先选中所要编辑内容，也就是要指明对哪些内容进行编辑。文档中被选中的文本以蓝色背景显示。

（1）用鼠标选定文字，方法见表 3-1。

表 3-1　用鼠标选定文本的各种操作方法

所选文本	鼠标的操作
任何数量的文字	从左或右拖过这些文字
一个单词	双击该单词
一个图形	单击该图形
一行文字	在左侧选择区单击
多行文字	在左侧选择区向上或向下拖动鼠标
一个句子	按住 Ctrl 键，然后在该句的任意位置单击
一个段落	在左侧选择区双击
多个段落	在左侧选择区向上或向下拖动鼠标
一大块文字	在开始处单击，滚动到所选内容结束的位置，按住 Shift 键并单击
整篇文档	在左侧选择区三击鼠标
垂直文字块	按住 Alt 键然后拖动鼠标

（2）用键盘选定文字，方法见表 3-2。

表 3-2　用键盘选定文本的方法

所选文本	按　　键
右侧一个字符	Shift + 右箭头
左侧一个字符	Shift + 左箭头

续表

所选文本	按 键
单词结尾	Ctrl + Shift + 右箭头
单词开始	Ctrl + Shift + 左箭头
行尾	Shift + End
行首	Shift + Home
下一行	Shift + 下箭头
上一行	Shift + 上箭头
段尾	Ctrl + Shift + 下箭头
段首	Ctrl + Shift + 左箭头
下一屏	Shift + PgDn
上一屏	Shift + PgUp
整篇文档	Ctrl + A
文档中具体位置	F8，然后移动箭头；Esc 键可取消选定模式
纵向文本块	Ctrl + Shift + F8，然后移动箭头；Esc 键可取消选定模式

步骤 2：移动和复制内容

（1）选定“活动时间”和“活动地点”两部分内容，如图 3-12 所示。

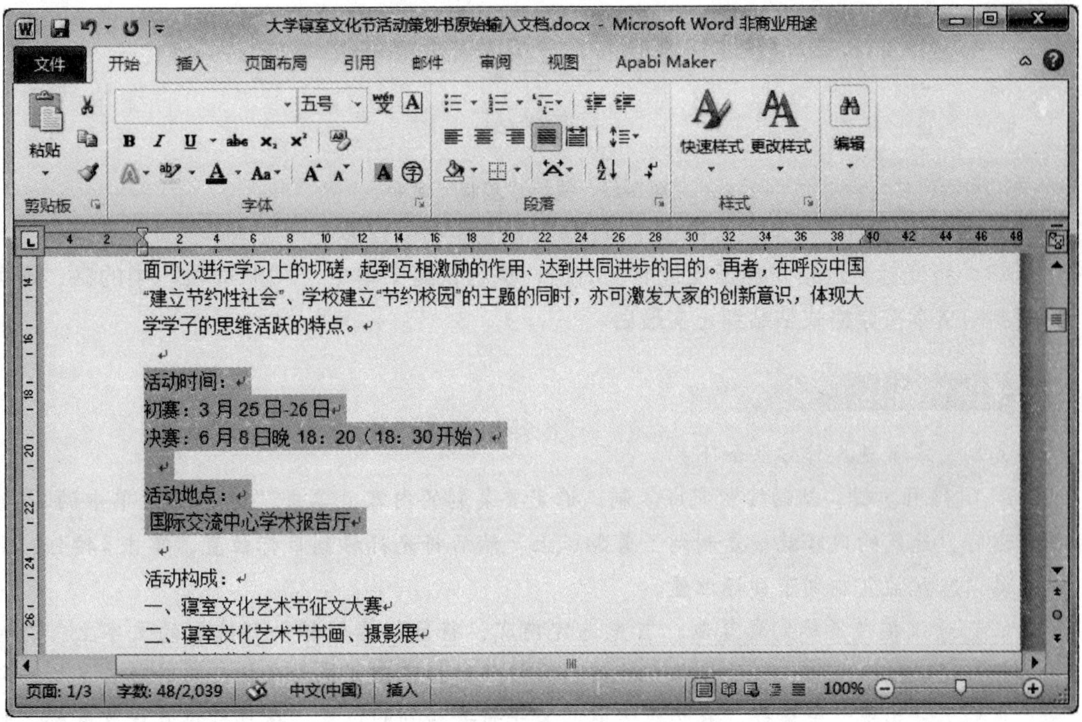

图 3-12 选定内容

（2）在选定内容上右击，在弹出的快捷菜单中选择“复制”命令，如图 3-13 所示。

图 3-13　执行“复制”命令

（3）将光标定位到内容正文最后，右击，执行快捷菜单中“粘贴选项”中的，即可将复制的文本按原格式粘贴到正文最后。

★知识链接

复制文本常见操作方法如下：

（1）利用复制、粘贴按钮完成复制。选定要复制的内容，单击“开始”菜单中的按钮，这时，选定的内容就被复制到了剪贴板上。然后将光标移到目标位置，单击按钮，则选定的内容就被复制到了目标位置。

（2）通过拖曳鼠标完成复制。首先选定内容，将鼠标指针移动到选取的文字上，这时鼠标指针变成箭头形状，然后按住 Ctrl 键，再按住鼠标左键并拖动鼠标，这时随着鼠标的移动，文档中会出现一条虚线，表明被选取的文字将要移到的位置，在目标位置释放鼠标，则选取的文字便被复制到了新的位置。

(3) 利用快捷键完成复制。选定要复制的内容，按下 Ctrl + C 快捷键，然后将光标移到目标位置，再按下 Ctrl + V 快捷键，则选定的内容就被复制到了目标位置。

移动文本常见操作方法如下：

(1) 利用移动、粘贴按钮完成复制。选定要移动的内容，单击剪切按钮，这时，选定的内容就被移动到了剪贴板上。然后将光标移到目标位置，单击按钮，则选定的内容就被移动到了目标位置。

(2) 通过拖拉鼠标完成移动。首先选定内容，将鼠标指针移动到选取的文字上，这时鼠标指针变成箭头形状，按住鼠标左键并拖动鼠标，这时随着鼠标的移动，文档中会出现一条虚线，表明被选取的文字将要移到的位置，在目标位置释放鼠标，则选取的文字便被移动到了新的位置。

(3) 利用快捷键完成移动。选定要移动的内容，按下 Ctrl + X 快捷键，然后将光标移到目标位置，再按下 Ctrl + V 快捷键，则选定的内容就被移动到了目标位置。

步骤 3：查找和替换内容

(1) 将光标定位在文档中，单击“开始”面板的“编辑”组中的“替换”按钮，弹出“查找和替换”对话框并自动切换到“替换”选项卡，如图 3-14 所示。

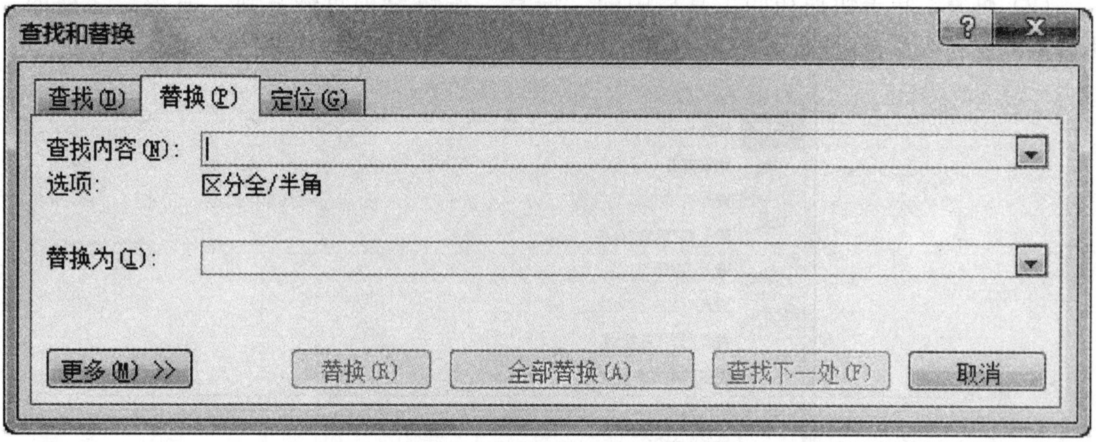

图 3-14　“查找和替换”对话框

(2) 在“查找内容”下拉列表中输入需要查找的内容“3 月”，在“替换为”下拉列表中输入替换后的文本“5 月”。单击“全部替换”按钮，将自动弹出一个提示对话框，提示 Word 已完成对文本的替换，单击“确定”按钮，关闭提示对话框。

★知识链接

在 Word 2010 中，除可利用“查找和替换”对话框在文档中查找特定内容外，还可以利用“导航”面板中的搜索功能进行搜索，这是 Office 2010 的新增功能。使用 Ctrl + F 快捷键也将打开导航面板，而不是“查找和替换”对话框。

步骤4：删除文档内容

对文档中不需要的文本对象，应该将其删除，删除文本通常按以下方法操作：

（1）按 BackSpace 键可以删除插入点之前的文本。

（2）按 Delete 键可以删除插入点之后的文本。

（3）选中要删除的大段或多段文本，按 BackSpace 或 Delete 键删除选中的文本。

（4）选择文本，单击“开始”选项卡，在“剪贴板”工具组中单击“剪切”按钮可删除文本。

（5）选中文本后，直接输入替换的内容。

步骤5：撤销和恢复操作

当用户在进行文档录入、编辑或者其他处理时，Word 会将用户所做的操作记录下来，如果用户出现错误的操作，则可以通过“撤销”功能将其取消，如果在“撤销”操作时也出现错误，则可以利用恢复功能恢复到“撤销”之前的内容。

（1）撤销。单击“撤销”按钮右侧的下三角按钮，在弹出的下拉列表中选择要进行撤销的步骤的名称即可，如图 3-15 所示。

（2）恢复。单击快速访问工具栏中的“恢复”按钮 即可恢复到“撤销”之前的内容。

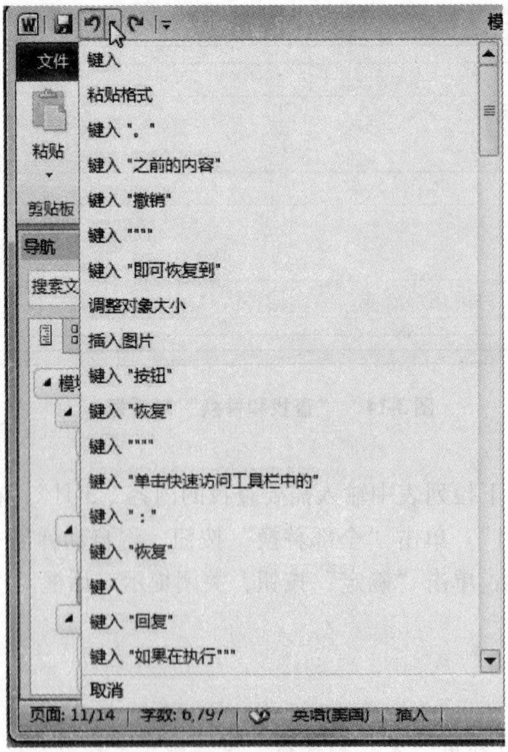

图 3-15　撤销操作

项目三

规范与美化文档

任务一　设置文档的字符格式——设置活动策划书的文字格式

★任务描述

1. 将标题“‘大学寝室文化节’活动策划”设置为宋体，字号三号，加粗。

2. 将“活动背景”“活动目的”“活动构成”“活动内容”“活动流程”“报名方式”“要求”“活动时间”“活动地点”几个小标题设置为宋体，四号字，加粗。

3. 设置标题的字符间距为 3 磅。

最终文件见\计算机基础\3 文字处理软件素材\项目三\活动策划书（最终样文）. doc。

★任务实施

步骤 1：设置字符的基本格式

在“开始”面板中的“字体”工具组中，提供了文字的基本格式设置按钮，可以单击相应的按钮对文字进行格式化设置。

（1）设置标题文字格式。选中标题“‘大学寝室文化节’活动策划”，单击相应的字符格式按钮将其设置为宋体，字号三号，加粗。如图 3-16 所示。

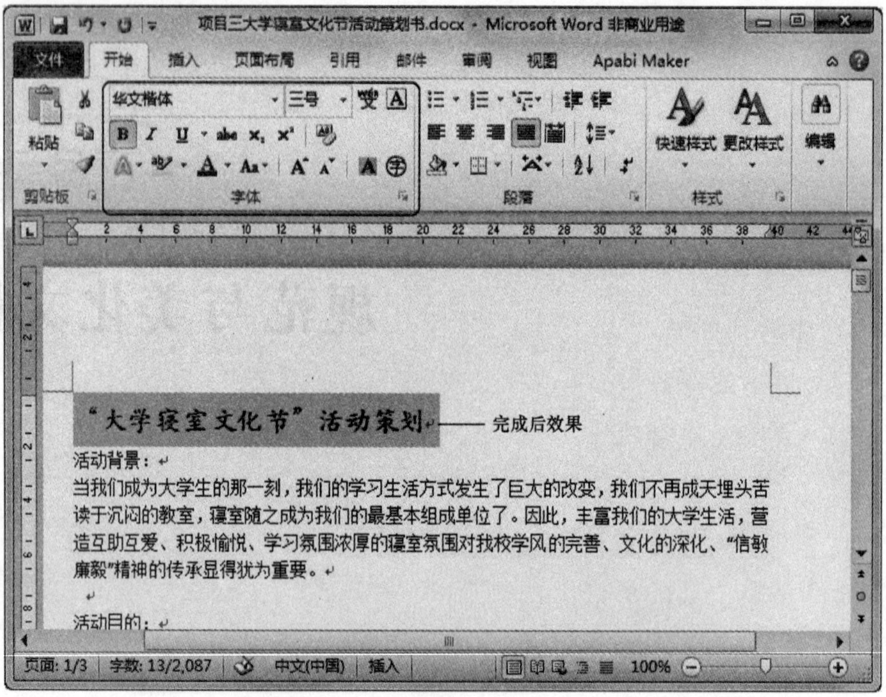

图 3-16 设置文字的基本格式

★知识链接

在"字体"工具组中，含有多种基本格式设置按钮，其作用及含义见表 3-3。

表 3-3 "字体"工具组各按钮功能作用

命令按钮	功能作用
华文楷体	字体列表，用于设置文本字体，如黑体、楷体、隶书，等等
三号	字号按钮，设置字符大小，如五号、三号等
A A	增大、减小字号按钮，可快速增大或减小字号
Aa	更改大小写按钮，单击可对文档中的英文进行大小写之间的互换
	清除格式按钮，单击可将文字格式还原到 Word 默认状态
	拼音指南按钮，单击可给文字注音，且可编辑文字注音的格式，如活动策划（huó dòng cè huà）
A	字符边框，可以给文字添加一个线条边框，如活动策划
B	加粗按钮，将字符的线型加粗，如大学寝室**文化节**
I	倾斜按钮，将字符进行倾斜，如*活动策划*
U	下画线按钮，可为字符添加单下画线、双下画线、波浪线等下画线"大学寝室文化节"活动策划
abc	删除线按钮，可以给选中的字符添加删除线效果，如~~活动策划~~
x_2 x^2	下标和上标按钮，单击可将字符设置为下标和上标，如H_2，X^2
	文本效果按钮，可以将选择的文字设置为带艺术效果的文字

续表

命令按钮	功能作用
	突出显示效果按钮，可将文字以突出的底纹显示出来
	字体颜色按钮，给文档字符设置各种颜色
	字符底纹按钮，给字符添加底纹效果
	带圈字符，单击可给选中文字添加带圈效果，如活

另外，还可以通过“字体”对话框对文字效果进行设置，方法是单击“字体”功能组右下方的扩展按钮，在弹出的“字体”对话框中进行设置，如图 3-17 所示。

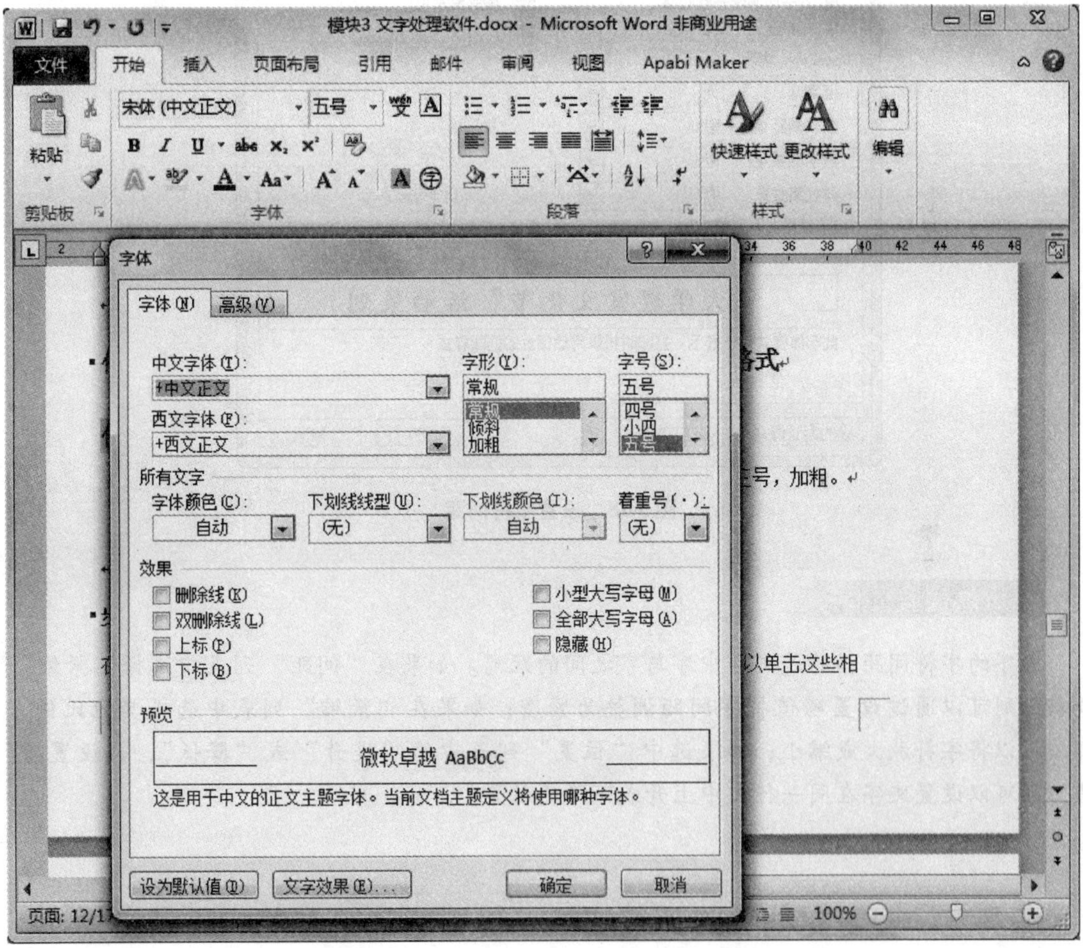

图 3-17　通过“字体”对话框设置文字效果

（2）设置小标题文字格式。首先选中“活动背景”四个字，然后设置为宋体、四号、加粗，然后双击格式刷按钮格式刷复制格式，再在“活动目的”“活动构成”“活动内容”“活动流程”“报名方式”“要求”“活动时间”“活动地点”几个标题上刷动，即可将几个标题都设置为宋体、四号、加粗。

步骤 2：设置文字的字符间距

选中标题文字"'大学寝室文化节'活动策划"，右击打开"字体"对话框，切换到"高级"选项卡，设置字符间距为 3 磅，如图 3-18 所示。

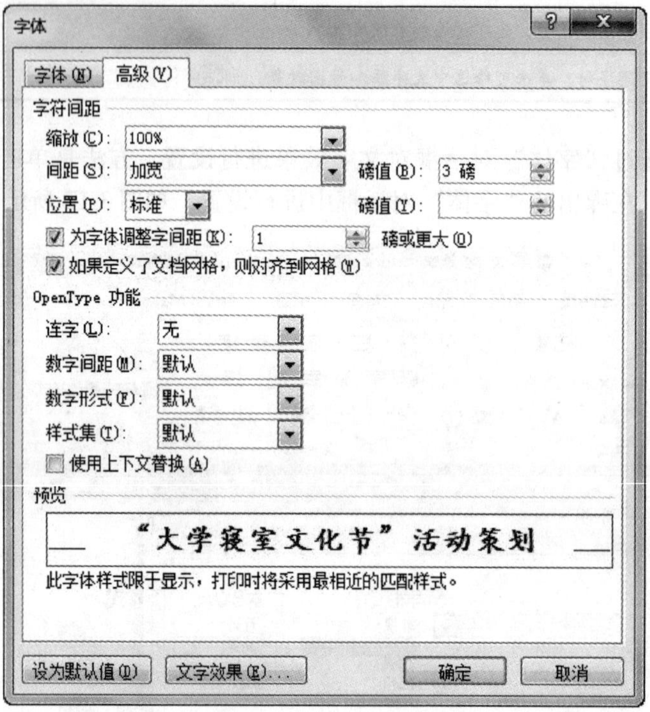

图 3-18　设置字符间距

★知识链接

文字的字符间距指的是文档中字与字之间的距离。如果在"间距"列表中选择"紧缩"命令，则可以通过设置磅值将字间距调整为紧密；如果在"紧缩"列表中选择其他比例，那么可以将字符放大或缩小；如果选中"位置"列表中的"提升"或"降低"，再设置磅值，则可以设置文字在同一行文中上升或下降的位置。

任务二　设置文档的段落格式——设置活动策划书的段落格式

★任务描述

1. 将标题设置为居中对齐方式，正文设置为两端对齐，最后的落款右对齐。
2. 正文段落首行缩进 2 个字符。
3. 正文段间距设置为段前和段后均为 0.4 行，行间距设置为"固定值""18 磅"。
4. "要求"中的几个要求前加项目符号，"活动构成"的三个内容前加编号。

5. 为“活动背景”和“活动目的”加边框和底纹，边框为“宽窄实线”，宽度为“3.0磅”，颜色为“红色，强调文字颜色2，淡色60%”，底纹填充颜色为“红色，强调文字颜色2，淡色80%”。

6. 为“活动背景”设置首字下沉，格式为“下沉”，下沉行数为“3行”，字体为“中文正文”。

最终文件见\计算机基础\3文字处理软件素材\项目三\活动策划书（最终样文）.doc。

★任务实施

步骤1：设置段落对齐方式

(1) 选定标题“‘大学寝室文化节’活动策划”，在“开始”面板的“段落”选项组中，有5种对齐方式，分别是左对齐、居中对齐、右对齐、两端对齐和分散对齐，这里选择居中对齐，如图3-19所示。

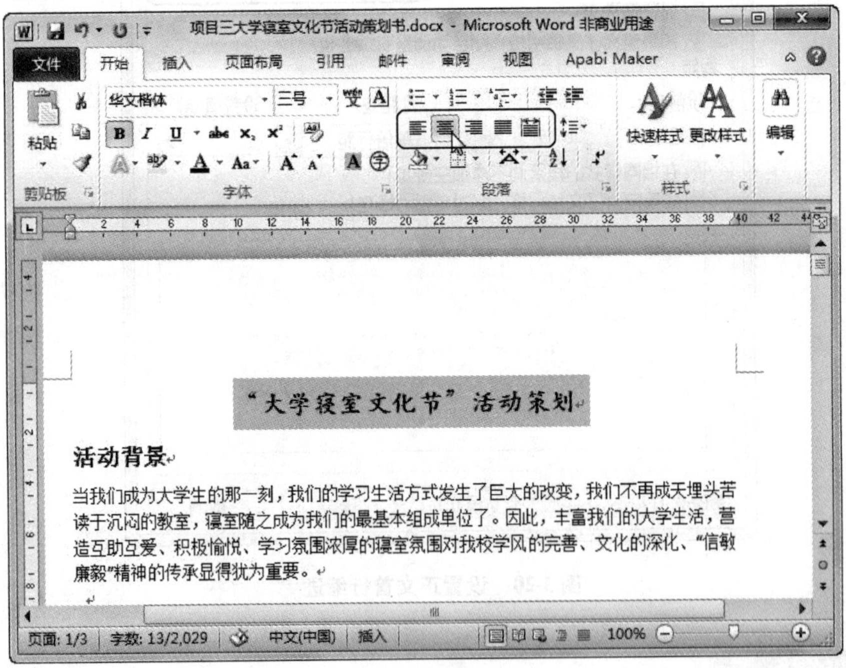

图3-19　设置标题居中对齐

(2) 由于默认情况下，Word采用的是两端对齐，因此不用再对正文进行设置。

(3) 选定落款文字，单击右对齐按钮即可。

★知识链接

段落格式是以“段”为单位的。因此，要设置某一个段落的格式时，可以直接将光标定位在该段落中，执行相关命令即可。要同时设置多个段落的格式时，就需要先选中这些段落，再进行格式设置。

步骤 2：设置段落缩进方式

选中全部正文文档，单击“段落”工具组右下角的对话框启动器，弹出“段落”对话框，选择“特殊格式”列表中的“首行缩进”选项，磅值处选择“2 字符”，单击“确定”按钮即可，如图 3-20 所示。

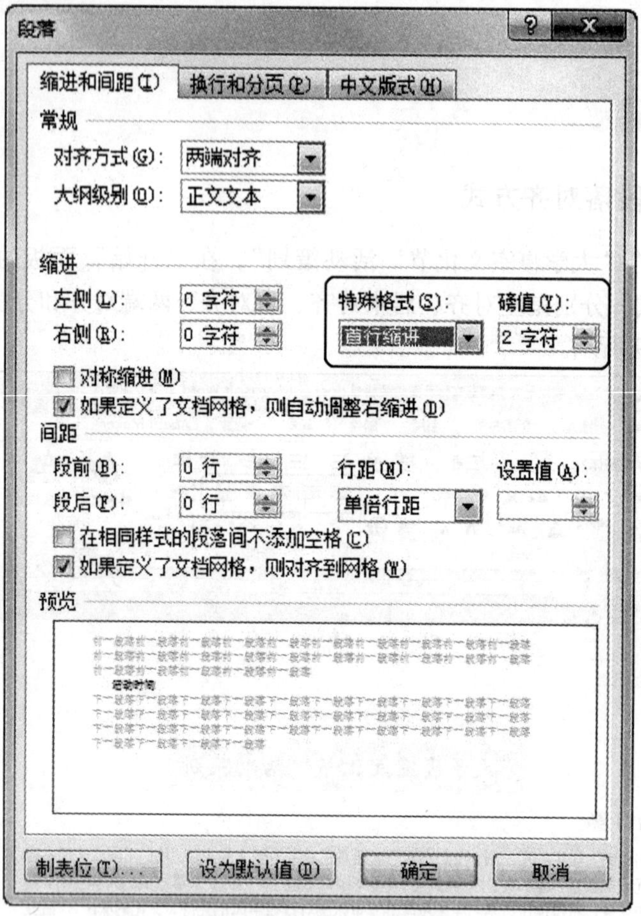

图 3-20　设置正文首行缩进

★知识链接

段落的缩进方式有四种，其功能作用见表 3-4。

表 3-4　段落缩进方式

缩进方式	功能作用
左（右）缩进	整个段落中所有行的左（右）边界向右（左）缩进
首行缩进	从一个段落首行第一个字符开始向右缩进，使其区别于前面的段落
悬挂缩进	将整个段落中除了首行外的所有行左边界向右缩进

步骤 3：设置段间距与行间距

（1）段间距。段间距是指文档中段落之间的距离，设置方法是选中正文段落，打开“段落”对话框，设置“段前”和“段后”为0.4行，如图3-21所示。

（2）行间距。行间距是指段落中行与行之间的距离，设置方法是选中正文段落，打开“段落”对话框，将文档中的行间距设置为“固定值”“18磅”，如图3-21所示。

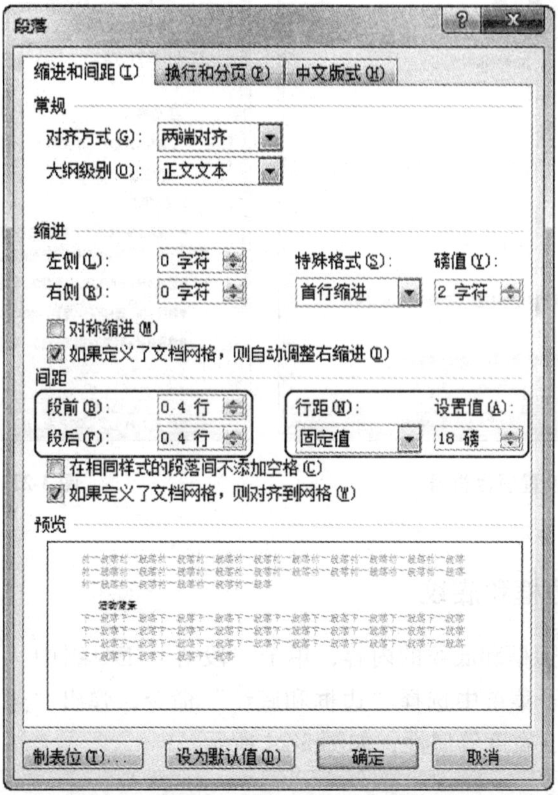

图 3-21 设置段间距和行间距

步骤 4：设置项目符号与编号

（1）项目符号。选中“要求”中的几个要求条件，单击“段落”工具组中“项目符号”按钮右侧的下三角按钮，打开项目符号列表，单击选择所需要的项目符号即可，如图3-22所示。

★知识链接

如果打开的项目符号列表中没有需要的符号类型，可以在项目符号列表的下方单击“定义新项目符号”命令，在弹出的“定义新项目符号”对话框中重新选择图片或符号作为项目符号。

（2）编号。选中要添加编号的内容，单击“段落”工具组中“编号”按钮右侧的下三角按钮，打开编号列表，选择需要的编号即可，如图 3-23 所示。

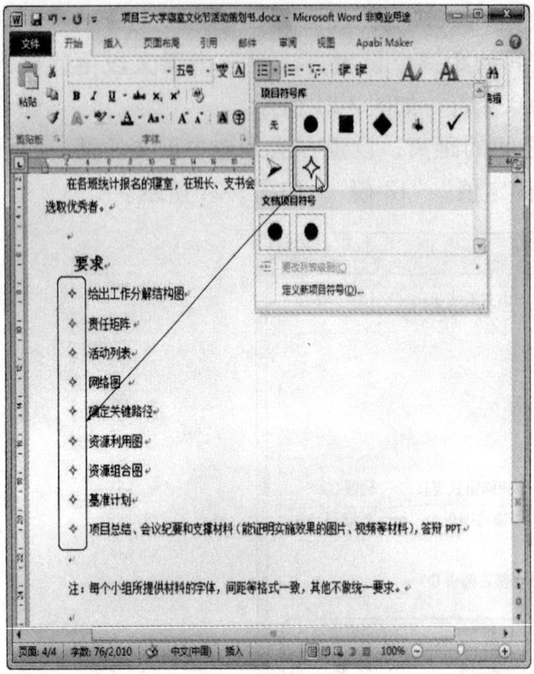

图 3-22　设置项目符号

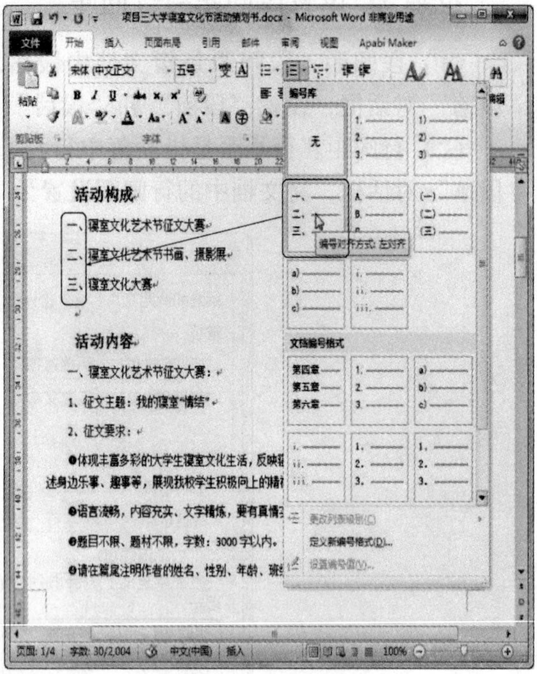

图 3-23　设置编号

步骤 5：添加边框和底纹

（1）选中要添加边框和底纹的内容，单击“段落”工具组中“下框线”按钮右侧的下三角按钮，在弹出的子菜单中选择“边框和底纹”命令，弹出“边框和底纹”对话框。设置边框的样式、颜色、宽度等属性，如图 3-24 所示。

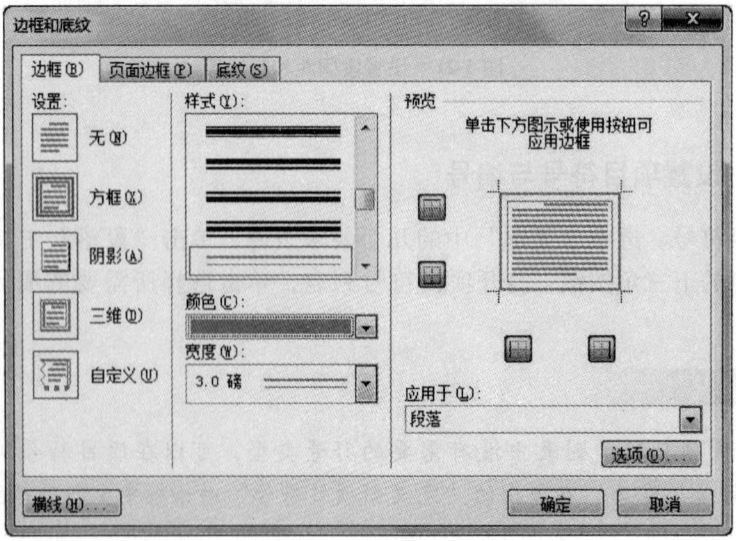

图 3-24　设置边框

（2）切换到“底纹”选项卡，单击“填充”下三角按钮，选择底纹颜色，如图 3-25 所示。

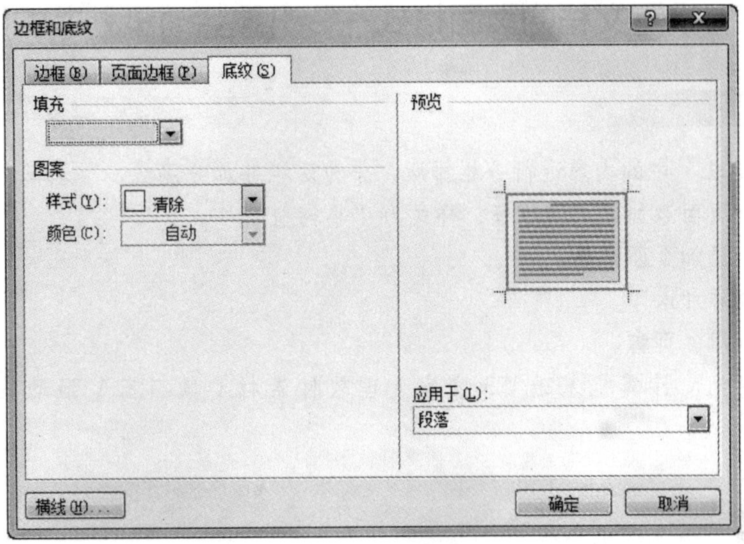

图 3-25　设置底纹

步骤 6：设置段落首字下沉

选择文档中要设置首字下沉文字所在段落，单击“插入”面板中“文本”工具组中的“首字”下沉按钮，在列表选择“首字下沉选项”命令，在弹出的“首字下沉”对话框中设置首字下沉的相关文字选项即可，如图 3-26 所示。

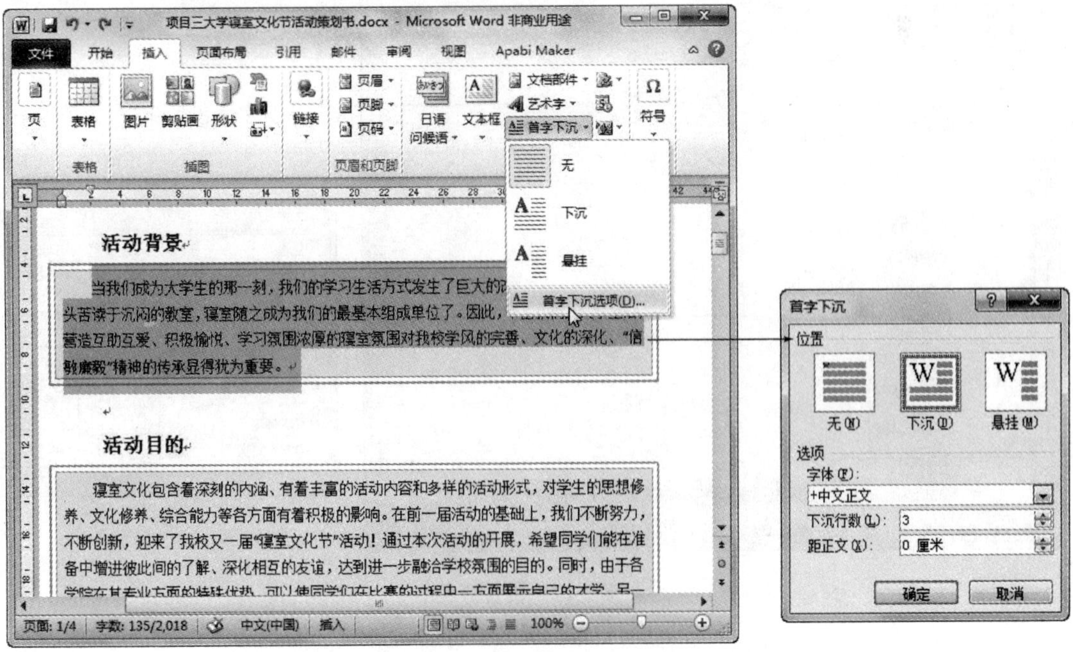

图 3-26　设置首字下沉

任务三　设置文档的页面格式——设置活动策划书的页面格式

★任务描述

1. 将“要求”中的内容进行分栏排版，分为两栏并加分隔线。
2. 为整个页面添加艺术型边框，样式为“小树型”。
3. 为文档添加页面背景。
4. 为文档添加水印。
5. 添加页眉、页脚。

最终文件见\计算机基础\3文字处理软件素材\项目三\活动策划书（最终样文）.doc。

★任务实施

步骤1：分栏排版

单击“页面布局”面板中“页面设置”工具组中的“分栏”按钮，选择“更多分栏”命令，打开“分栏”对话框。选择要分栏的栏数，并选中“分隔线”复选框，单击“确定”按钮，如图3-27所示。

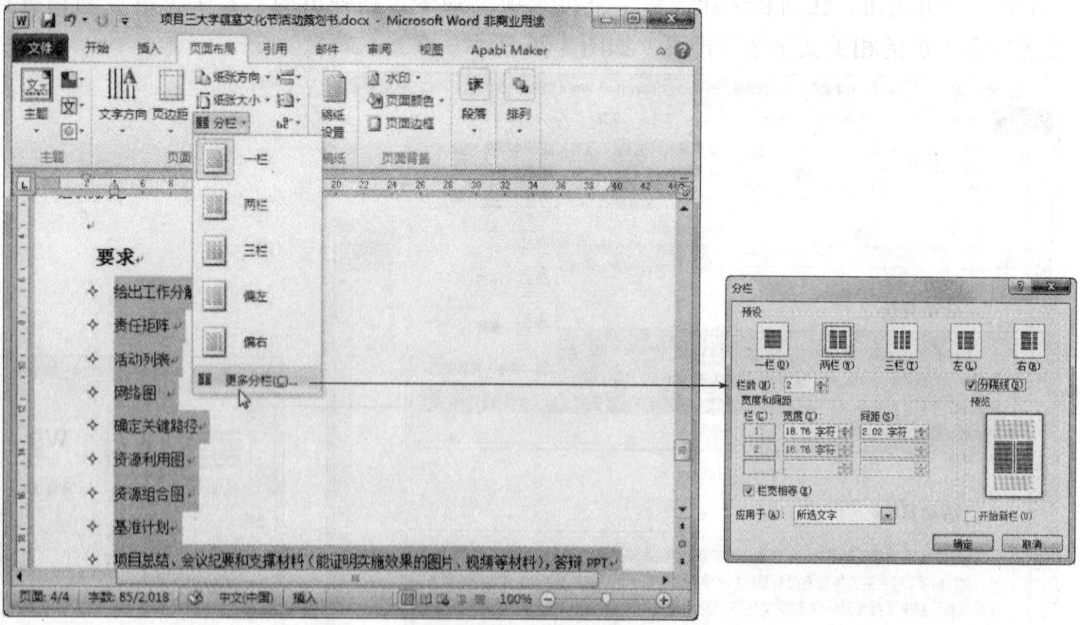

图3-27　设置分栏

★知识链接

在设置分栏排版格式时，可以直接选择栏数，也可以在“栏数”框中自定义分栏数。在下方的“宽度”和“间距”框中可以更改默认栏的宽度和间距。如果要删除分栏效果，则选择分栏段后，打开“分栏”对话框，再单击“一栏”选项即可。

步骤 2：添加页面边框

在“页面布局”面板中单击“页面边框”按钮，弹出“边框和底纹”对话框，在“艺术型”下拉列表框中选择需要的边框样式，单击“确定”按钮即可，如图 3-28 所示。

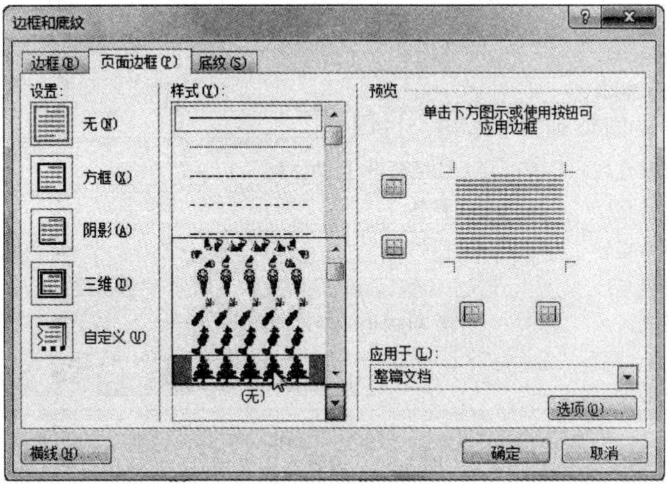

图 3-28　设置页面边框

步骤 3：添加页面背景

单击“页面布局”面板中“页面背景”工具组中的“页面颜色”按钮，在弹出的下拉列表中单击“填充效果”命令，弹出“填充效果”对话框。切换到“图片”选项卡，单击“选择图片”按钮，打开“选择图片”对话框，单击选中图片后，单击“插入”按钮即可，如图 3-29 所示。

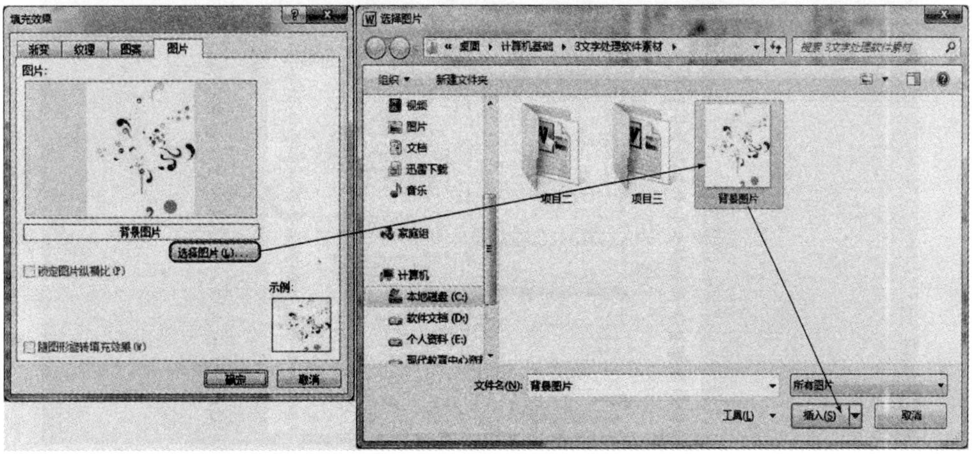

图 3-29　选择背景图案

步骤 4：添加文档水印

单击“页面背景”工具组中的“水印”按钮，在弹出的快捷菜单中选择“自定义水印”命令，弹出“水印”对话框。设置水印文字的相关选项，重新设置文字、字体、字号、颜色等。单击“确定”按钮，完成设置后关闭对话框，如图 3-30 所示。

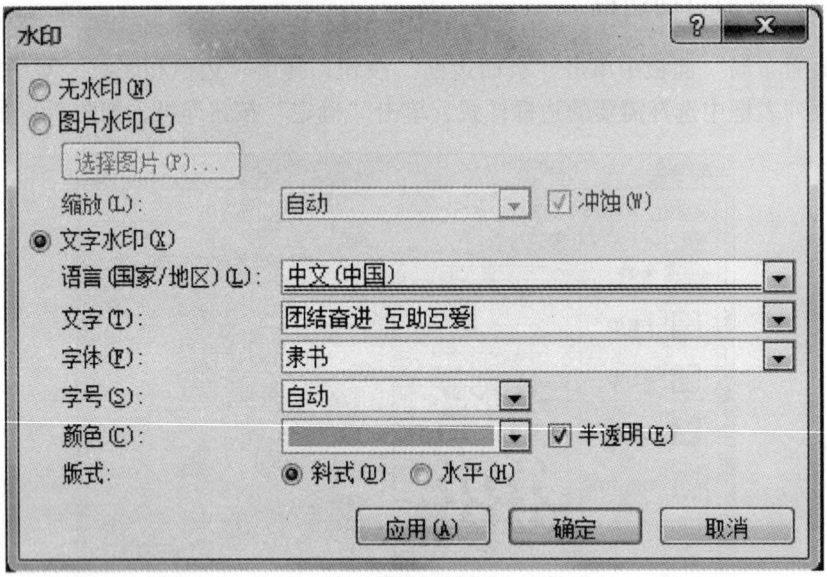

图 3-30 设置水印文字

步骤 5：添加页眉和页脚

（1）单击“插入”面板的“页眉和页脚”工具组中的“页眉”选项，选择列表中的页眉样式（这里选择“空白”），如图 3-31 所示。然后在页眉中输入相关内容即可（这里输入文档标题“‘大学寝室文化节’活动策划”）。

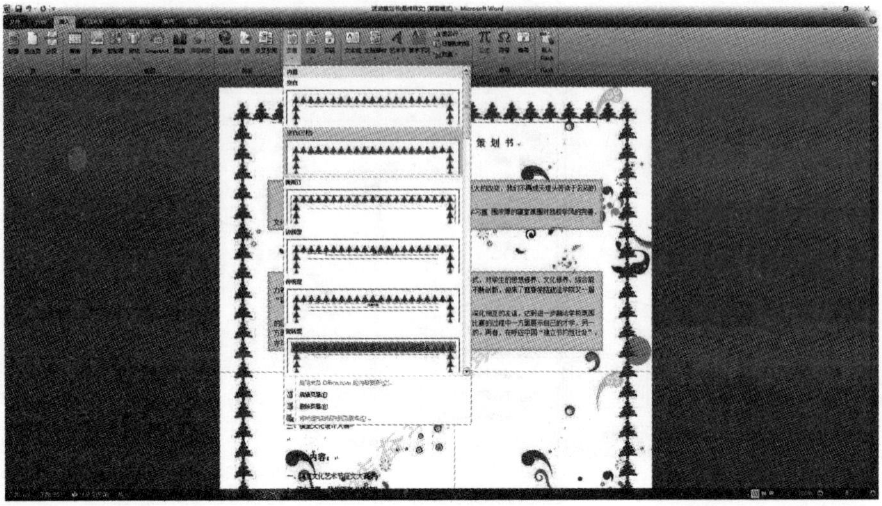

图 3-31 选择页眉样式

（2）单击“导航”工具组中的“转至页脚”按钮，转至页脚区域。单击选择页脚样式，单击选择页码位置列表中的页码样式，即可输入页码，如图 3-32 所示。

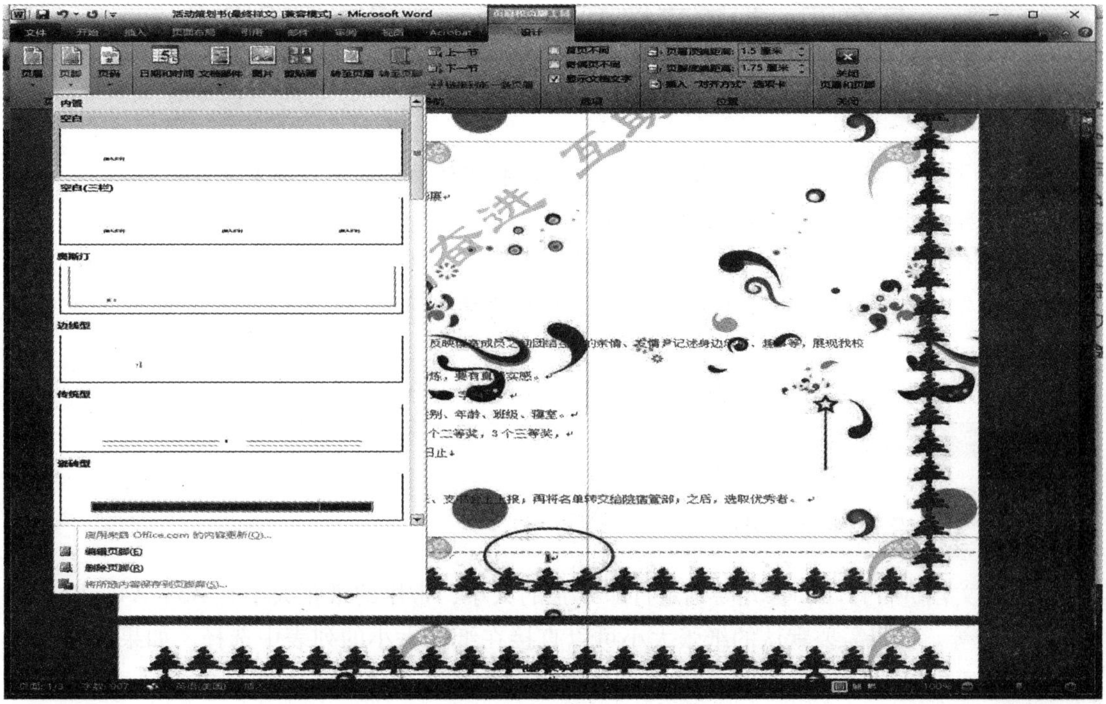

图 3-32　设置页脚

在“页眉和页脚”的“设计”选项卡中，单击“插入”工具组中的相关按钮，可以在页眉和页脚处插入日期和时间、文档部件、图片等对象，并能像处理普通文档中的内容一样处理插入的对象。选中“选项”工具组中的“首页不同”复选框，可以根据输入提示创建首页不同的页眉和页脚；选择“奇偶页不同”复选框，可以创建奇偶页不同的页眉和页脚。

★知识链接

设置页码的起始页

在文档中插入页码时，默认都是从“1”开始，但是一些稿件的起始内容可能紧接其他文档，所以其起始值并不是“1”，遇到这种情况，就需要更改编号起始值。操作方法如下：

单击“页眉和页脚”工具组的“页码”按钮，单击“设置页码格式”命令，弹出“页码格式”对话框，输入页码的起始值，单击“确定”按钮即可，如图 3-33 所示。

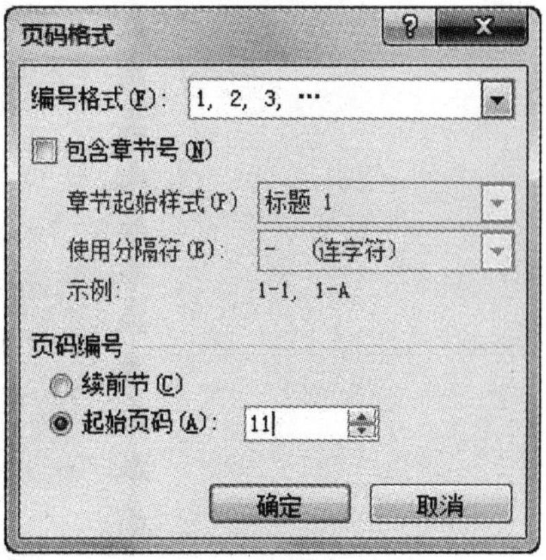

图 3-33　设置起始页码

任务四　设置文档页面格式——设置打印格式

★任务描述

1. 使用宽度 25 厘米、高度 35 厘米的打印纸打印活动策划书，设置纸张大小。
2. 页边距设置为上下左右均为 2 厘米。
3. 打印时，纵向打印。

最终文件见\计算机基础\3 文字处理软件素材\项目三\活动策划书（最终样文）.doc。

★任务实施

步骤 1：设置纸张大小

要对文档进行打印，首先要确定打印纸张的大小，常用的纸张大小有 A3、A4、B5、16 开、32 开等。如果需要默认的纸张大小可以直接在纸张大小的列表中选择。如果默认列表中没有需要的纸张大小，此时需要自定义纸张的大小，具体操作方法是单击“页面设置”工具组中的“纸张大小”按钮，单击选择列表中的“其他页面大小”命令，在弹出的“页面设置”对话框中自定义纸张的宽度和高度，如图 3-34 所示。

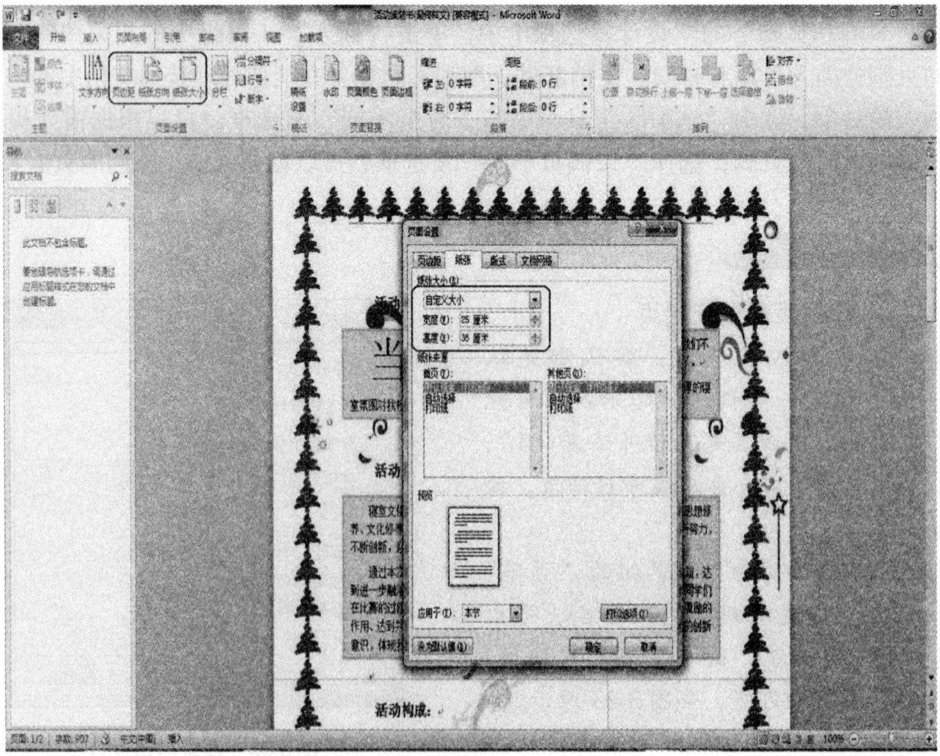

图 3-34　设置纸张大小

步骤 2：设置页边距

页边距是文本区到页边界的距离，设置方法是单击“页面设置”工具组右下角的对话框启动器，弹出“页面设置”对话框。设置上下左右的页边距均为 2 厘米，单击“确定”按钮完成操作，如图 3-35 所示。

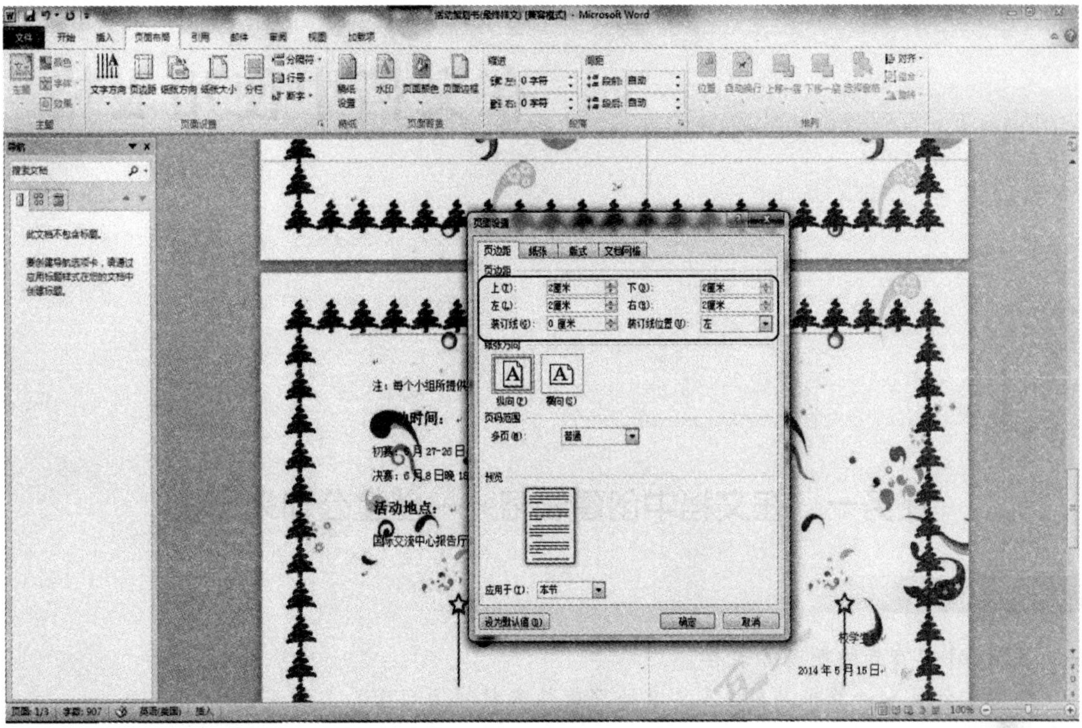

图 3-35　设置纸张大小

步骤 3：设置纸张方向

在 Word 中，纸张有两个使用方向，一个是纵向，一个是横向，默认为纵向使用。设置方法是单击“页面设置”工具组中的“纸张方向”按钮，单击列表中的方向选项即可，如图 3-36 所示。也可在图 3-35 所示的“页面设置”对话框中选择纸张方向。

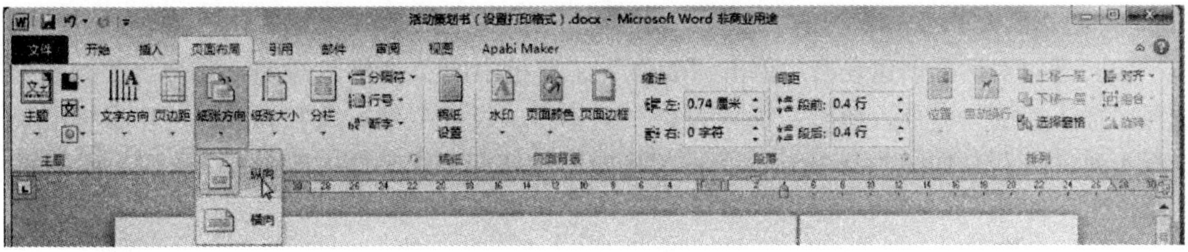

图 3-36　设置纸张方向

项目四

在文档中使用表格

任务一 在文档中创建表格——创建公司采购表

★任务描述

在 Word 中首先绘制初始表格。

最终文件见\计算机基础\3 文字处理软件素材\项目四\公司采购表.jpg。

★任务实施

步骤 1：自动创建表格

（1）拖动行列数创建表格。由于创建的表格行列数较少且是规则的表格，因此可以在“表格”列表中的“预设方格”上拖动鼠标，快速创建出规则型的方格，如图 3-37 所示（这样可创建最大 10 列 ×8 行的表格）。

（2）通过对话框创建表格。单击“表格”工具组中的“表格”按钮，在弹出的列表中选择“插入表格”命令，弹出“插入表格”对话框，设置表格行数和列数，这里根据需要选择 4 列、13 行，如图 3-38 所示。单击“确定”按钮即可在文档中插入一个 4 列 ×13 行的表格。

步骤 2：绘制表格

第 3 列的第 3～8 行为不规则单元格，需要手动绘制，具体方法是单击“表格”工具组中的“表格”按钮，单击列表中的“绘制表格”命令，切换到绘制表格状态，拖动鼠标从上到下绘制表格的列线，如图 3-39 所示。

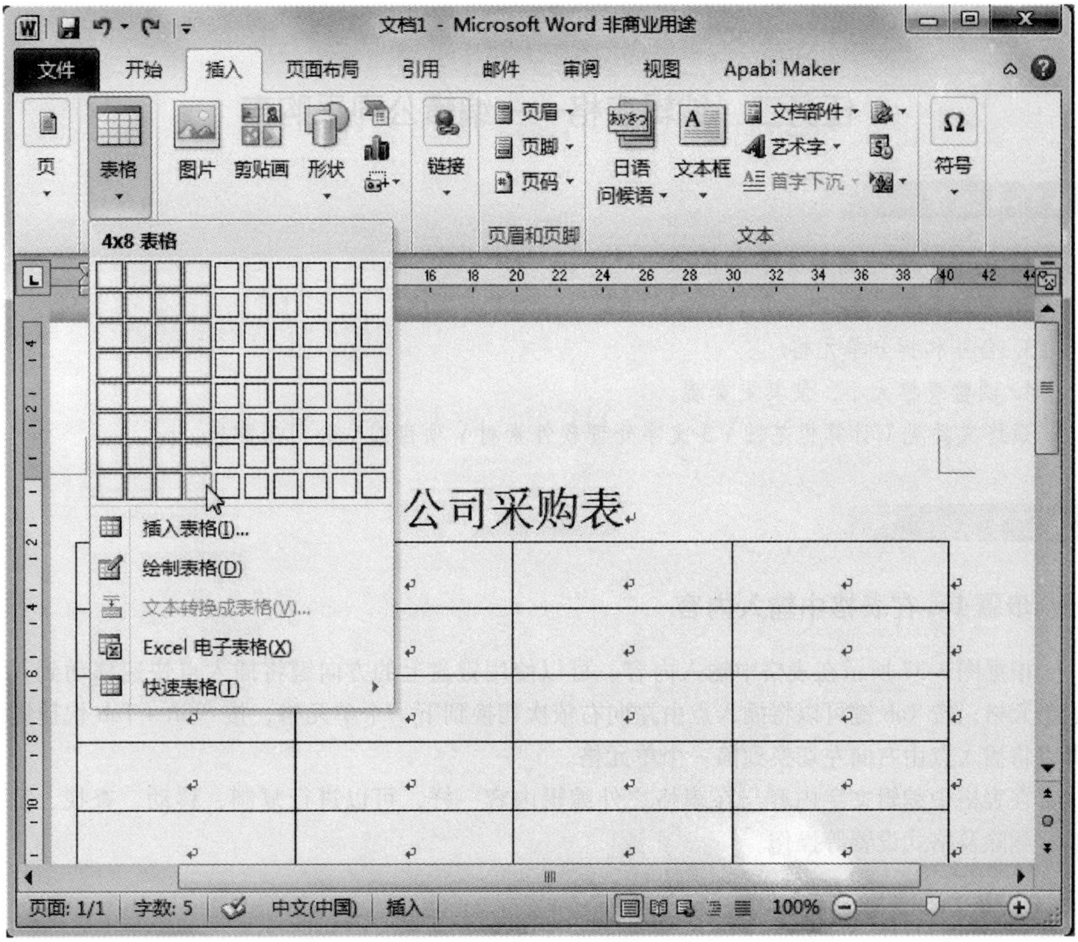

图 3-37　快速创建表格

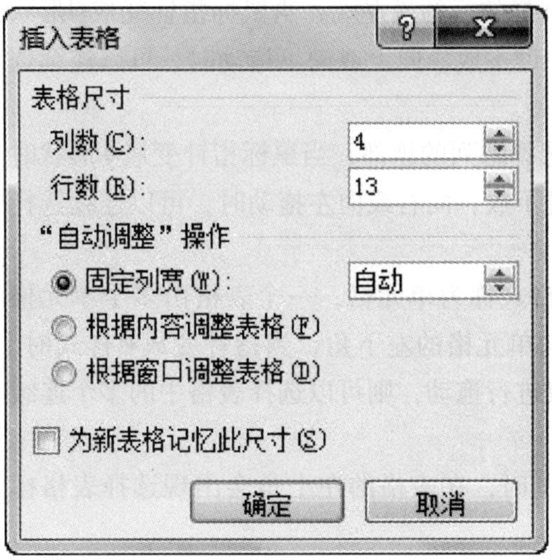

图 3-38　“插入表格”对话框

图 3-39　手动绘制表格

任务二 编辑表格——编辑公司采购表

★任务描述

1. 在图 3-39 中输入文字内容。
2. 添加表格对象。
3. 合并和拆分单元格。
4. 调整表格大小，使其更美观。

最终文件见\计算机基础\3 文字处理软件素材\项目四\公司采购表.jpg。

★任务实施

步骤 1：在表格中输入内容

根据图 3-37 所示在表格中输入内容。可以使用键盘上的方向键将插入点快速移动到其他单元格；按 Tab 键可以将插入点由左向右依次切换到下一个单元格；按 Shift + Tab 快捷键可以将插入点由右向左切换到前一个单元格。

在表格中编辑文字内容与在表格之外编辑内容一样，可以进行复制、移动、查找、替换、删除及格式设置等操作。

步骤 2：选择表格对象

在学习表格的编辑操作之前，首先要学会表格对象的选择方法，如单元格的选择、列与行的选择以及表格的选择等。

（1）选择表格中的行。将鼠标指针指向需要选择的行的最左端，当鼠标指针变成↗形状时单击，即可选择表格的一行。此时，按住鼠标左键不放，向上或向下拖动时，可以连续选择表格中的多行。

（2）选择表格中的列。将鼠标指针指向需要选择的列的顶部，当鼠标指针变成⬇形状时单击，即可选择表格的一列。此时，按住鼠标左键不放，向右或向左拖动时，可以连续选择表格中的多列。

（3）选择单元格。由行线和列线交叉构成的格式称为单元格，一个表格由多个单元格构成。在选择一个单元格时，需要将鼠标指针指向单元格的左下角，当指针变成⬈样式时，再单击选择相应的单元格。如果按住鼠标左键不放进行拖动，则可以选择表格中的多个连续单元格。

（4）选择整个表格。将鼠标指针指向表格范围时，在表格的左上角会出现选择表格标记⊞，单击该标记即可选取整个表格。

另外，同选取文本对象一样，在选择表格对象时，按住 Shift 或 Ctrl 键后再进行选择，可以选择多个相邻的对象或不相邻的对象。

步骤 3：添加和删除表格对象

在创建表格时，并不能将行和列以及单元格一次创建到位，所以当表格中需要添加数据，而行、列或单元格不够时，就需要进行添加；当有多余的行、列或单元格时，则需要将其删除。例如，在表格“总经理签字”下方添加两行的方法为，将插入点定位到表格中插入新行的位置，单击“行和列”工具组中的“在下方插入”按钮，如图 3-40 所示，每单击一次插入一行。

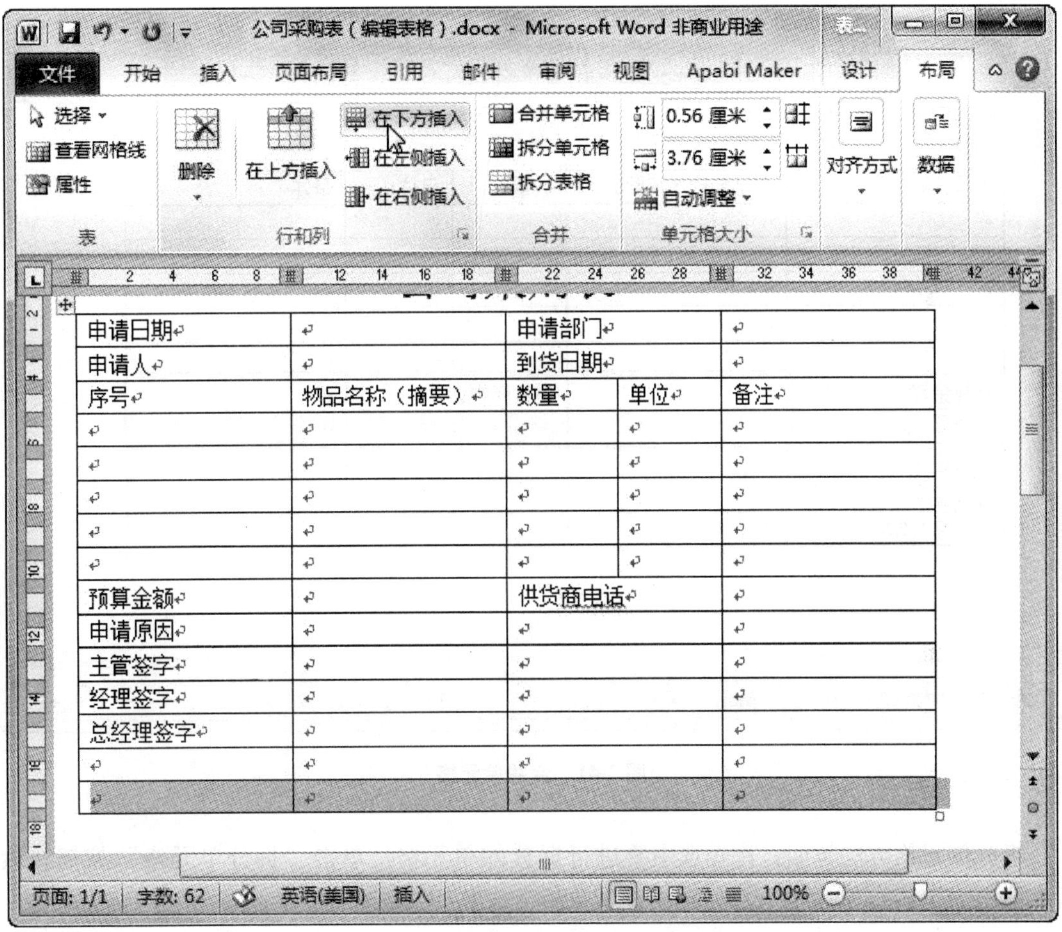

图 3-40　添加行

添加列与添加行的方法类似，只需要定位到要添加新列的列，单击“在左（右）侧”插入即可。

删除表格对象与添加表格对象类似，选中要删除的对象，单击“行和列”工具组中的“删除”按钮，在弹出的列表中选择相应命令即可。

步骤 4：合并和拆分单元格

由图 3-37 可知，最后三行只有两列，而目前有四列，在不改变表格大小的情况下就需要将多个连续的单元格合并为一个单元格。操作方法是选择表格中要进行合并的多个单元格，单击“合并”工具组中的“合并单元格”按钮即可，如图3-41所示。

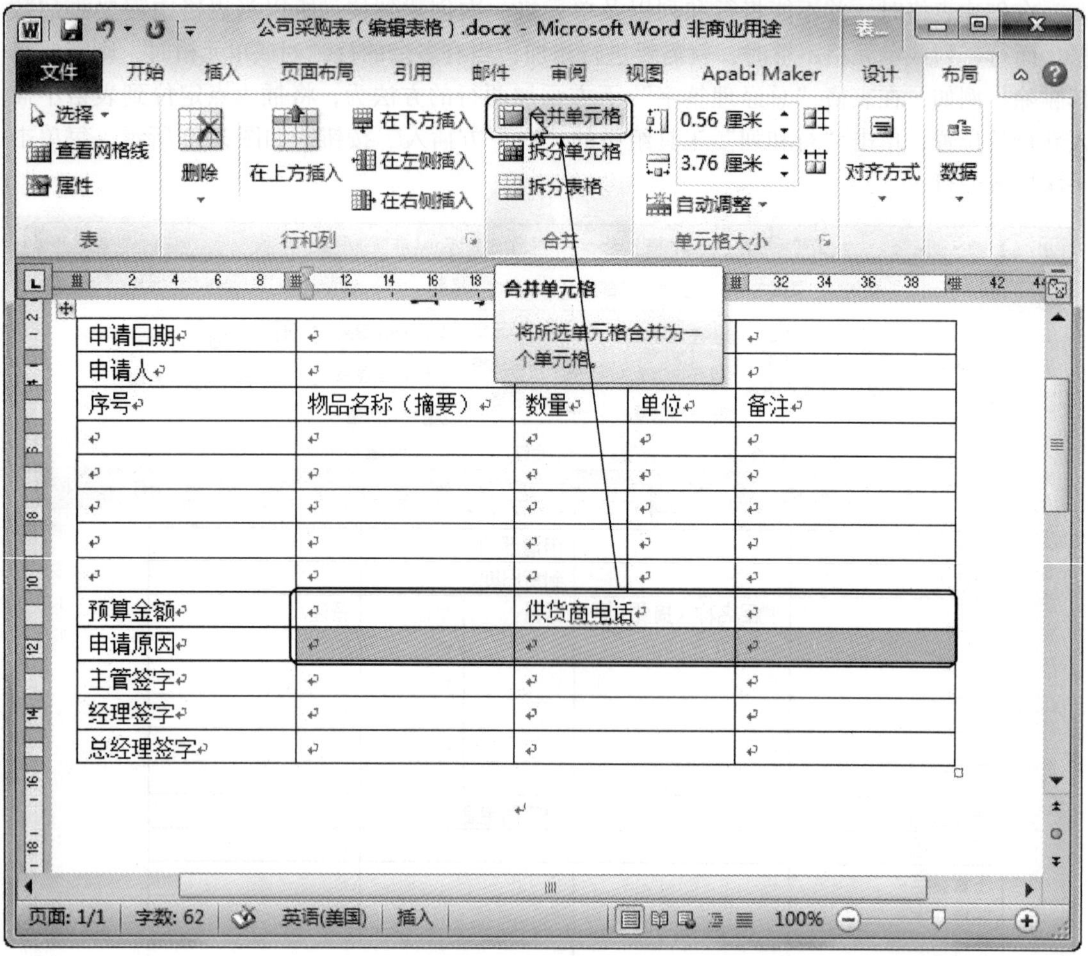

图3-41　合并单元格

拆分单元格方法类似，首先选中要进行拆分的单元格，单击“拆分单元格”按钮，然后在弹出的“拆分单元格”对话框中设置要拆分成几行几列即可。

步骤5：设置表格大小

此时表格内容已经完成，但是表格列的宽度和行的高度并不合适，需要调整行高、列宽、单元格大小和表格的整体大小。

(1) 调整表格大小。将鼠标指针指向表格右下角的缩放标记“□”上，当鼠标指针变为“⤡”时，按住鼠标左键并拖动，在拖动的过程中鼠标会变成十字形状，并且有一个虚框表示当前缩放的大小，当虚框符合需要的尺寸时松开鼠标左键即可，如图3-42所示。

(2) 调整表格行高。将鼠标指针指向表格中要调整行高的行线上，鼠标指针变成“÷”时，按住鼠标左键不放，上下拖动鼠标即可调整表格的行高，如图3-43所示。

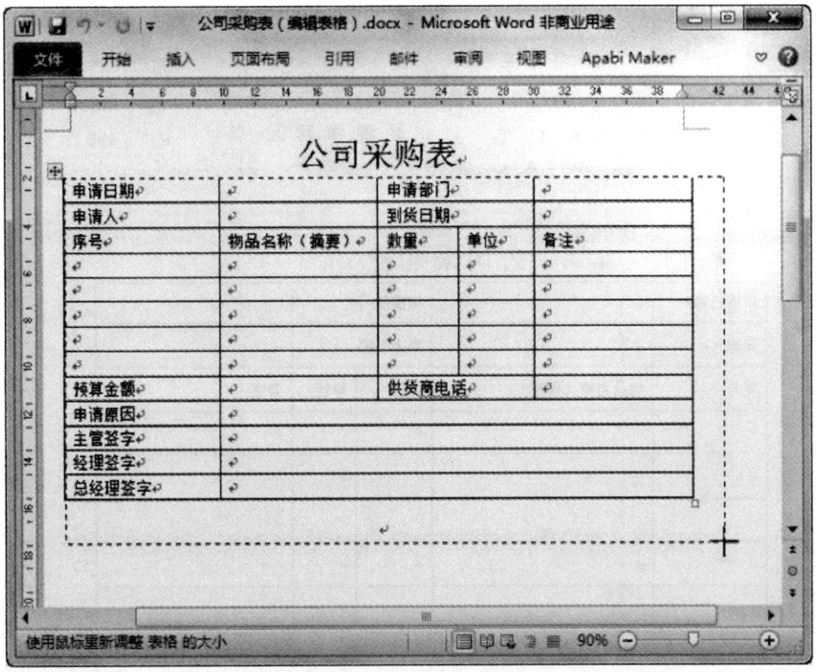

图 3-42　调整表格整体大小

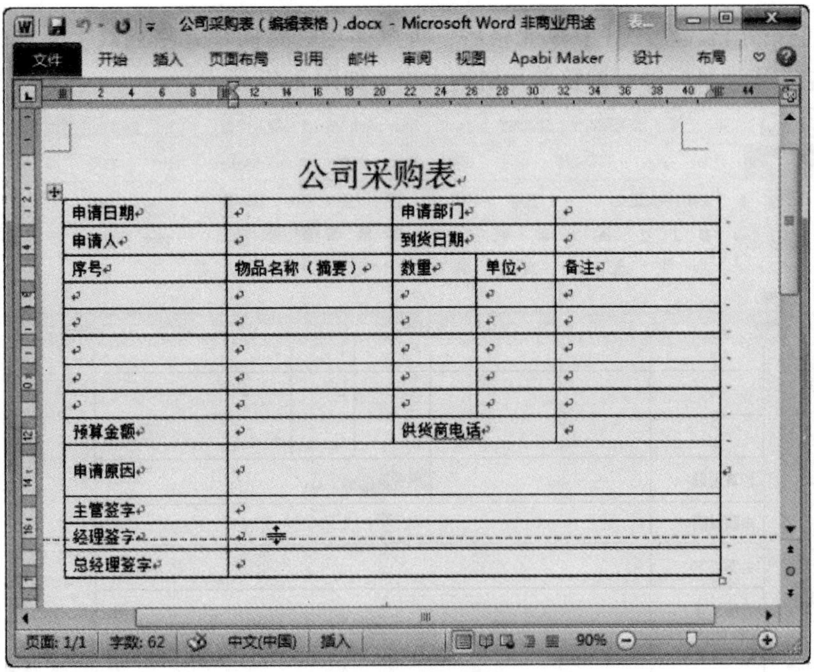

图 3-43　调整行高

（3）调整表格列宽。将鼠标指针指向表格要调整列宽的列线上，鼠标指针变为“+||+”时，按住鼠标左键不放左右拖动鼠标即可调整表格的列宽，如图 3-44 所示。

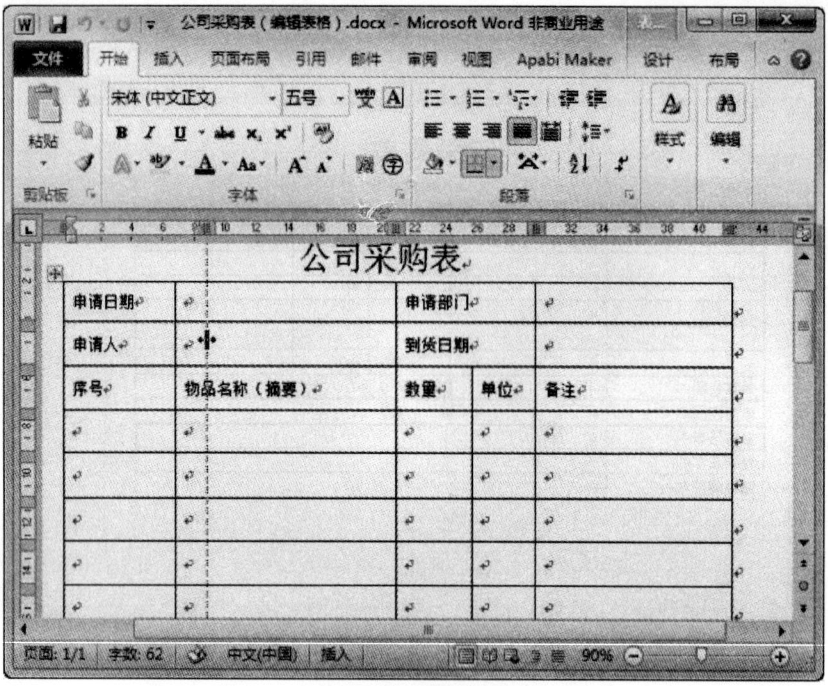

图 3-44　调整表格列宽

（4）调整单元格大小。选中单元格后，将鼠标指针指向单元格列线上，鼠标指针变为“⫲”时，左右拖动鼠标即可调整单元格的大小，如图 3-45 所示。

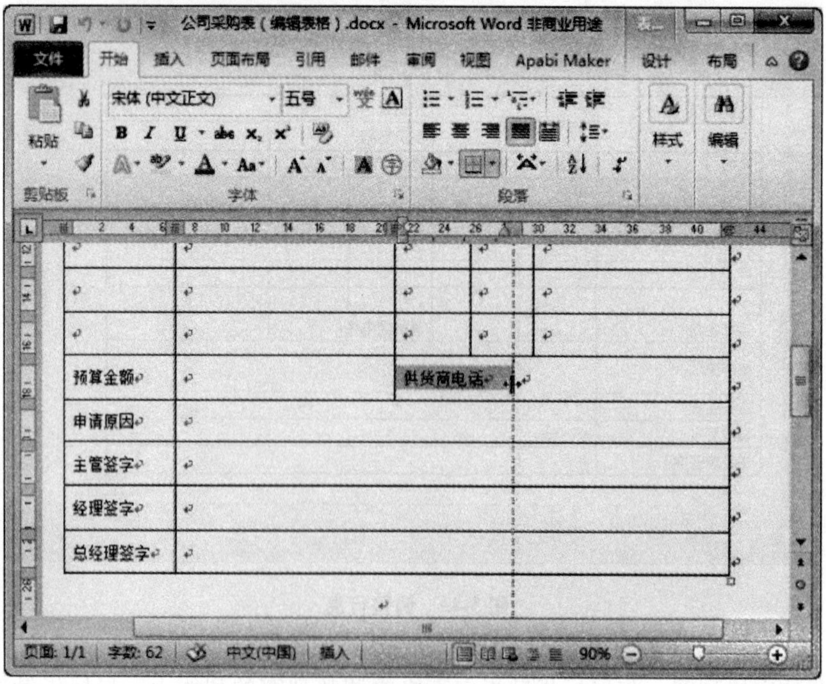

图 3-45　调整单元格大小

★知识链接

使用鼠标拖动调整能够大致设置表格的大小，如果要精确设置表格的行高和列宽或单元格的大小，可以使用指定表格大小的方法，具体操作方法是：选择表格或将插入点定位到表格中，单击“单元格大小”工具组右下角的“表格属性”对话框启动器（或选中表格后右击，在弹出的快捷菜单中选择“表格属性”命令），弹出“表格属性”对话框。在其中可以设置表格整体大小、行宽、列高以及单元格大小，如图3-46所示。

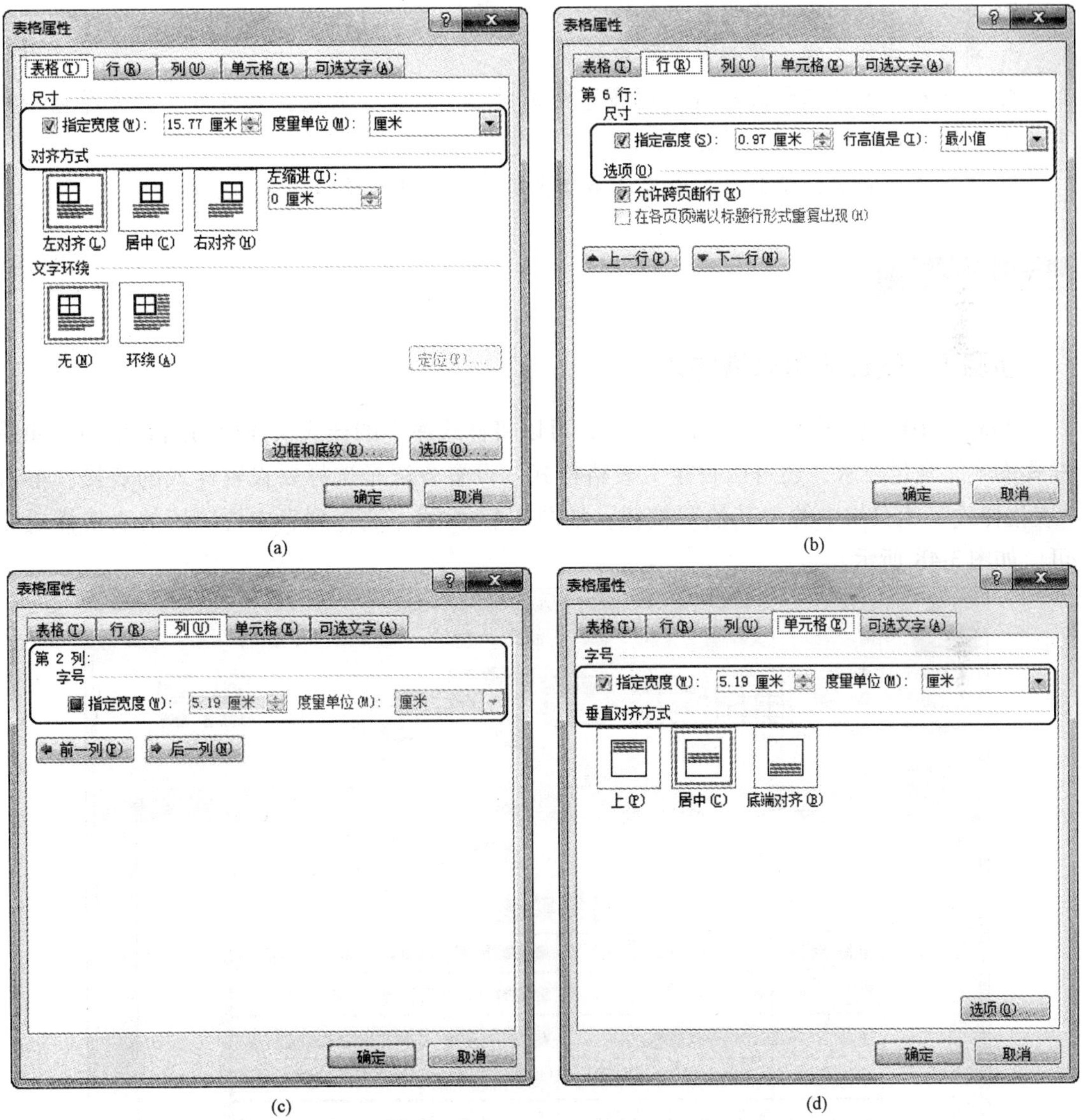

图3-46　使用“表格属性”对话框设置表格大小

任务三　设置表格格式——美化公司采购表

★任务描述

1. 对公司采购表应用一种表格样式，使其更加美观。

2. 将表格中的标签文字设置为加粗、小四号字。

3. 将表格中的文字设置为水平居中效果。

4. 为表格添加边框和底纹（边框线型为单实线、绿色，底纹：表格第一行为绿色，第四至第五行为灰色）。

5. 进行跨页设置，使分页后表格从第二页起可以看到标题行。

★任务实施

步骤 1：快速应用表格样式

Word 2010 提供了丰富的表格样式库，可以将样式库中的样式快速应用到表格中，如果样式库不能满足要求，还可以自定义表格样式。设置方法是选择要设置样式的表格，单击“表格样式”工具组中的“其他”按钮，如图 3-47 所示。选择列表中要应用的表格样式即可，如图 3-48 所示。

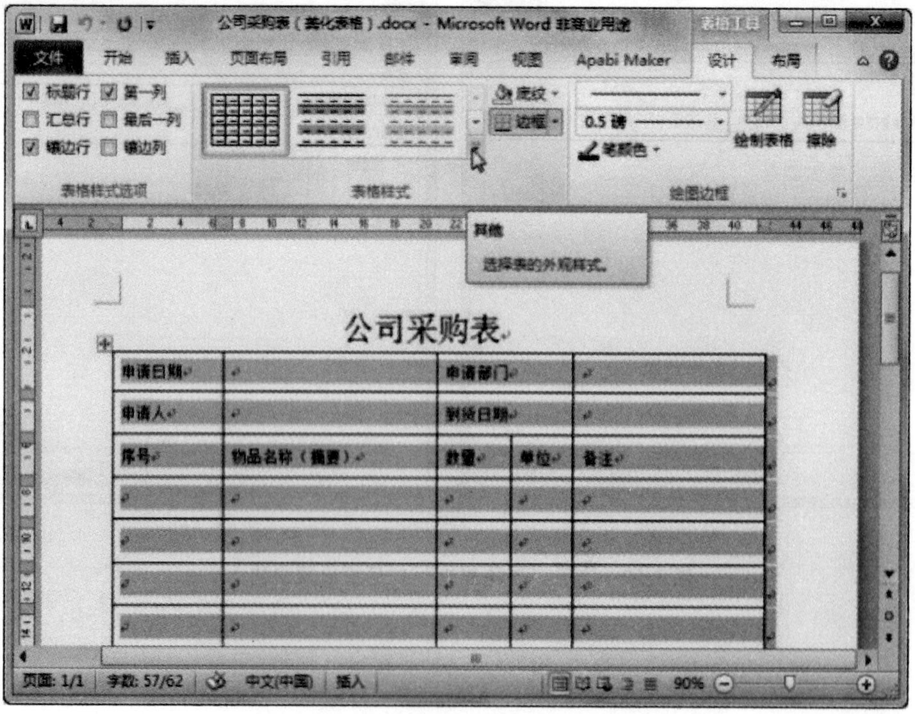

图 3-47　选中表格并单击“其他”按钮

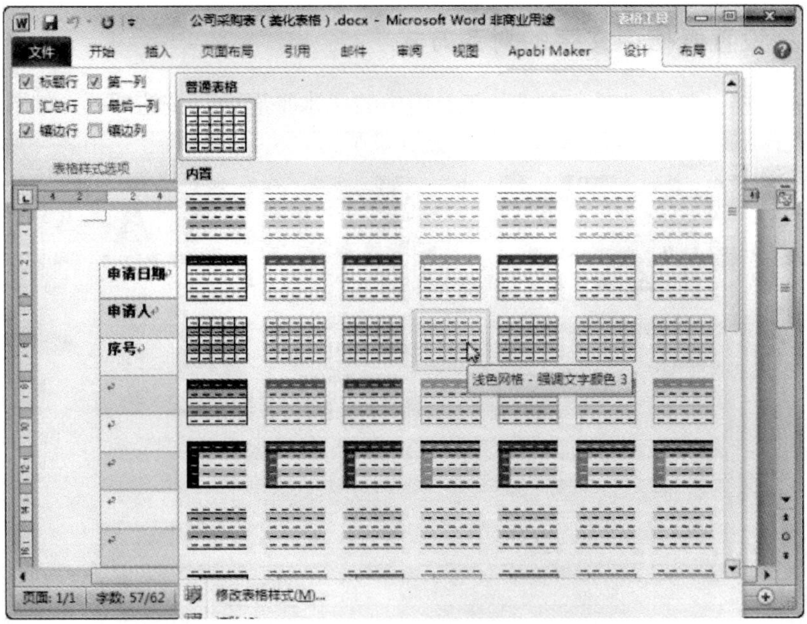

图 3-48　选择样式

如果在表格样式库中没有合适的样式，可以单击样式列表中的“修改表格样式”命令，弹出“修改样式”对话框，调整该对话框中的参数可以制作出更多精美的表格。

步骤 2：设置表格中的文字格式

选择表格中要设置文字格式的文字，利用“字体”工具组中的相关按钮设置相关的文字格式，如图 3-49 所示。

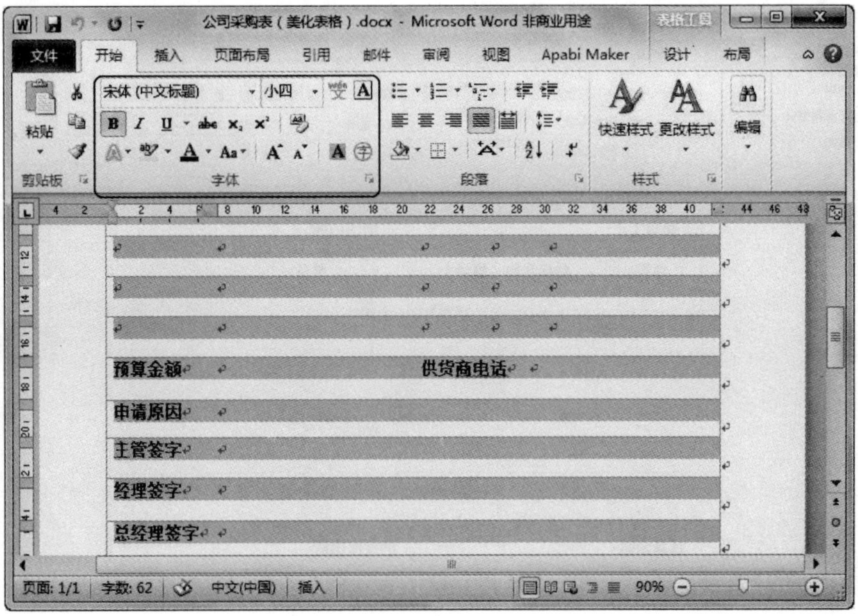

图 3-49　设置表格中的文字格式

步骤3：设置表格中文字的对齐方式

选择整张表格，单击“对齐方式”工具组中的“水平居中”按钮即可，如图3-50所示。

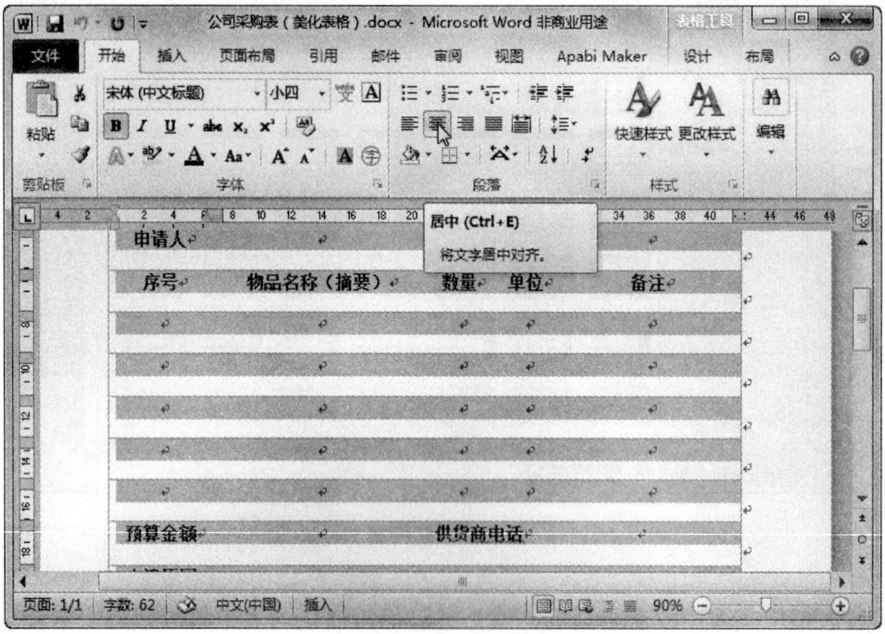

图3-50　设置文字居中

步骤4：设置表格中的文字方向

选择横排文字的单元格，单击“文字方向”按钮，可将单元格中的文字竖排显示，再次单击该按钮，可将竖排文字进行横排显示，如图3-51所示。

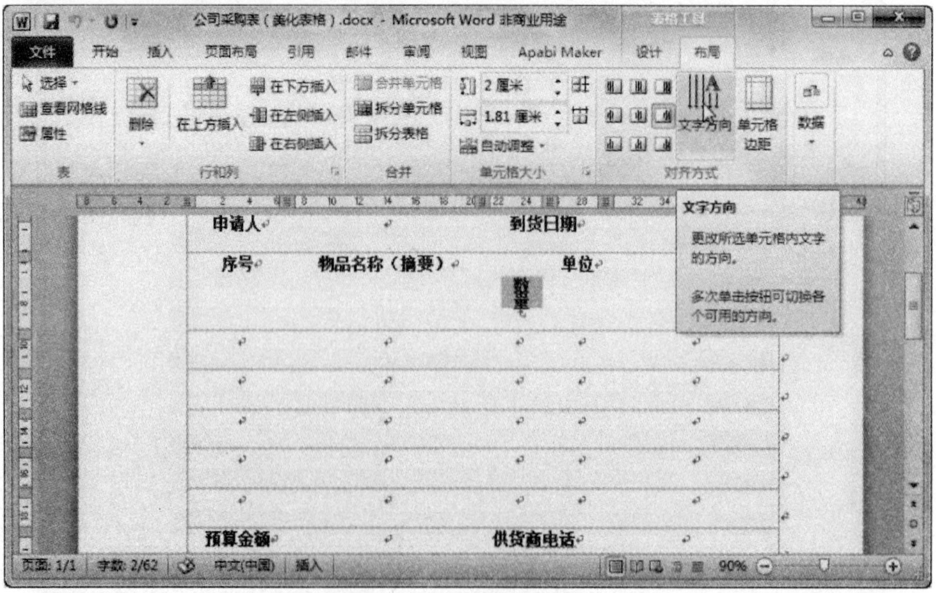

图3-51　设置文字方向

步骤 5：设置表格的边框和底纹

使用样式后，表格中的列线不再显示，可以通过设置边框使其显示出来。方法是选择“表格样式”工具组中的“边框”按钮，单击“边框和底纹”命令，弹出“边框和底纹”对话框，单击“设置”列表中的“全部”按钮，并在“样式”列表中选择边框线型的样式、颜色和宽度，单击“确定”按钮即可，如图 3-52 所示。

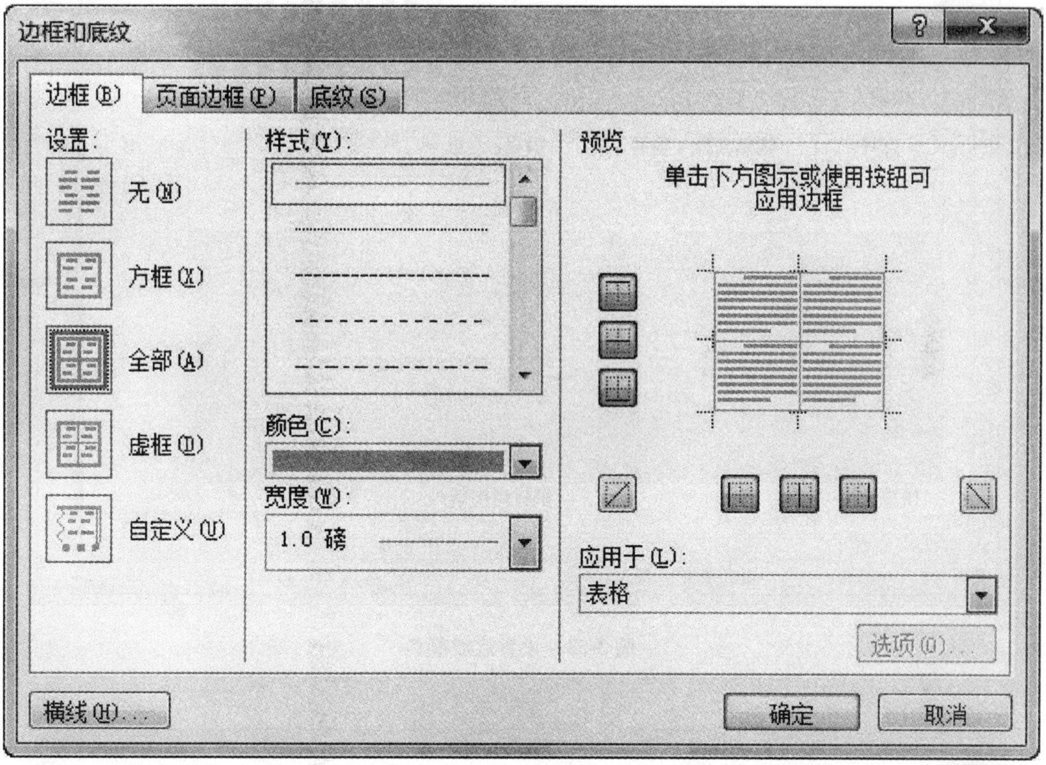

图 3-52　设置边框

默认情况下，Word 表格中的单元格是无底纹颜色的，用户可以给单元格添加底纹效果来突出显示表格效果。本例中，将具体采购物品部分单元格设置为灰色底纹的效果，方法是选择要添加底纹的单元格，单击“表格样式”工具组中的“底纹”按钮，单击列表中的底纹颜色即可，如图 3-53 所示。

★知识链接

表格的跨页设置

当用户在 Word 中处理大型表格或多页表格时，表格会在分页处自动分割，分页后的表格从第二页起就没有标题行了，这对于查看和打印都不方便。要是分页后的每页表格都具有相同的表格标题，可以使用表格中的“重复标题行”功能，方法是选中表格中需要重复的标题行，单击“数据”工具组中的“重复标题行”按钮，即可为每页添加标题行，如图 3-54 所示。

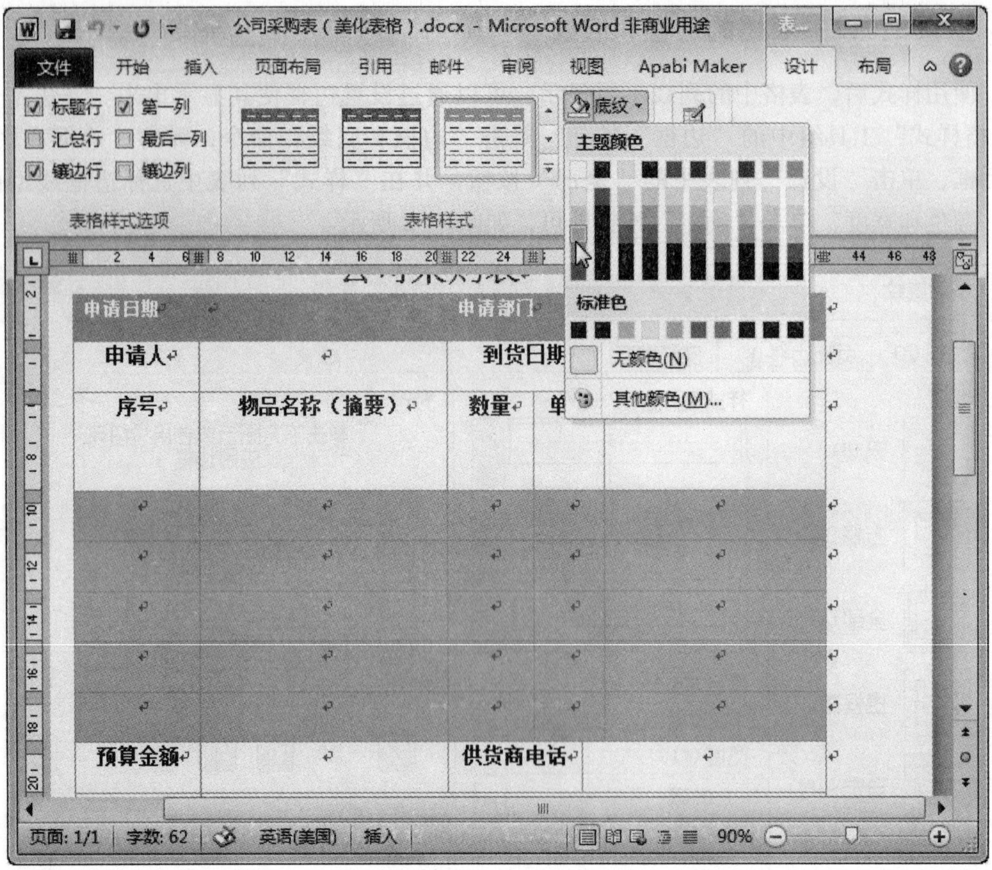

图 3-53　设置底纹颜色

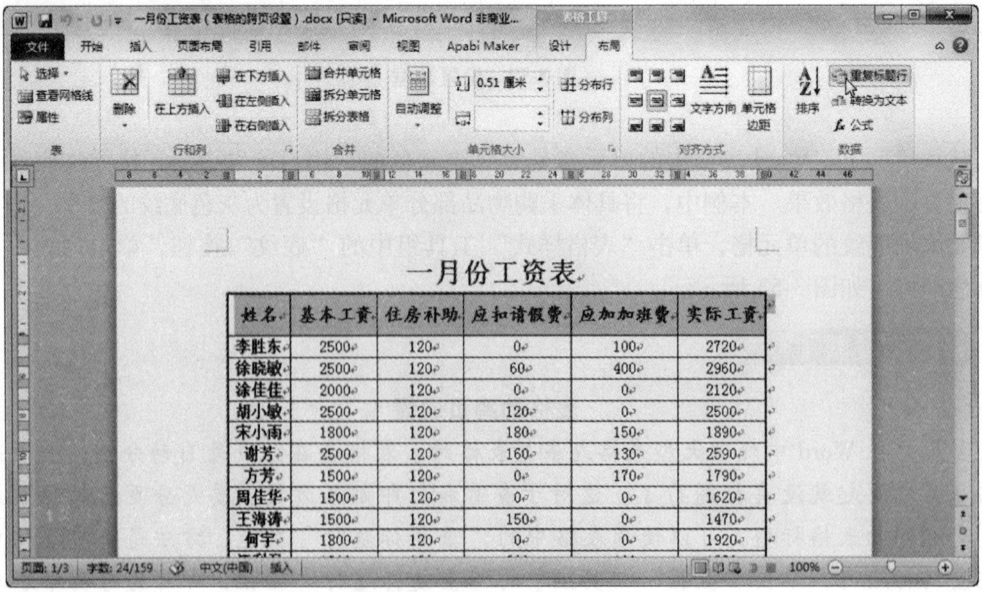

图 3-54　设置跨页标题栏

项目五

创建图文并茂的办公文档

任务一　在文档中插入图片——在秦山核电站简介中插入图片

★任务描述

1. 在“简介”后面插入剪贴画。
2. 插入一张设备图片。

最终文件见\计算机基础\3文字处理软件素材\项目五\中国第一座核电站（原始样文）.doc。

★任务实施

步骤1：插入剪贴画

剪贴画是微软公司为Office系列软件专门提供的内部图片，一部分是软件自带的，一部分则需要通过网络下载。剪贴画一般都是矢量图形，采用WMF格式，包括人物、科技、商业、动植物等类型。插入剪贴画的操作方式如下：

将光标定位到要插入图片的位置，单击“插入”工具组中的“剪贴画”按钮，在弹出的“剪贴画”面板中单击“搜索”按钮，在下面的“剪贴画”列表中选择需要的图片即可，如图3-55所示。

步骤2：插入计算机中的其他图片

在Word 2010中，外部图片一般来自于本机上的文件夹、从其他程序中创建的图片、从网上下载的图片、扫描仪或数码相机等。插入图片的方法是单击“插图”工具组中的“图片”按钮，弹出“插入图片”对话框，单击要插入的图片，然后单击“插入”按钮，如图 3-56 所示。

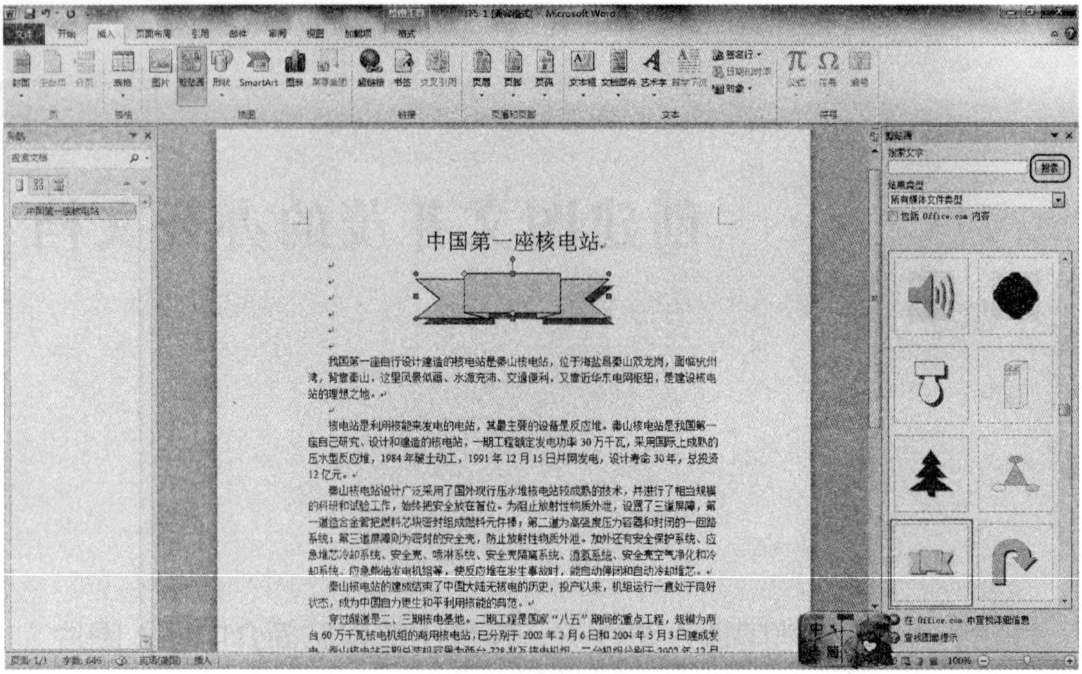

图 3-55　插入剪贴画

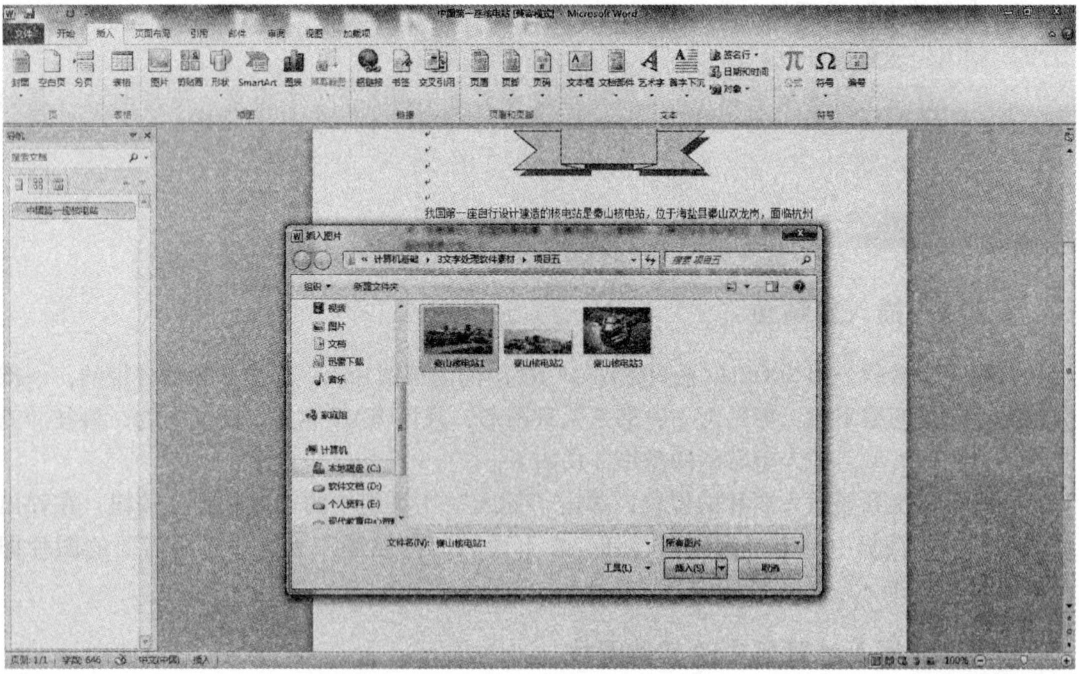

图 3-56　插入图片

任务二　编辑图片对象——编辑秦山核电站简介中的图片

★任务描述

1. 调整图片大小。
2. 裁剪图片，使其重点突出。
3. 排列图片。
4. 设置图片样式。

最终文件见\计算机基础\3 文字处理软件素材\项目五\中国第一座核电站（最终样文）.docx。

★任务实施

步骤 1：设置图片大小

（1）拖动鼠标调整大小。单击图片，图片周围出现 4 个白色控制点，当鼠标移动到控制点上方时，鼠标指针变为双箭头形状，此时按住鼠标左键，当鼠标指针变为十字形时拖动即可调整图片的大小，如图 3-57 所示。

图 3-57　手动调整图片大小

（2）精确设置图片大小。拖动鼠标调整图片大小，用户只能凭感觉来操作，因此不易确定图片的具体大小，如果需要精确设置图片大小，可以使用下面的方法：

①通过“大小”工具组进行设置。单击要调整大小的图片，单击“大小”工具组中的高度和宽度的调整按钮，或直接输入高度和宽度的值进行调整，把图片“秦山核电站1”大小设置为高度5厘米、宽度7.49厘米，如图3-58所示。

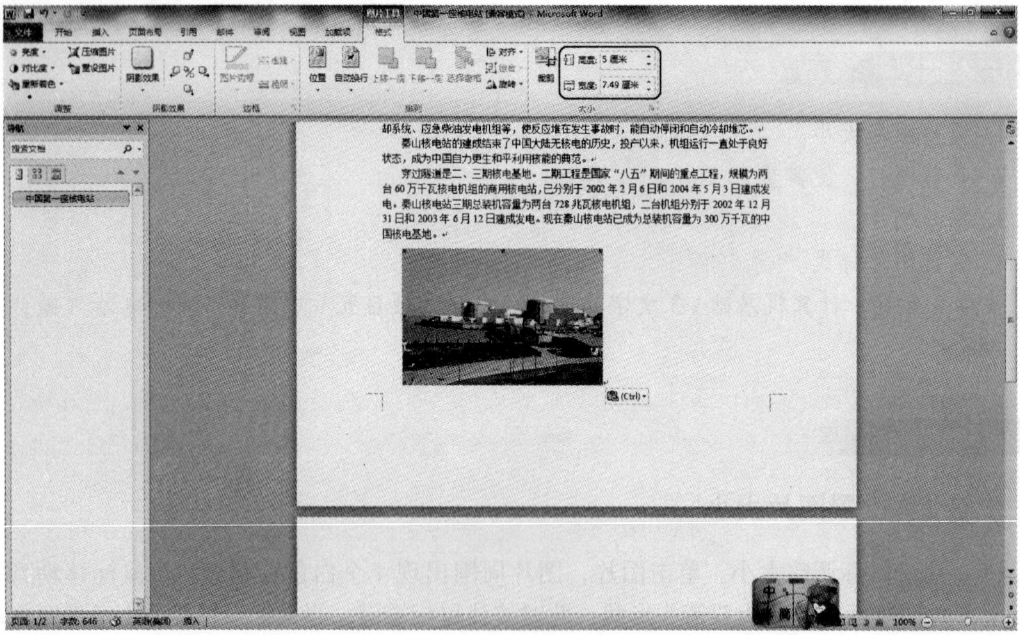

图3-58　使用“大小”工具组精确调整图片大小

②通过“布局”对话框进行设置。单击要调整大小的图片，单击“大小”工具组对话框启动器，在弹出的“布局”对话框中设置图片的宽度和高度，如图3-59所示。

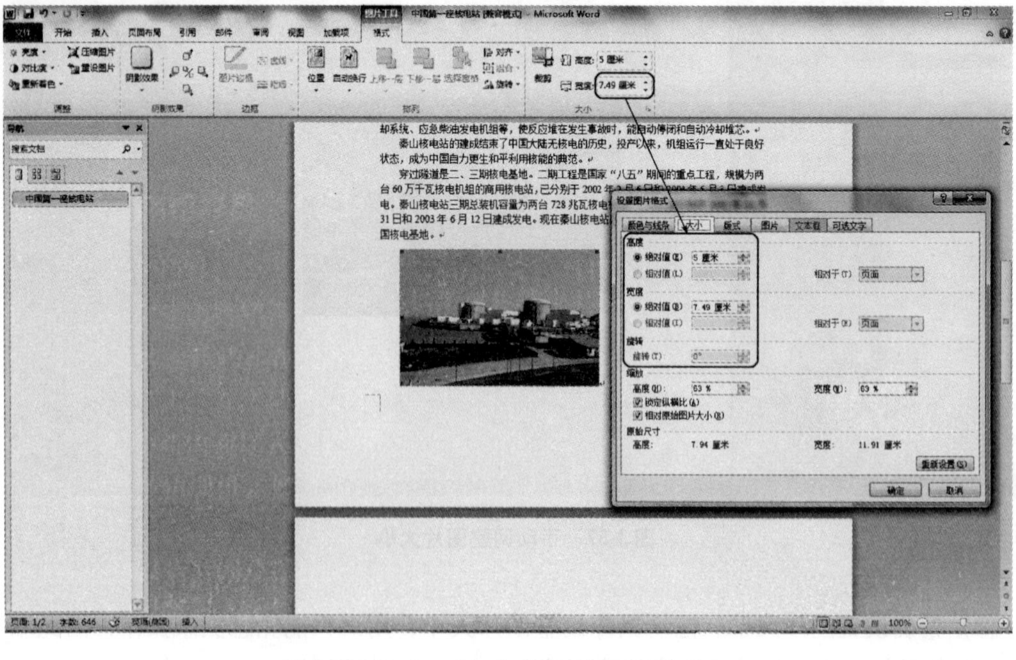

图3-59　通过“布局”对话框设置图片大小

步骤 2：裁剪图片

裁剪功能是 Word 2010 新增功能，利用此功能可以将插入到文档中图片的多余部分去掉。操作方法是单击“格式”选项卡中的“裁剪”按钮，单击列表中“裁剪”命令，进入裁剪状态，如图 3-60 所示。

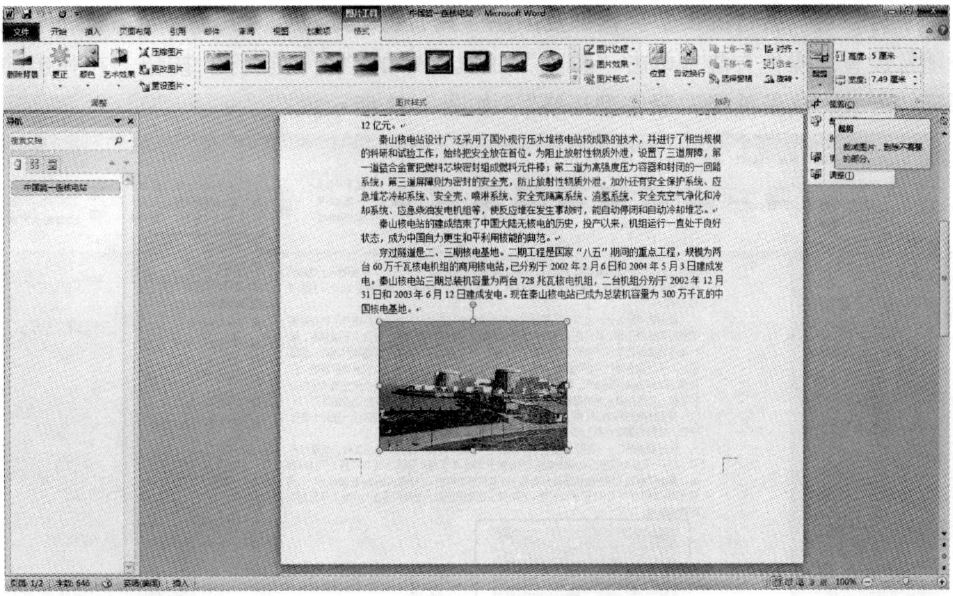

图 3-60　执行“裁剪”命令

指向图片中的裁剪标记，按住鼠标左键拖动，显示裁剪区域。松开鼠标，在空白处单击，即可完成裁剪，如图 3-61 所示。

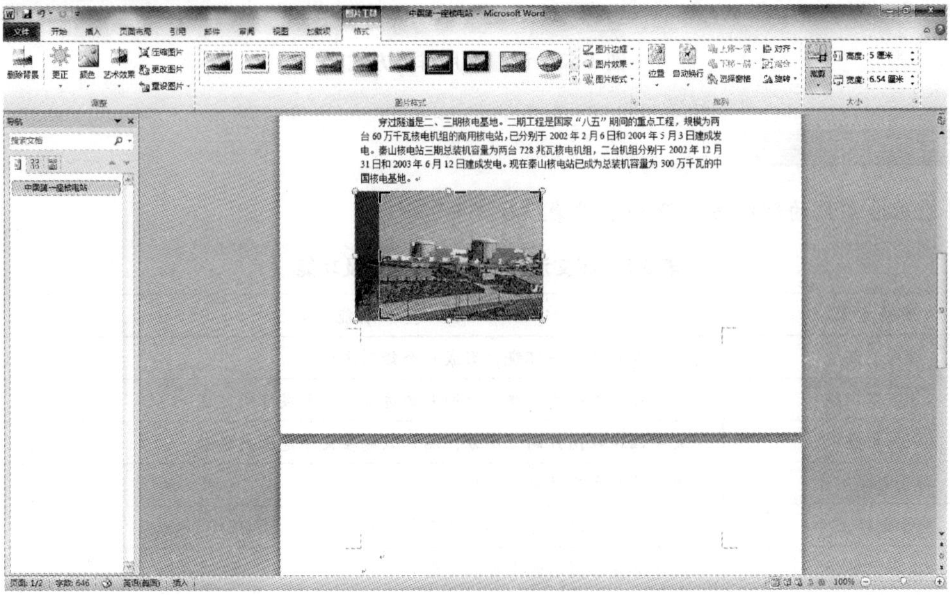

图 3-61　裁剪图片

步骤 3：设置图片的排列效果

在文档中插入图片后，就需要对其进行合理放置，否则会影响文档的整体效果。图片的排列包括图片与文字的环绕方式、旋转效果及图片在文档中的位置。

（1）设置图片的环绕方式。默认情况下，插入的图片是“嵌入式”，这种类型的图片相当于一个字符，对其进行的很多操作都受限制。只有将图片设置为其他环绕方式，才能对图片进行随意设置。操作方法是单击“排列”工具组中的“自动换行”按钮，在弹出的列表中选择环绕方式。这里选择“紧密型环绕”，如图 3-62 所示。

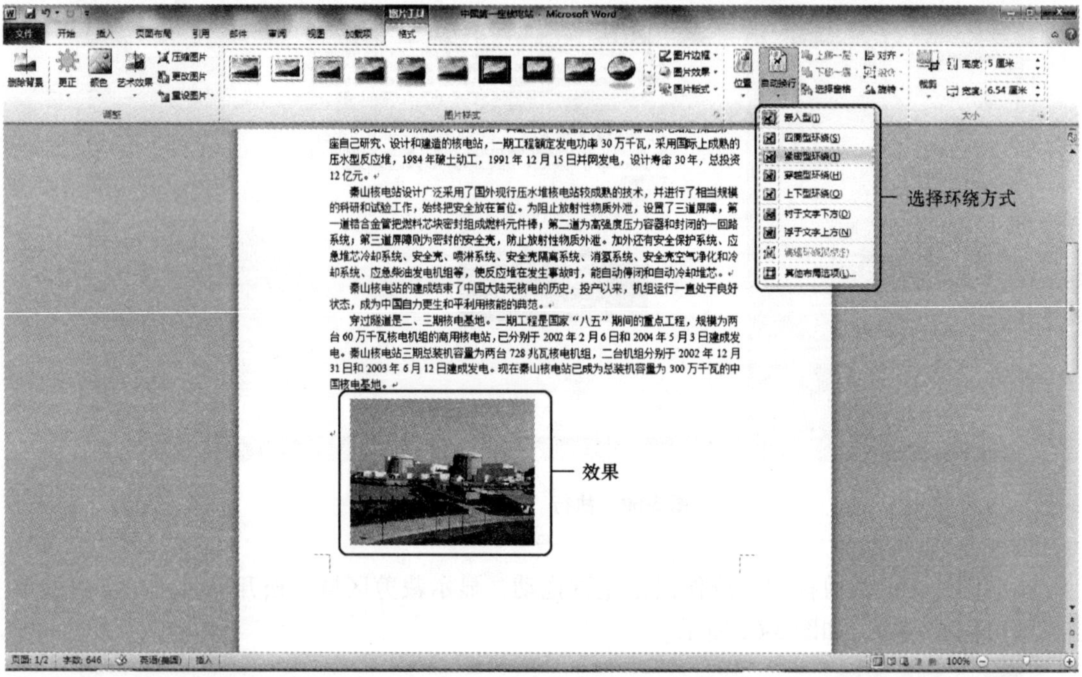

图 3-62　设置图片排列方式

★知识链接

图文混排常见的环绕方式及功能见表 3-5。

表 3-5　图文混排常见环绕方式及功能

环绕方式	功能作用
四周型环绕	文字在对象周围环绕，形成一个矩形区域
紧密型环绕	文字在对象四周环绕，以图片的边框形状形成环绕区域
嵌入型	文字围绕在图片的上下方，图片只能在文字范围内移动
衬于文字下方	图形作为文字的背景图形
衬于文字上方	图形在文字的上方，挡住图形部分的文字
上下型环绕	文字环绕在图形的上部和下部
穿越型环绕	适合空心的图形

（2）设置图片在文档中的位置。用户在插入图片后，可以设置图片在文档中的位置，可以使版面更整齐。操作方法是单击“排列”工具组中的“位置”按钮，在弹出的列表中选择文字环绕方式，如“中间居中”，如图 3-63 所示。

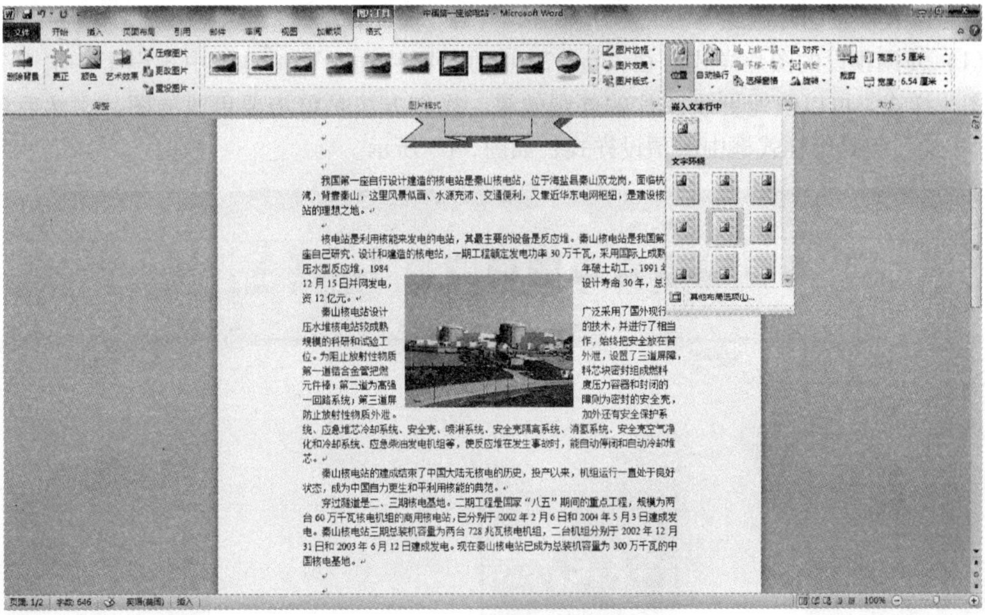

图 3-63　设置图片在文档中的位置

（3）旋转图片。使用旋转图片功能可以调整图片在文档中的方向。操作方法是单击“排列”工具组中的“旋转”按钮，在弹出的列表中选择“水平翻转”，如图 3-64 所示（操作复制图片作为参考）。

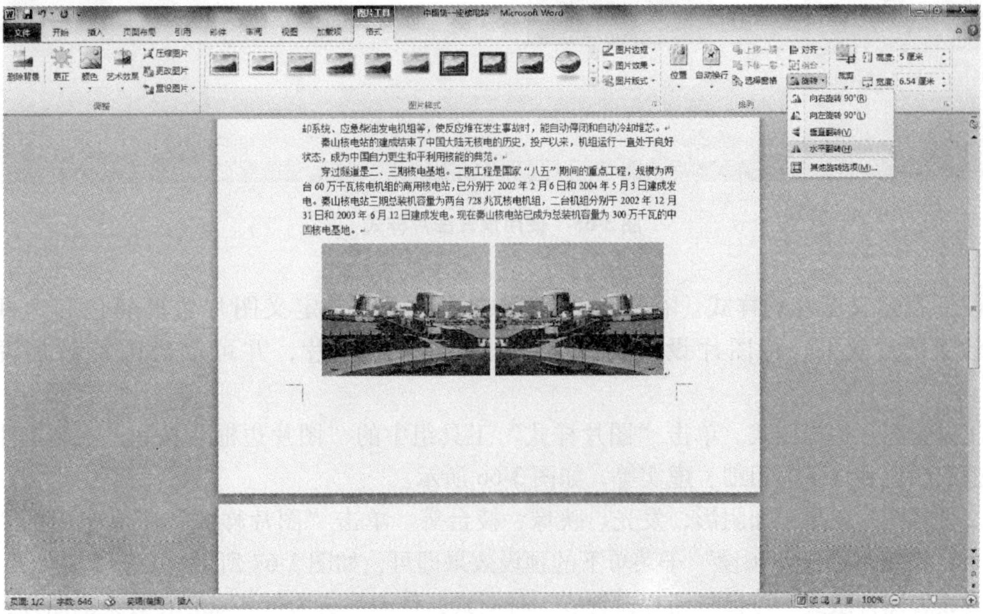

图 3-64　旋转图片

步骤4：设置图片样式

当插入图片对象后，还可以根据需要为图片设置外观样式，包括添加图片的边框、设置图片效果以及设置图片版式等。

（1）使用预设的图片样式。在 Word 2010 的“图片样式”工具组中预设了一组十分美观的图片样式，可以快速更改图片的外观效果，操作方法是单击要更改的图片，然后单击“图片样式”工具组样式框中的预设样式，如图 3-65 所示。

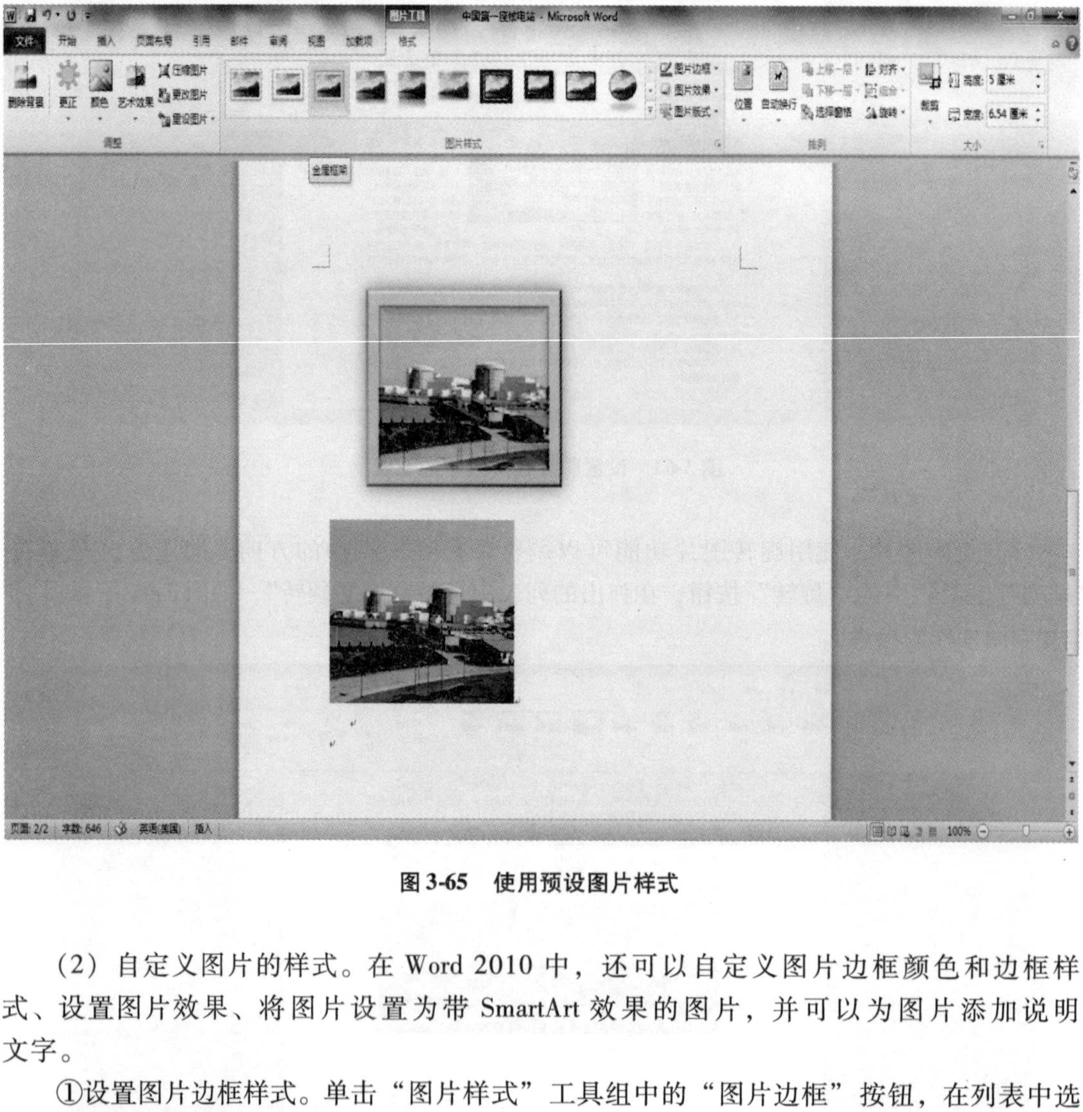

图 3-65　使用预设图片样式

（2）自定义图片的样式。在 Word 2010 中，还可以自定义图片边框颜色和边框样式、设置图片效果、将图片设置为带 SmartArt 效果的图片，并可以为图片添加说明文字。

①设置图片边框样式。单击“图片样式”工具组中的“图片边框”按钮，在列表中选择边框的颜色和线条的粗细、虚实等，如图 3-66 所示。

②设置图片效果，如阴影、发光、映像、棱台等。单击“图片样式”工具组中的“图片效果”按钮，选择“预设”子菜单下的预设效果即可，如图 3-67 所示。

③设置图片版式。可以将图片设置成一种版式，使图片成为带 SmartArt 效果的图片，这样可以方便为图片添加说明文字，如图 3-68 所示。

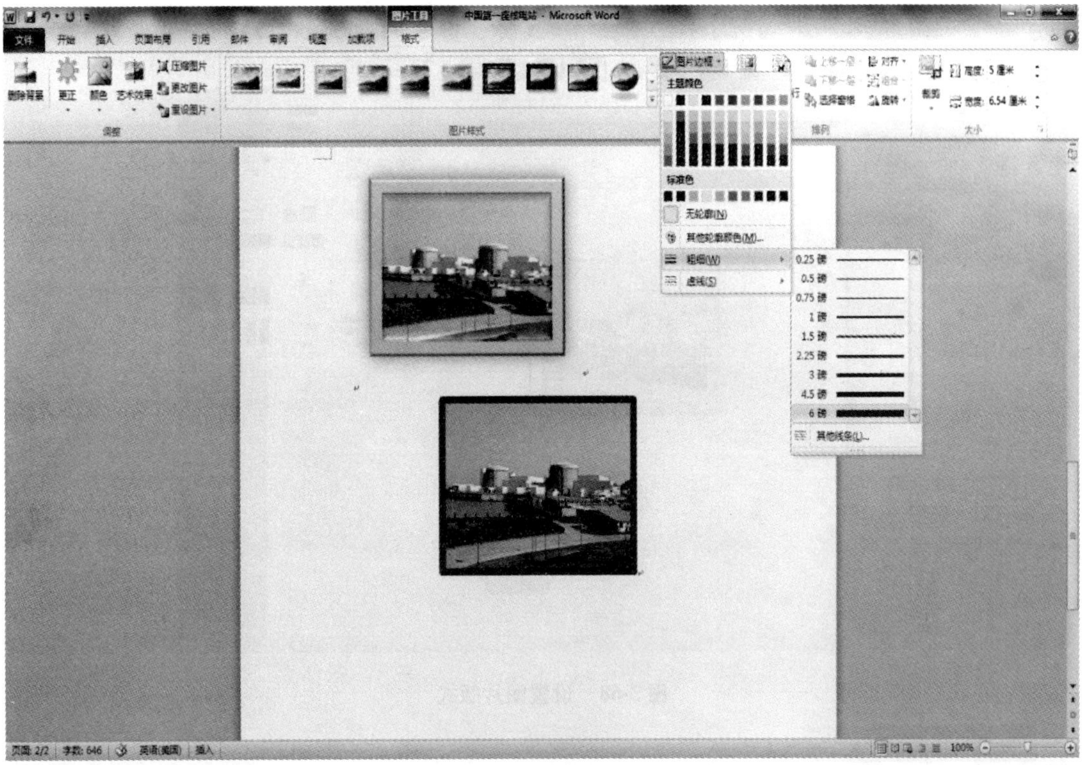

图 3-66　设置图片边框

图 3-67　设置图片效果

图 3-68　设置图片版式

★知识链接

(1) 压缩图片。如果一个文档中插入的外部图片太多，就会使文档很大，这时可以使用“压缩图片”功能来压缩文档中的图片，以减小文档的大小。具体操作是：选中文档中的图片，单击“调整”工具组中的“压缩图片”按钮，如图 3-69 所示，弹出“压缩图片”对话框，如图 3-70 所示。

图 3-69　执行“压缩图片”命令

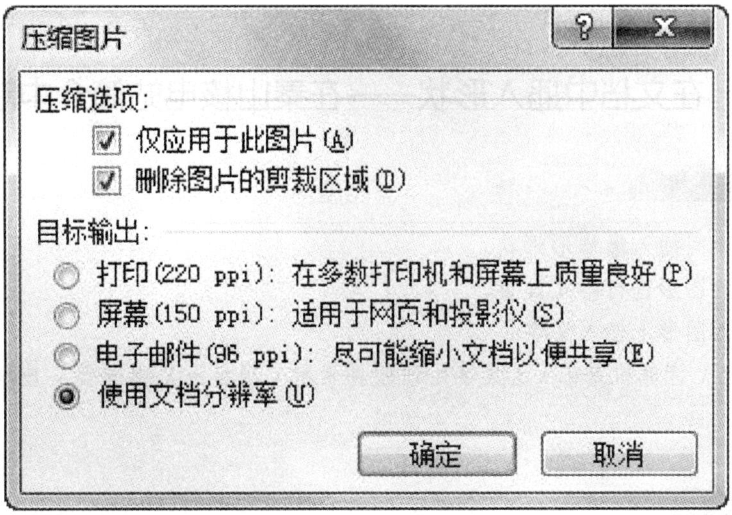

图 3-70　“压缩图片”对话框

如果在“压缩图片”对话框中选中“仅应用于此图片”，那么该压缩命令仅对当前选中的图片有效，如果取消选中该复选框，则压缩命令对当前文档中所有图片有效。

（2）设置图片的艺术效果。设置图片的艺术效果是 Word 2010 新增功能，此功能可以使图片具有特殊的艺术效果，使用户不使用专业图形图像处理软件也能制作出艺术图片。选中图片后，单击“调整”工具组中的“艺术效果”按钮，在弹出列表中即可选择艺术效果的样式，如图 3-71 所示。

图 3-71　设置图片艺术效果

任务三 在文档中插入形状——在秦山核电站简介中制作图示

★任务描述

1. 在文档中间插入爆炸形形状。
2. 对插入的图形进行格式设置。
3. 在所插入图形上输入文字。

最终文件见\计算机基础\3文字处理软件素材\项目五\中国第一座核电站（最终样文）.docx。

★任务实施

步骤1：插入形状

在Word 2010文档中，用户可以根据需要插入现成的形状，如矩形、圆、箭头、线条、流程图符号、标注等类型。这里为突出强调，选择多角形，方法是单击“插入”工具组中的“形状”按钮，在弹出的列表中选择要绘制的图形，切换为绘制状态，如图3-72所示。

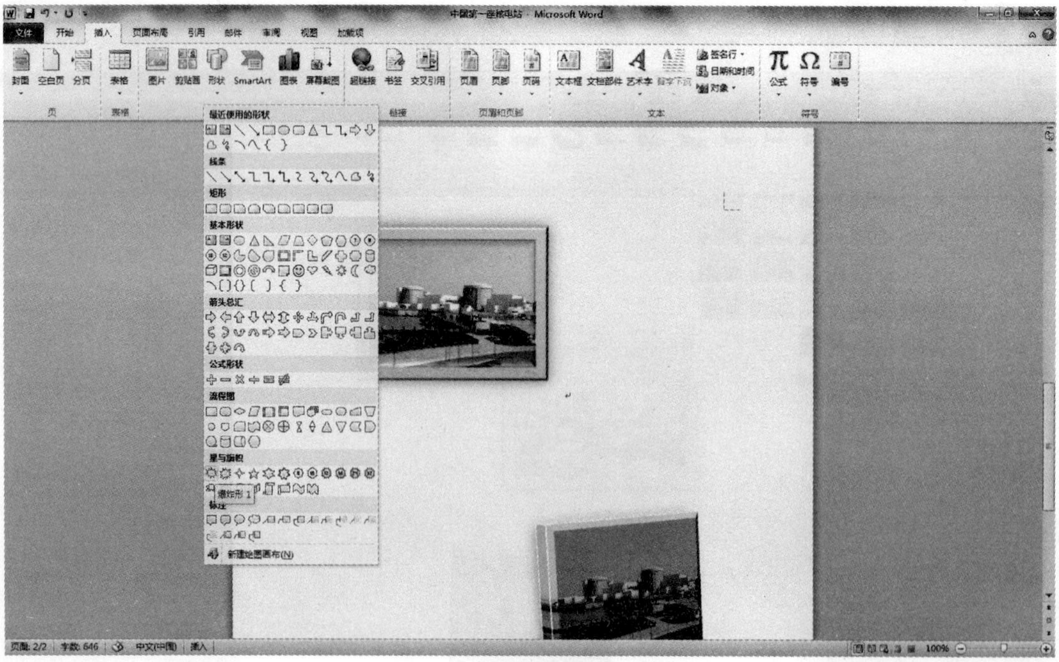

图3-72 选择要绘制的图形

拖动鼠标在文档中绘制形状大小即可，如图3-73所示。

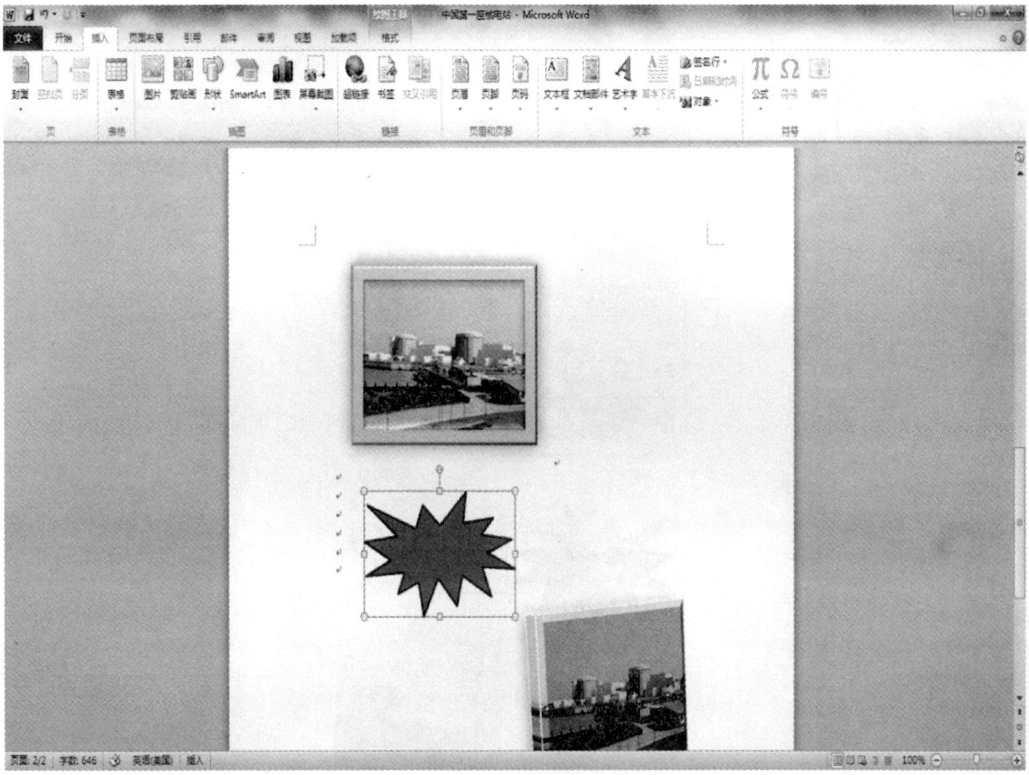

图 3-73　绘制图形

★知识链接

在绘制图形时，按住 Shift 键拖动“椭圆”“矩形”以及“直线”绘图工具，可以分别画出正圆形、正方形以及水平或垂直直线。按住 Ctrl 键时，则可以以鼠标为中心开始绘制图形。

使用上面介绍的方法，能够在文档中绘制具有固定外形的形状。如果在“形状”列表中单击“线条”列表中的“自由曲线”按钮，鼠标会变为铅笔形状，拖动鼠标即可在文档中绘制自由形状；单击“任意多边形”按钮，可以绘制任意的封闭多边形形状；单击“曲线”按钮，可以绘制弧形曲线。

步骤 2：编辑形状

与创建图片对象相同，当用户绘制完图形后，即可以对创建的自选图形进行编辑。编辑自选图形的方法和编辑图片对象有很多相似之处，如图形的大小、图形的排列方式等。

（1）设置图形样式。Word 2010 为自选图形预设了一组十分美观的形状样式，可以快速更改自选图形的外观效果，如图 3-74 所示。

除此之外，用户可通过“形状填充”“形状轮廓”“形状效果”的设定，自定义形状样式。

（2）在图形中添加文字。大多数自选图形允许用户在其内部添加文字，方法是右击图形，在弹出的快捷菜单中执行“添加文字”命令，输入文字即可，如图 3-75 所示。

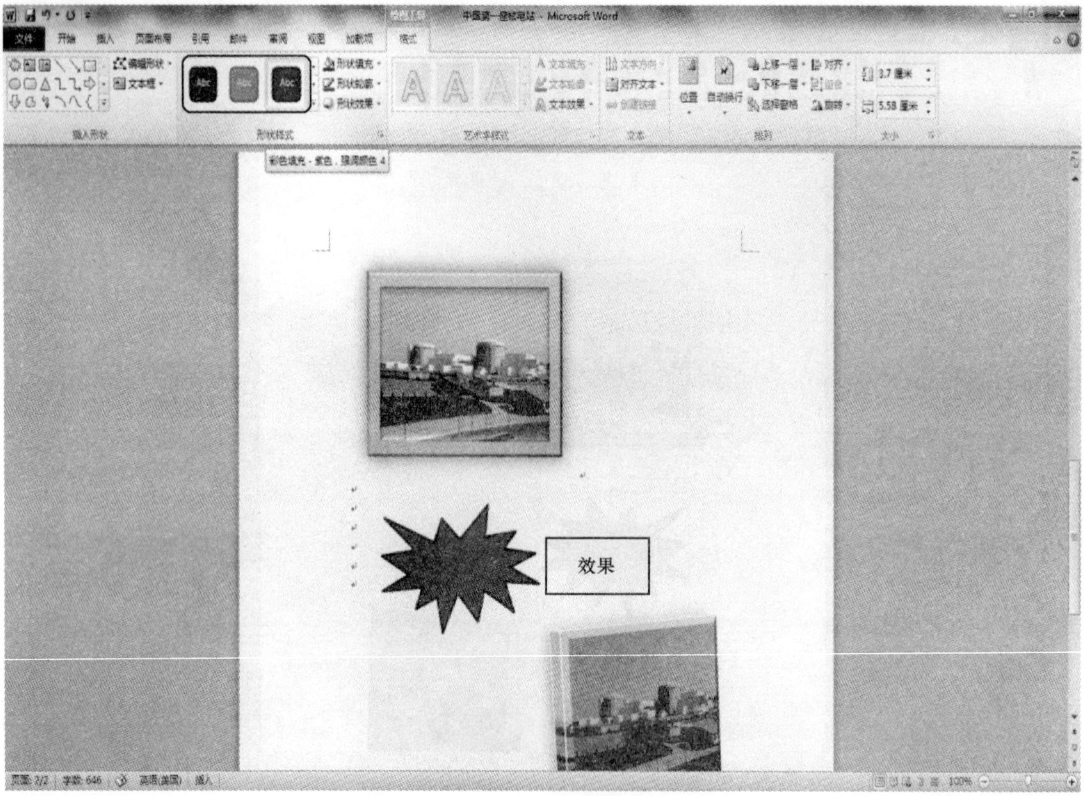

图 3-74　使用内置的形状样式

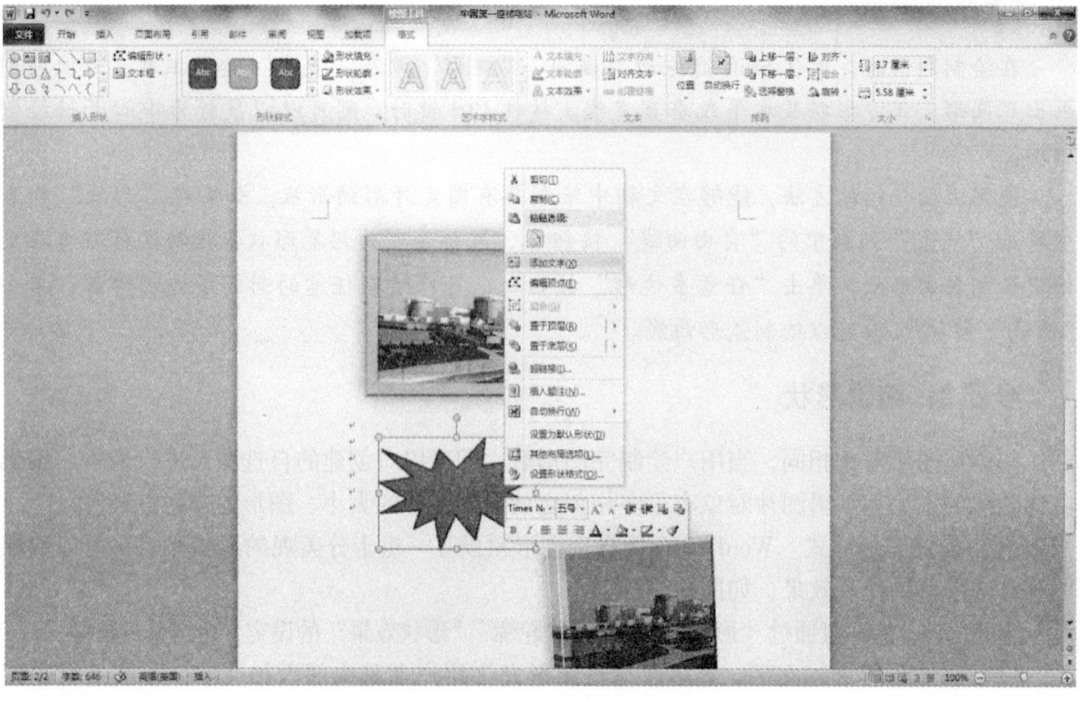

图 3-75　执行“添加文字”命令

在图形中添加了文字后，可以单击“开始”选项卡“字体”工具组中的按钮来设置图形中文字的格式，最终效果如图3-76所示。

图3-76　插入文字效果

（3）对齐形状。在绘制了多个形状后，如果需要按照某种标准将形状对齐，则可以通过“对齐”的方式实现，方法是选中要对齐的图形，单击“排列”工具组中的“对齐”按钮，在列表中选择对齐方式即可，如图3-77所示。

图3-77　选择对齐方式

（4）组合形状。使用组合功能可以将多张图片组合成一个对象，以便作为单个对象进行处理，操作方法是选中要进行组合的图形，单击“排列”工具组中的“组合”按钮，在弹出的列表中执行“组合”命令即可，如图 3-78 所示。

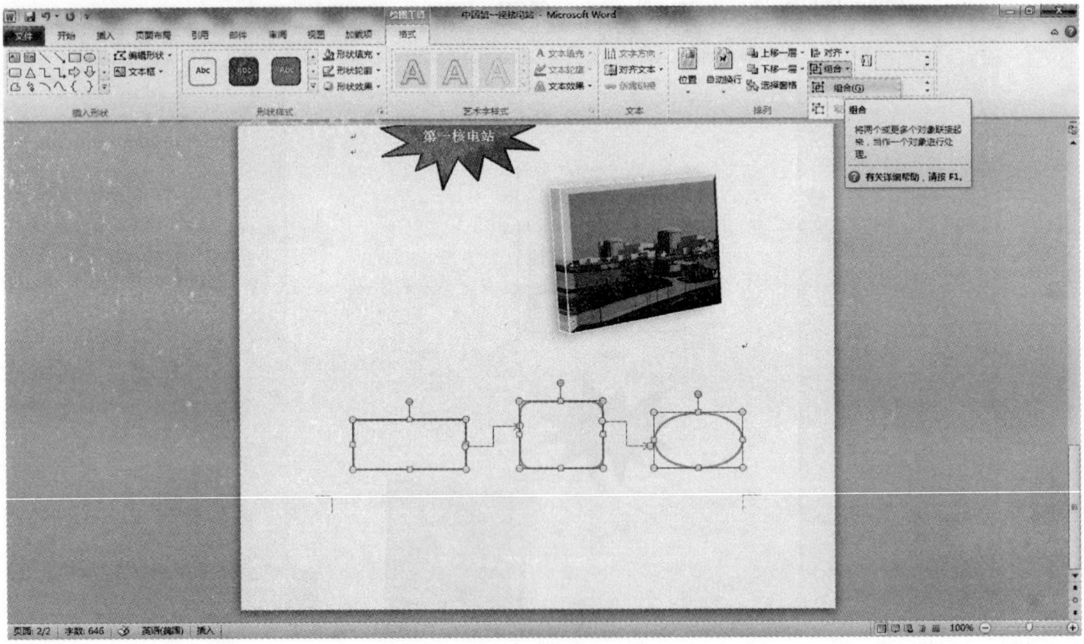

图 3-78　执行“组合”命令

任务四　插入艺术字——在秦山核电站简介中插入艺术字标题

★任务描述

1. 以艺术字形式为文档插入标题。
2. 编辑标题，使其更美观大方。

最终文件见\计算机基础\3 文字处理软件素材\项目五\中国第一座核电站（最终样文）.docx。

★任务实施

步骤 1：插入艺术字

为了美化文档，常常需要在文档中插入一些艺术字，实际上就是插入图片的一种。在 Word 文档中选中标题文本，在“插入”选项卡中单击“艺术字”按钮，在弹出的下拉列表中提供了多种艺术字样式，从中选择一种样式，然后输入文字即可，如图 3-79 所示。

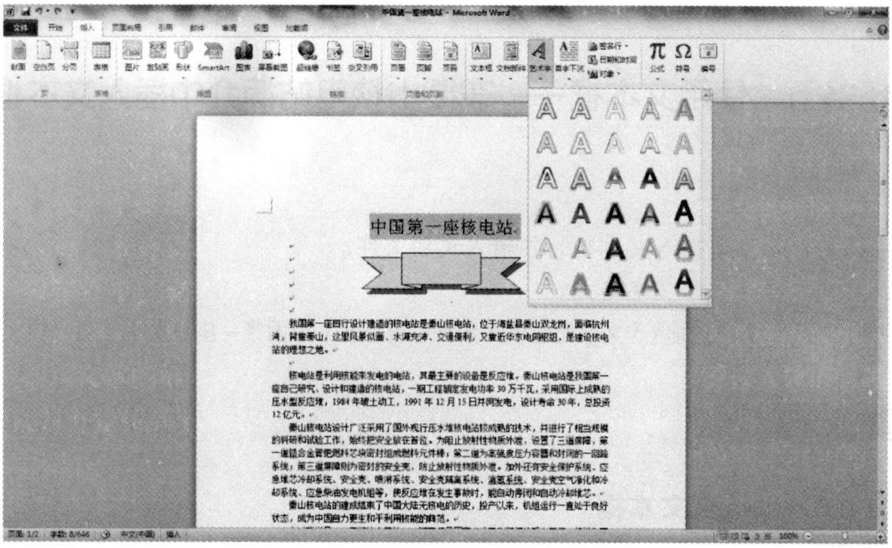

图 3-79　插入艺术字

步骤 2：编辑艺术字

输入艺术字后，也可以利用“格式”选项卡中的“艺术字样式”工具组中的工具对艺术字进行编辑，以达到更美观的效果。

（1）设置文本填充效果。单击“艺术字样式”工具组中的“文本填充”按钮，设置填充颜色、填充效果。

（2）设置文本轮廓样式。单击“艺术字样式”工具组中的“文本轮廓”按钮，设置轮廓颜色、粗细、虚实等。

（3）更改文本效果。单击“文本效果”按钮，在弹出的下拉列表中选择要改变的样式，如图 3-80 所示。

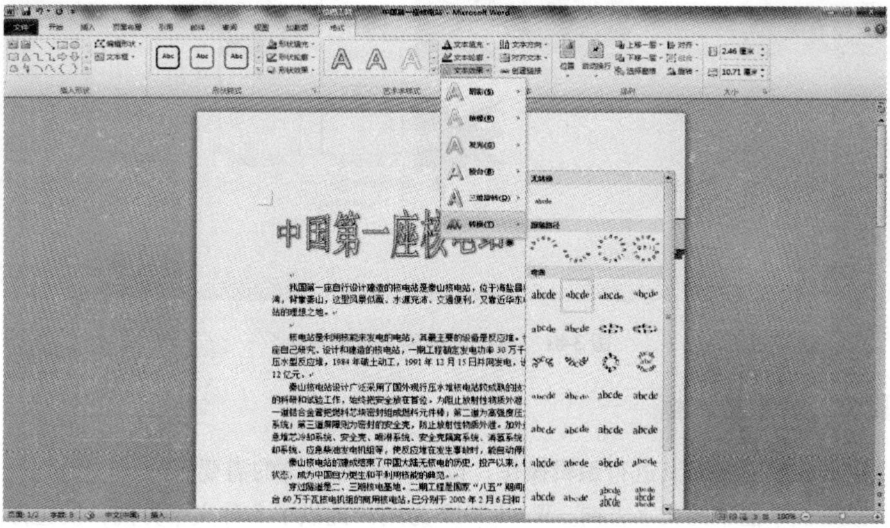

图 3-80　设置艺术字文本效果

任务五 使用文本框——在秦山核电站简介中插入文本框

★任务描述

1. 在文档图形旁边插入文本框，并输入说明文字。
2. 调整文本框样式和文字格式。

最终文件见\计算机基础\3文字处理软件素材\项目五\中国第一座核电站（最终样文）.docx。

★任务实施

步骤1：手动绘制文本框

如果内置样式的文本框不能满足排版需要，可以手动绘制空白的文本框，具体操作方法是单击“文本框”按钮，在弹出的列表中执行“绘制文本框”命令，如图3-81所示，按住鼠标左键拖动即可绘制文本框。

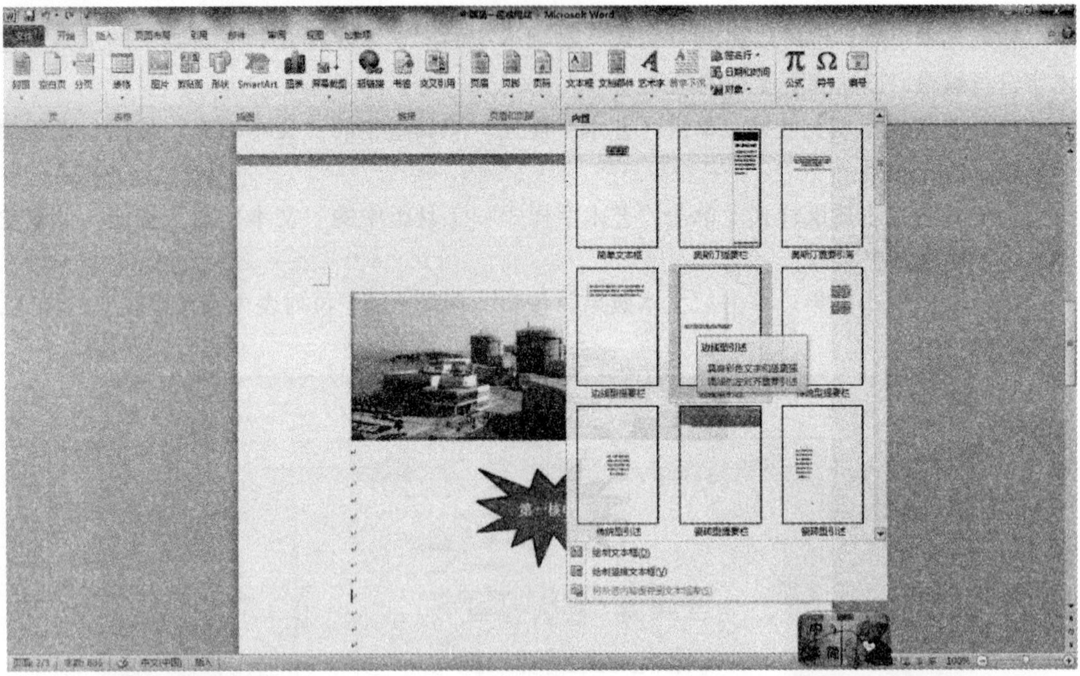

图3-81 执行“绘制文本框命令”

步骤2：编辑文本框

创建文本框后需要对其进行编辑操作，以满足图文混排的需要。

（1）设置文本框中的文字方向。Word 2010为用户提供了5种文字方向，设置方法是单击“文本”工具组中的“文本方向”按钮，在列表中选择相应的文字方向即可，如图3-82所示。

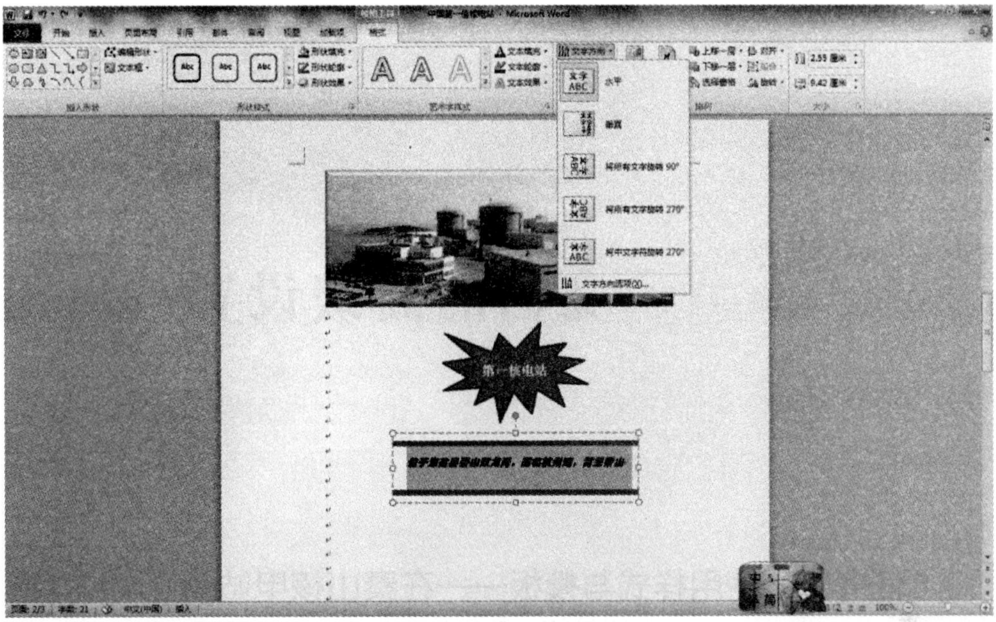

图 3-82　设置文本框内文字方向

（2）设置文本对齐方式。单击“形状样式”工具组中的“对齐文本”按钮，在弹出的列表中选择对齐方式即可。

（3）设置文本框形状。默认状态下，插入的文本框为横排或竖排的矩形，如果要更改其形状，只需要单击“插入形状”工具组中的“编辑形状”按钮，在列表中选择要改变的形状即可，如图 3-83 所示。

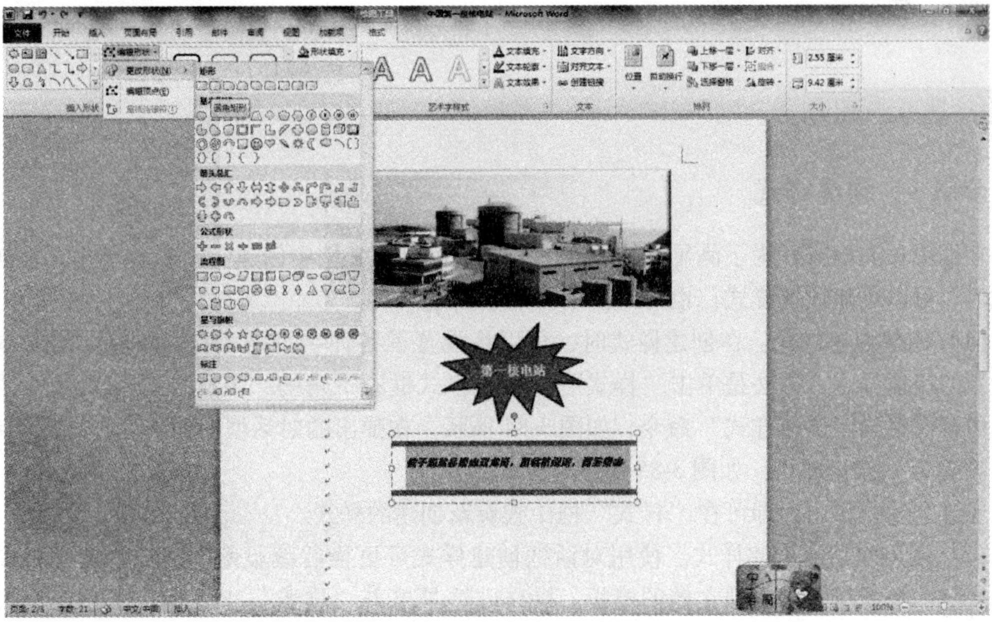

图 3-83　更改文本框形状

项目六

文档的高级设置与应用

任务一　使用样式与模板——在秦山核电站简介中使用样式与模板

★任务描述

样式是经过特殊打包的格式的集合，包括字体类型、字体大小、字体颜色、对齐方式、制表位和边距等。

1. 掌握样式的创建、使用、删除。
2. 根据样文创建并使用相应的样式于素材文件上。

最终文件见\计算机基础\3文字处理软件素材\项目六\中国第一座核电站（最终样文）.dotx。

★任务实施

步骤1：创建样式

在编辑长文档时，为了满足格式编排的需要，可以在文档中创建一个或多个样式。创建样式时，可以创建快速样式，也可以使用对话框创建样式。

（1）创建快速样式。在创建样式时，可以将设置了各种字符格式和段落格式的文本保存为新的快速样式，方法是单击“样式”工具组样式框右下角的“其他”按钮，执行“将所选内容保存为新快速样式”命令，如图3-84所示。在弹出的对话框中输入新样式的名称，单击“确定”按钮即可，如图3-85所示。

经过上述操作后，即可在“样式”框中查看新创建的样式。

（2）使用对话框创建样式。使用对话框创建样式可更换后续段落的样式、定义该样式的快捷键、把新样式复制到文档的模板。操作方法是单击“样式”工具组右下角的样式对话框启动器，在弹出的“样式”面板中单击“新建样式”按钮，如图3-86所示。

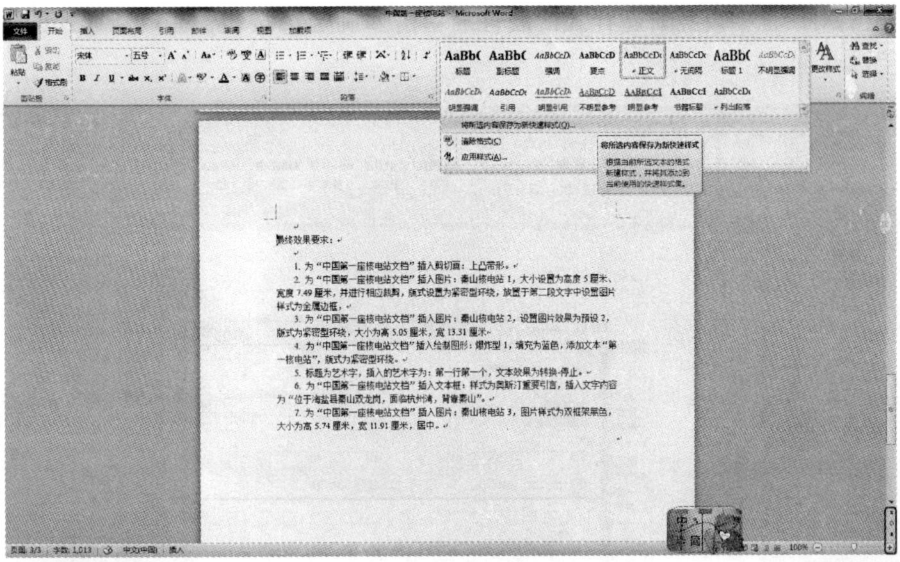

图 3-84　执行创建样式命令

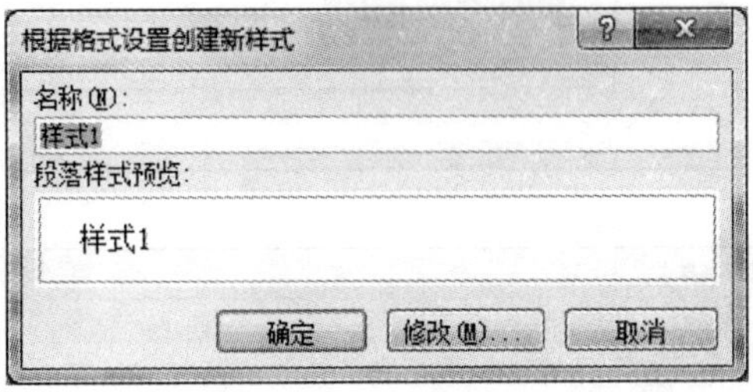

图 3-85　设置新样式名称

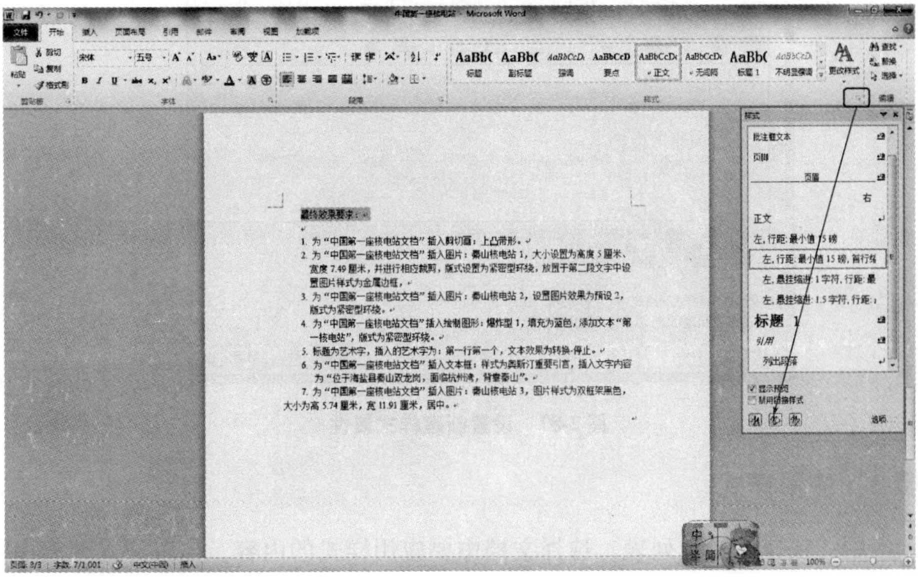

图 3-86　执行“新建样式”命令

在弹出的对话框中设置新建样式的属性后单击“确定”按钮，完成新样式的创建，如图 3-87所示。

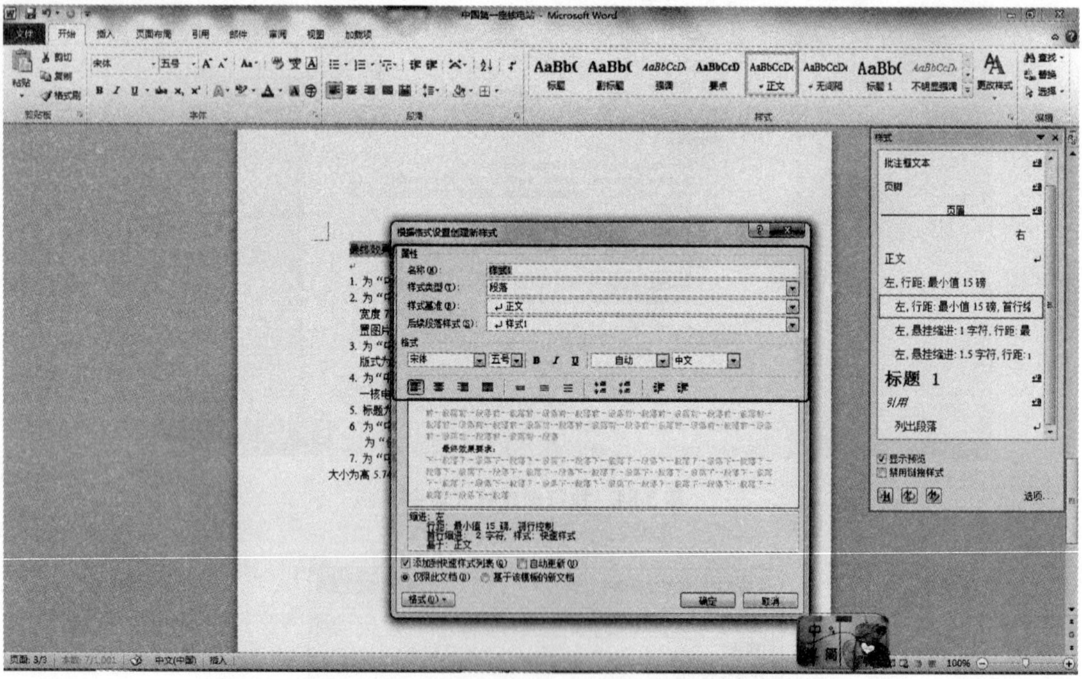

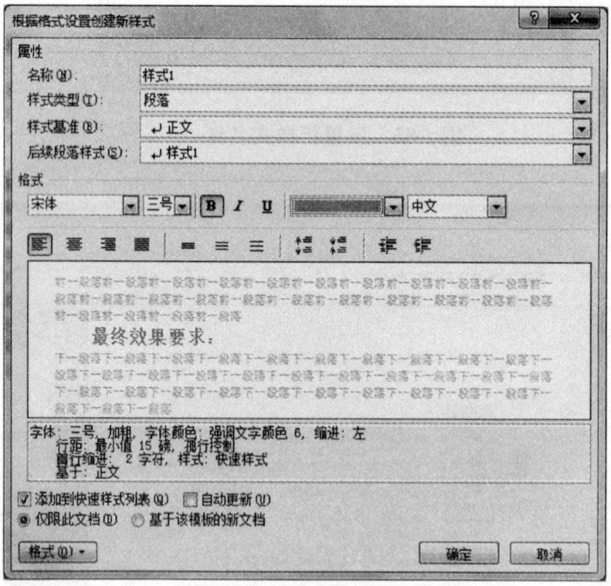

图 3-87　设置新建样式属性

步骤 2：使用样式

（1）使用“快速样式”列表。选择文档中要应用样式的内容，单击样式列表中需要应用的样式即可，如图 3-88 所示。

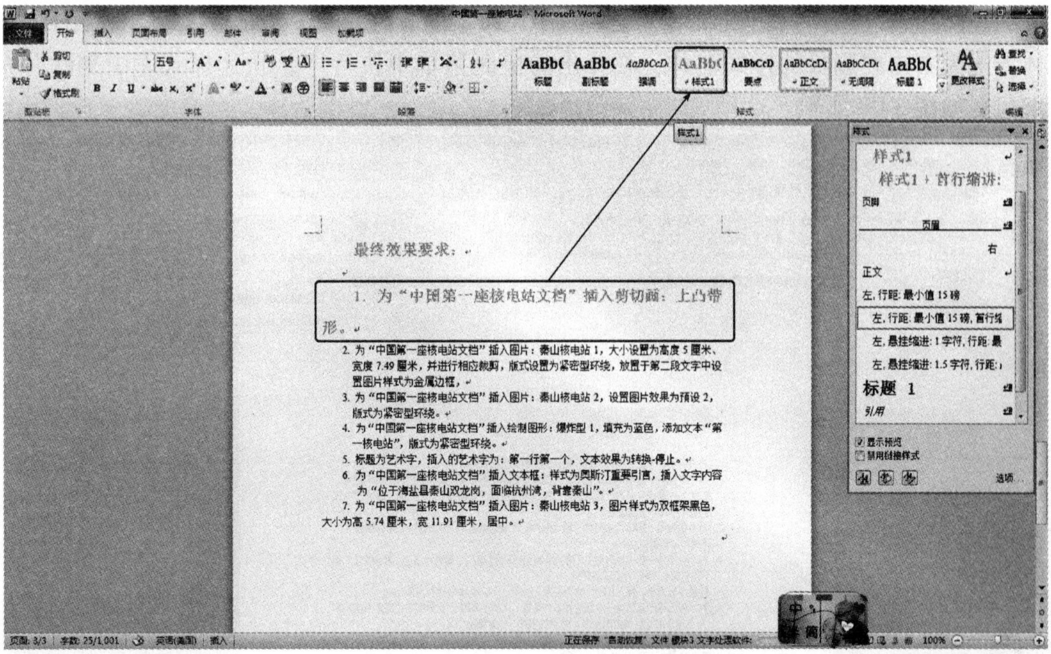

图 3-88　使用“快速样式”列表

（2）使用“样式”面板。单击“样式”工具组右下角的对话框启动器，在弹出的“样式”面板中选择要应用的样式即可。

（3）使用“样式集”。单击“样式”工具组中的“更改样式”按钮，在弹出的列表中选择“样式”中所列样式即可，如图 3-89 所示。

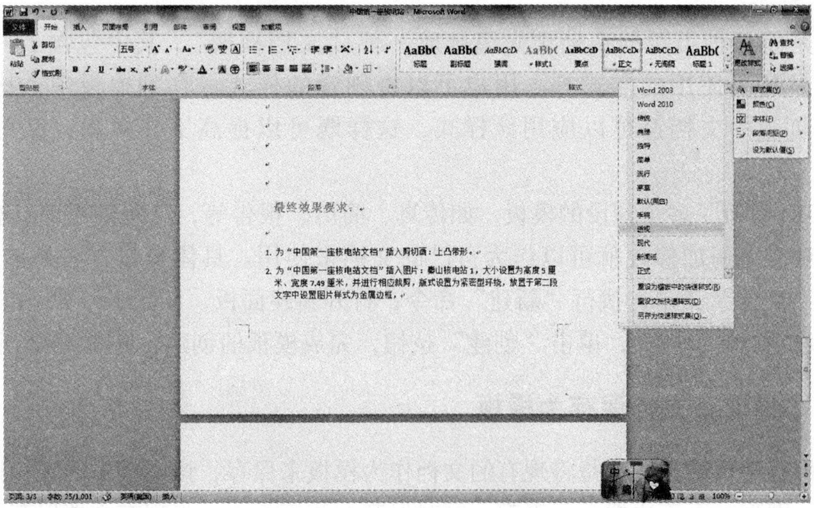

图 3-89　使用“样式集”

步骤 3：删除样式

当不需要某个样式时，可以在“样式”任务窗格中删除样式，文档中被删除的样式都将变为正文样式。用户只能删除用户设置的样式，不能删除 Word 自带的样式。删除样式的具体方法为右击要删除的样式名称，在弹出的快捷菜单中执行“从快速样式库中删除”命令即可，如图 3-90 所示。

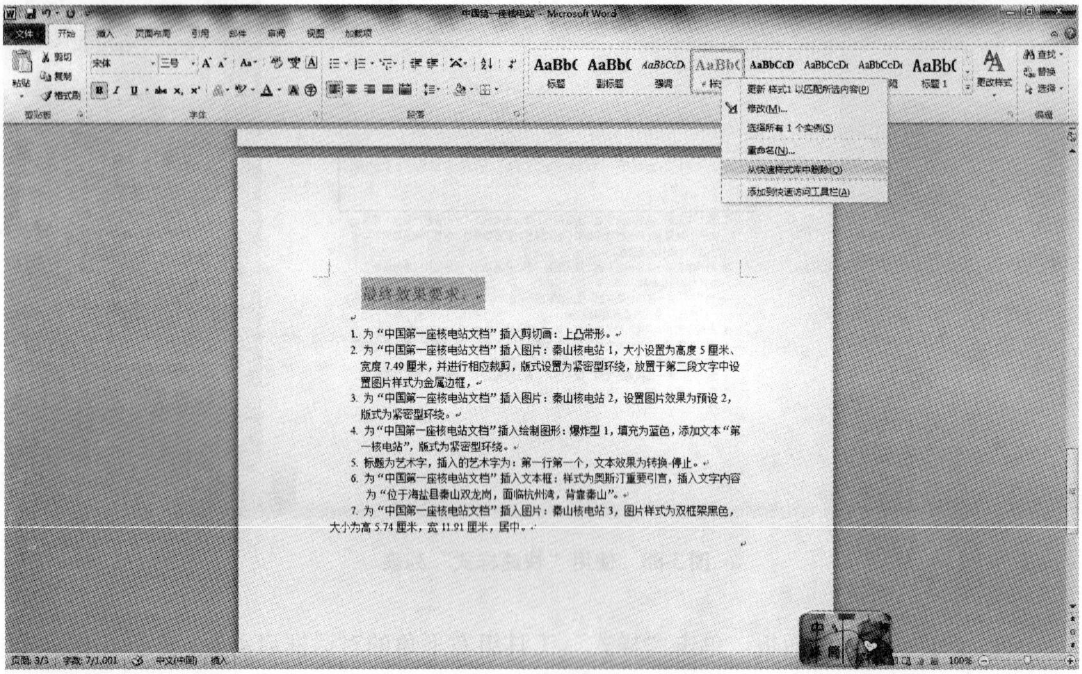

图 3-90　删除样式

步骤 4：模板的应用

模板就是将各种类型的文档预先编排成一种“文档框架”，其中包含了一些固定的文字内容以及所要使用的样式等。用户可以将创建的样式保存到模板中，从而使所有使用该模板创建的文档都可以应用该样式，这样既可以提高工作效率，又可以统一文档风格。

Word 2010 自带了多个预设的模板，如传真、简历、报告等，这些模板都具有特定的格式，创建后对文字稍加修改就可以作为自己的文档来使用。具体操作方法是单击“文件”按钮，打开“文件”菜单，执行“新建”命令，打开新建面板，如图 3-91 所示。

单击列表中的模板类型，单击“创建”按钮，完成模板的创建，如图 3-92 所示。

步骤 5：将现有文档保存为模板

创建模板最简单的方法就是将现有的文档作为模板来保存，该文档中的字符样式、段落样式、表格、图形、页面边框等元素都会同时保存在该模板中。将现有文档保存为模板的操作方法是单击“文件”按钮，打开“文件”菜单，执行“另存为”命令，在弹出的“另存为”对话框中输入要保存的模板名称，并将“保存类型”设置为“Word 模板”，然后单击“保存”按钮即可，如图 3-93 所示。

图 3-91　新建文档

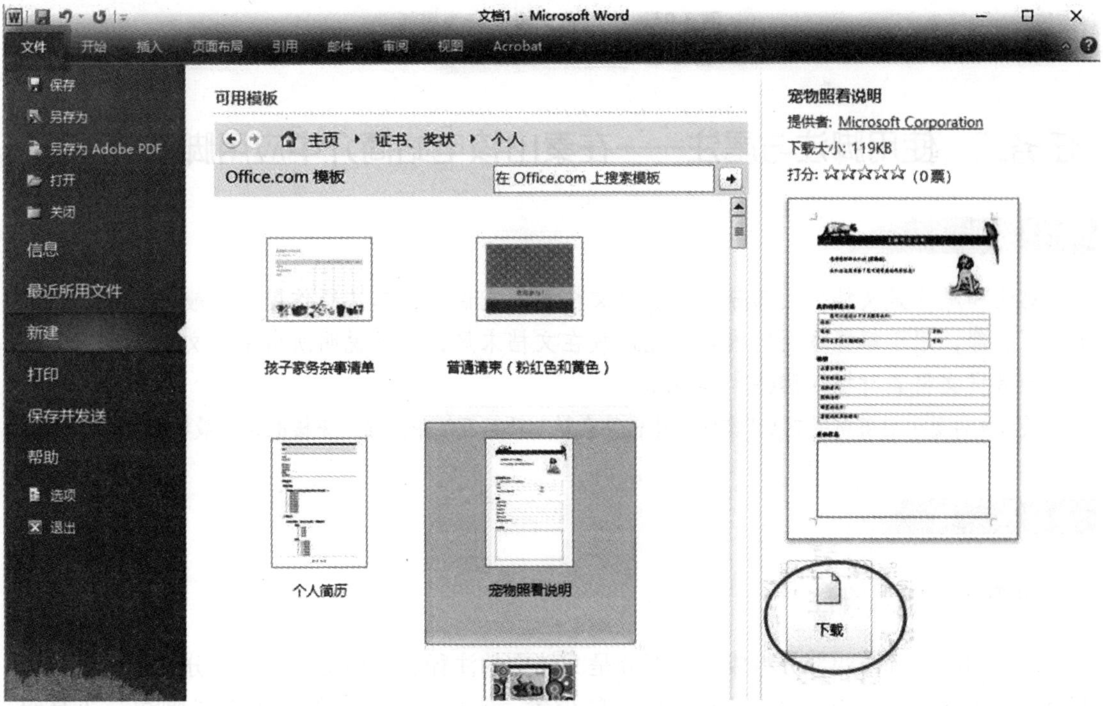

图 3-92　选择模板

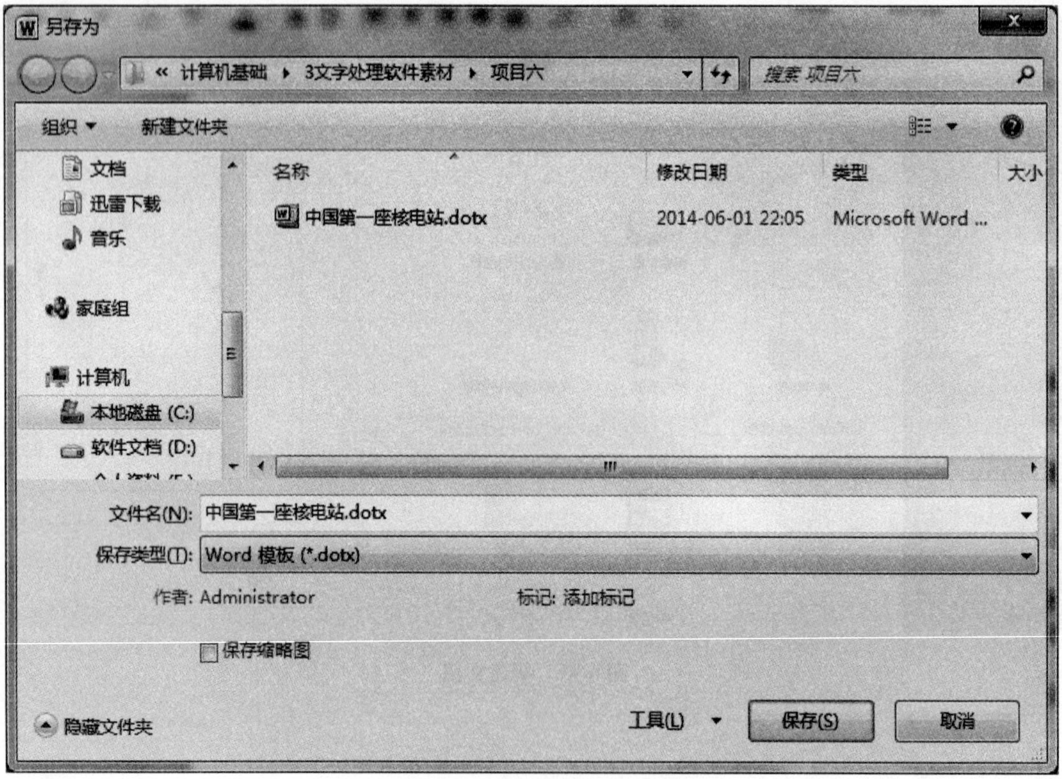

图 3-93　将现有文档保存为模板

任务二　使用脚注与尾注——在秦山核电站简介中应用脚注与尾注

★任务描述

脚注和尾注是文档的一部分，用于对文档的补充说明，起注释作用。一般来说，脚注放在本页底部，用于解释本页的内容，尾注放在文档末尾，用于说明所引用的文献来源。

参考样文将素材插入脚注、尾注。

最终文件见\计算机基础\3文字处理软件素材\项目五\中国第一座核电站（最终样文）.docx。

★任务实施

步骤1：插入脚注

脚注和尾注都由两部分组成：一部分是文档中的注释引用标记，另一部分是注释的具体内容。插入脚注的方法是单击要插入脚注的位置，定位插入点，然后单击“脚注”工具组中的“插入脚注”按钮，在页面底端输入脚注文字即可，如图3-94所示。

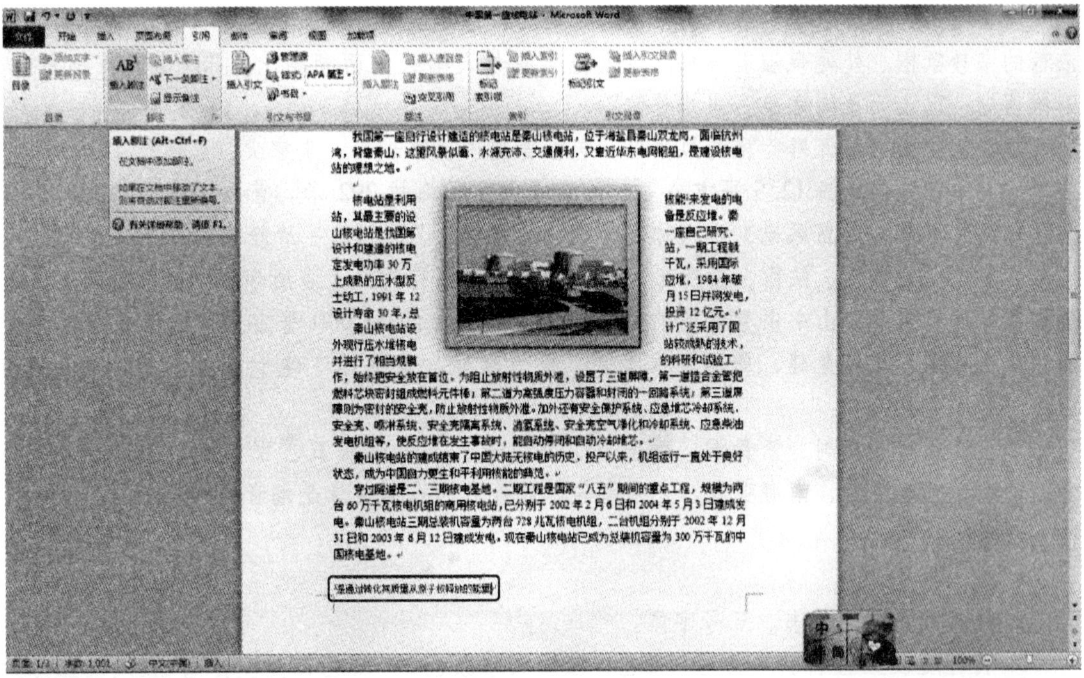

图 3-94　插入脚注

步骤 2：插入尾注

插入尾注的方法与插入脚注的方法类似，不再详述。

练　习

一、填空题

1. 在 Word 2010 中，给图片或图像插入题注是选择功能区中的________命令。

2. 在“插入”功能区的“符号”组中，可以插入________、“符号”和编号等。

3. 在 Word 2010 中，进行各种文本、图形、公式、批注等搜索可以通过________来实现。

4. 在 Word 2010 中插入表格后，会出现“________”选项卡，对表格进行“设计”和“布局”的操作设置。

二、操作题

普陀山简介

普陀山，最早因海市蜃楼而闻名。远古时候，人们发现幻境般的仙岛位于虚无缥缈的大海中，于是下海找寻，发现了舟山群岛。普陀山是舟山群岛的一个小岛，位于钱塘江口、舟山群岛东南部海域，金沙绵亘，景色优美，气候宜人。

佛教认为普陀山是观音菩萨的道场。因此，普陀山和五台山、峨眉山、九华山一起，被尊为四大佛教名山。岛上最盛时有 82 座寺庵，128 处茅棚，僧尼达 4 000 余人。每年农历二月十九、六月十九和九月十九是观音菩萨朝拜日，来自国内和国外的佛教徒很多，成为中国佛教最大的国际性道场。

在普陀山，你可以看到海风怒号、海浪翻腾，却不会有惊涛骇浪之感；你还可以感受到浓郁的宗教氛围、处处飘溢着神秘。古人把普陀与人间天堂西湖相比，“以山而兼湖之胜，则推西湖；以山而兼海之胜，当推普陀”。

现在普陀山已经开辟为旅游风景区，包括普陀山、洛迦山、朱家尖，总面积41.95平方公里。其中普陀山本岛12.5平方公里，最高峰佛顶山海拔292米。普陀山既有悠久的佛教文化，又有丰富的海岛风光，古人称之为“海天佛国”“人间第一清静境”。

寺庙景点为普济、法雨、慧济三大寺，这是现今保存的二十多所寺庵中最大的三座。普济禅寺始建于宋，为山中供奉观音的主刹，建筑总面积约11 000平方米。法雨禅寺始建于明，依山凭险，层层叠建，周围古木参天，极为幽静。慧济禅寺建于佛顶山上，又名佛顶山寺。

著名景点有潮音洞、梵音洞、朝阳洞、磐陀石、二龟听法石、百步沙、千步沙、普济寺、法雨寺、慧济寺、南海观音、大乘庵等。最著名的石洞胜景是潮音洞和梵音洞。

任务：

1. 录入样文。
2. 将标题设置为隶书、三号字体。
3. 将标题设置艺术字“填充－褐色，强调文字颜色2，暖色粗糙棱台”，版式设置为紧密型环绕。
4. 将全文设置为宋体四号，行距设置为25磅。
5. 为文章插入图片PTS（习题素材），自由调整位于文章的中间，版式设置为四周型环绕。
6. 为文章插入页眉页脚：“普陀山好风光”，字体设置为华文新魏，小五号。

模块四　表格处理软件——Excel 2010

Excel 2010 的功能不仅是制作表格，最重要的是具有强大的数据分析处理以及数据可视化功能。其广泛运用在财务、金融、生产管理、市场营销等众多领域中，为决策提供数据辅助和支持。

项目一

Excel 的基本操作

任务一　在单元格中输入数据——制作超市销售表

★任务描述

1. 新建一个工作表，表名为“西西超市销售统计表”。
2. 在表中输入文本和数据。
3. 增加标题栏“上半年销售统计”，并设置为居中对齐。

最终文件见\计算机基础\4表格处理软件素材\项目一\西西超市销售统计表.xlsx。

★任务实施

步骤1：管理工作簿中的工作表

工作簿由工作表组成，当用户新建工作簿后，可以根据需要对工作表进行操作，如新建和删除、重命名、移动和复制、隐藏和显示等。

1. 插入和删除工作表

启动 Excel 2010 后，默认的工作表有3张（Sheet1、Sheet2、Sheet3），用户可以根据需要手动添加或删除工作表，也可以实现预设新工作簿中的工作表数。

（1）插入工作表。单击工作表标签右侧的“插入工作表”按钮，可实现快速插入，如图4-1所示。

另一种插入工作表的方法是在工作表标签上右击，在弹出的快捷菜单中执行“插入”命令，如图4-2所示，在弹出的对话框中选择“工作表”后单击“确定”按钮，即可插入新的工作表。

（2）删除工作表。删除工作表时，该工作表中的内容也会被同时删除。删除工作表的具体操作是，右击要删除的工作表标签，单击快捷菜单中的“删除”命令，如图4-2所示。

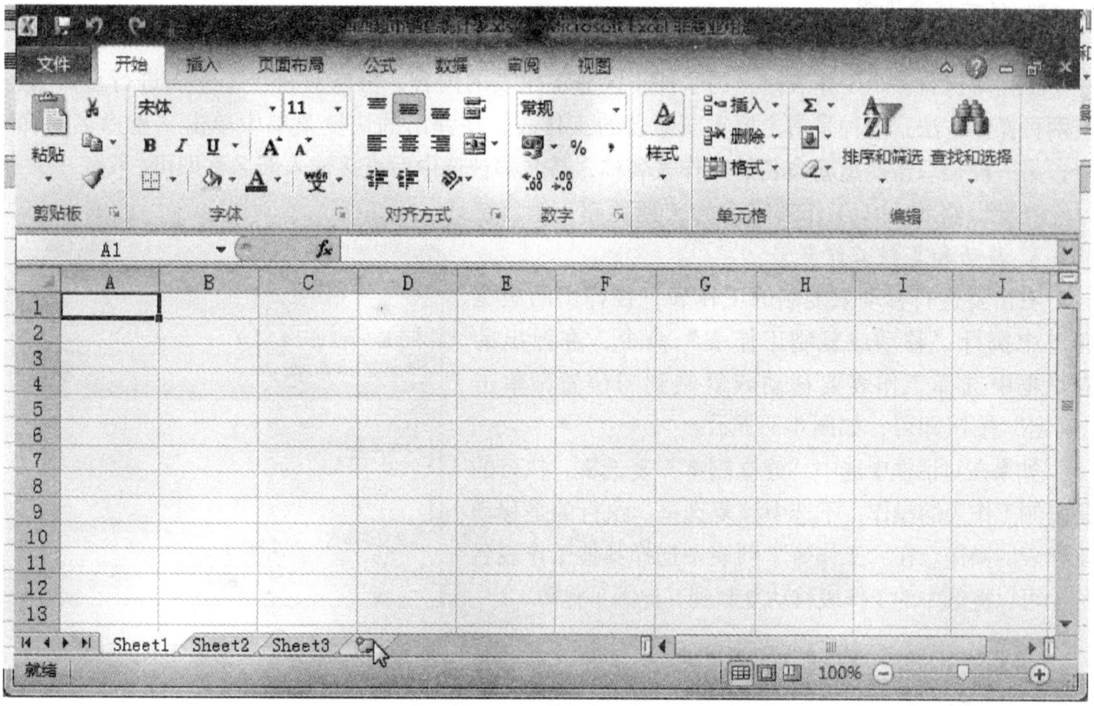

图 4-1　插入新的工作表

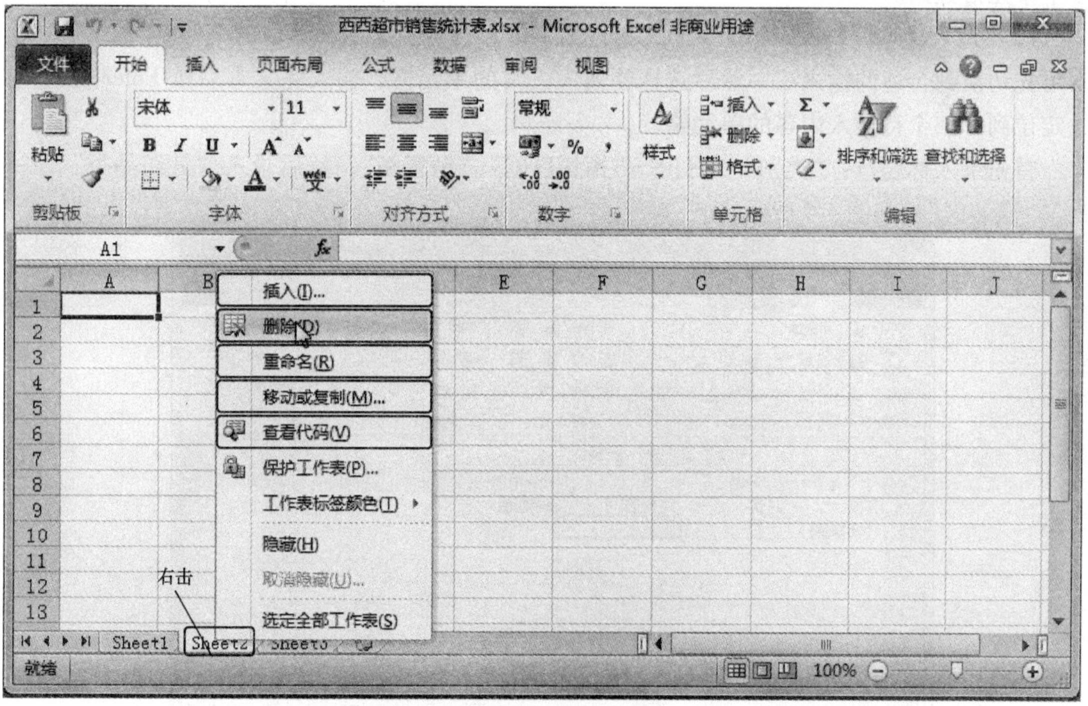

图 4-2　对工作表的操作

2. 为工作表命名

Excel 2010 在建立一个新的工作簿时，工作表以 Sheet1、Sheet2、Sheet3…的方式命名，当一个工作簿包含多个工作表时，为了便于区分工作表的内容，可以对每个工作表进行重命名，有两种操作方法：一种是右击要重新命名的工作表，在弹出的快捷菜单中单击“重命名”命令；另一种是双击要重新命名的工作表名称，待名称被选中后直接输入新名称即可。

在此，将 Sheet1 工作表名改为“西西超市销售统计”。

3. 移动和复制工作表

右击要进行移动或复制的工作表，在弹出的快捷菜单中执行“移动或复制工作表”命令，在弹出的对话框中选择工作表要移动或复制到的位置，单击“确定”按钮即可，如图 4-3 所示。

如果在对话框中选中“建立副本”复选框，执行的是复制工作表的操作；不选中该复选框，执行的是移动工作表的操作。在“工作簿”列表中选择其他工作表名称，可以将选中的工作表移动复制到其他的工作簿。

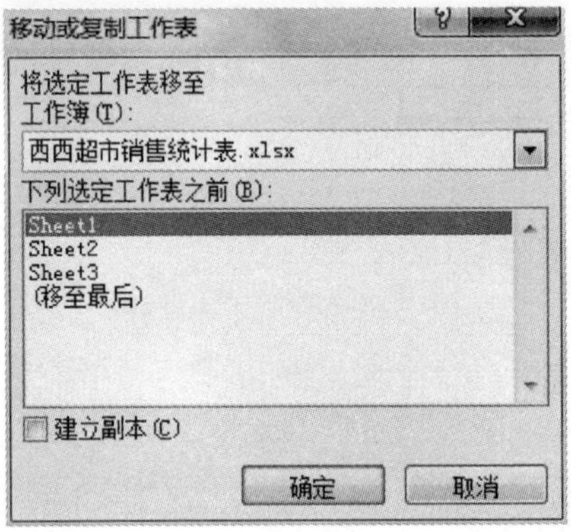

图 4-3 “移动或复制工作表”对话框

步骤 2：输入数据

（1）选择单元格。Excel 2010 的活动单元格只有一个，要在单元格中录入数据，首先应该使其成为活动单元格。单击要选择的单元格或按住鼠标左键拖动，可以选择单个单元格或多个单元格数据。

（2）录入文本。Excel 2010 中的文本包括字母、符号、汉字和其他的一些字符。录入文本可先切换到合适的输入法，然后选择要输入文本的单元格，输入完文本后按 Enter 键确认并定位到下一个待输入内容的单元格。

首先录入标题行：“类别”“月份”“销售区间”“销售额”，然后录入“针纺品类”“一月”“服装区”，如图 4-4 所示。

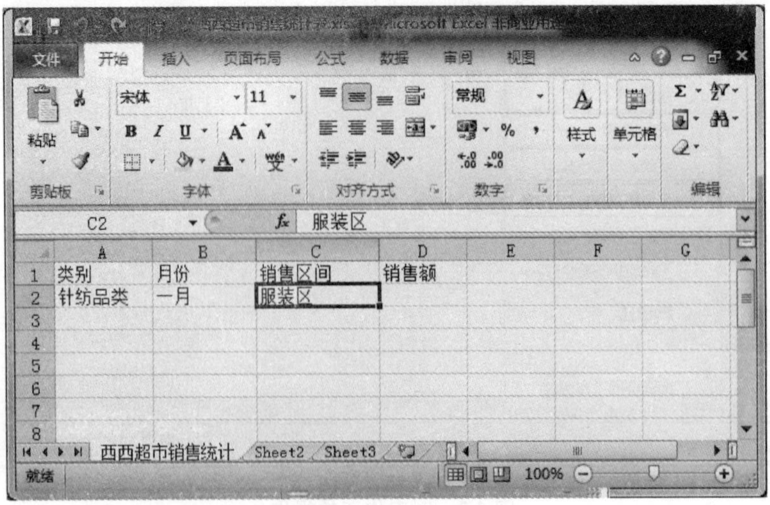

图 4-4 录入数据

★知识链接

默认情况下，当在单元格中输入大段文字时，输入的文字是以程序的窗口宽度进行显示的，也就是说，文字不会自动换行，只有文字的长度达到右侧窗口才会换到下一行，这样的单元格看起来非常不美观。为了使表格看起来美观并符合要求，可以将单元格设置为“自动换行”的格式。单击放置大段文本的单元格，单击“开始”选项卡“单元格”工具组中的“格式”按钮，在弹出的下拉列表中执行“设置单元格格式”命令，在弹出的“设置单元格格式”对话框中，选择“对齐”选项卡中的“自动换行”按钮即可。

（3）录入数据。这里需要录入的是统计表中的销售额，即由 0 ~ 9 组成的数值。录入方法是选择要输入文本的单元格，通过数字小键盘或主键盘区上的数字键输入数值；输入完后按 Enter 键确认并定位到下一个待输入内容的单元格。

★知识链接

在 Excel 2010 中录入全部由数值组成的文本型数据时（如身份证号码、电话号码），不能按照常规的方法录入，而是应该先输入一个英文状态下的单引号，再输入数值。输入数据后，在单元格的左上角会显示绿色标记。

文本型数值数据和数值型数据在单元格中的水平对齐方式有明显区别，默认情况下，文本型数据在单元格中左对齐，而数值型数据为右对齐，如果数据过大，会自动以科学计数法进行显示。

步骤 3：快速填充数据

（1）复制填充数据。如果要在连续的单元格区域内输入相同的内容，可以使用鼠标拖动自动填充柄来填充数据。“自动填充柄”是 Excel 中快速输入和复制数据的重要工具，当鼠标指针位于单元格右下角时，鼠标指针会呈“＋”，此时拖动鼠标向上下左右都可以快速填充数据。

这里首先填充“针纺织品类”，如图 4-5 所示。

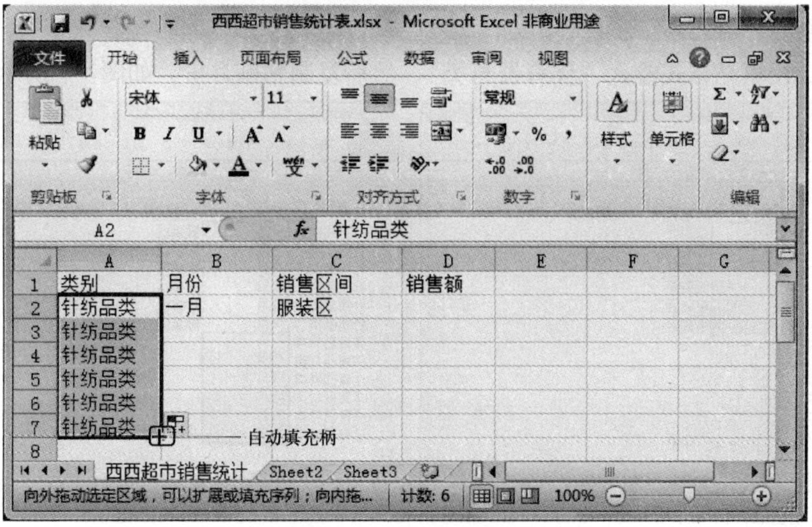

图 4-5　填充数据

用同样的方法填充“服装区”。

（2）使用填充柄填充“序列”。在 Excel 中，“序列”是指一些有规律的数字，如文本中的日期系列，数字系列中的数值系列。同复制填充数据相同，都是通过拖动填充柄实现。

这里填充销售的月份，使其自然增加，如图 4-6 所示。

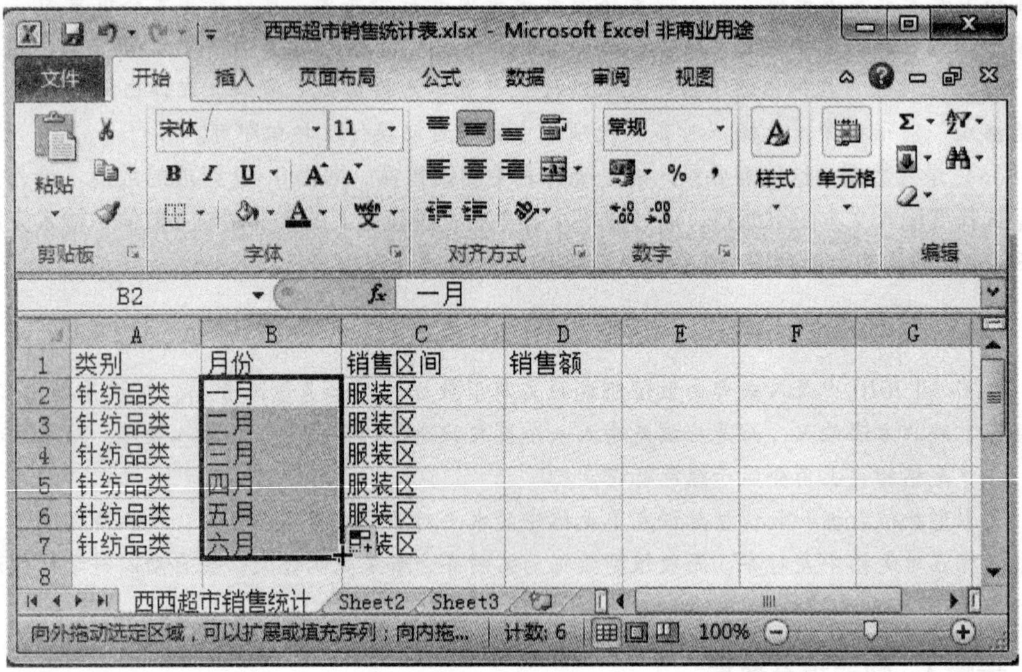

图 4-6　填充序列

步骤 4：复制、移动、删除数据

拖动鼠标选择要进行复制的单元格区域，然后按 Ctrl + C 快捷键（或单击“开始”选项卡“剪贴板”工具组中的“复制”按钮），再单击存储数据的目标位置，按 Ctrl + V 快捷键即可实现复制。

本例中，用填充方式输入“体育器材类”，然后复制粘贴月份，如图 4-7 所示。

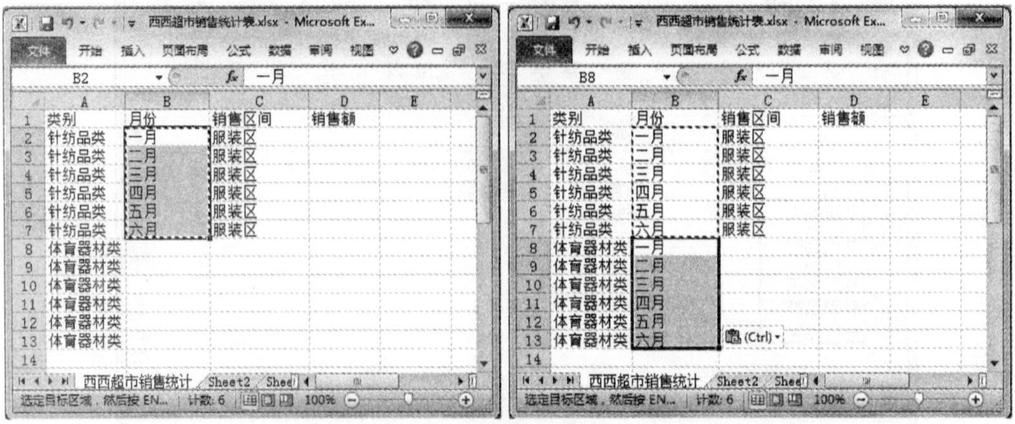

图 4-7　复制粘贴数据

移动数据的操作方式与复制数据的方式类似，只不过移动数据使用的是“剪切”命令。删除单元格数据只需要先选择要删除数据的单元格，然后按 Delete 键即可。

步骤 5：查找和替换数据

Excel 2010 具有与 Word 2010 同样的查找与替换数据的功能，此功能可以对表格中的数据进行统一的修改，起到节约时间和避免遗漏数据的作用。

步骤 6：编辑单元格

（1）插入和删除单元格。如果需要插入或删除单元格，首先将该单元格选中，然后右击，在弹出的下拉菜单中执行“插入”或“删除”命令，在弹出的对话框中进行相应的设置即可。

（2）插入行或列。选中要插入位置的行或列后单击右键，在弹出的快捷菜单中执行“插入”命令即可。

这里在标题行上插入一行，如图 4-8 所示。

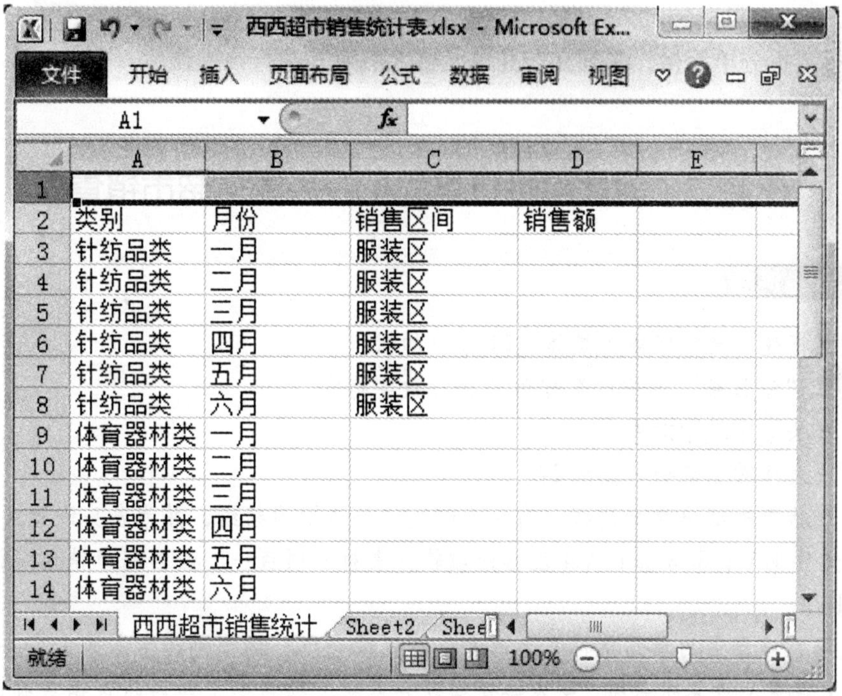

图 4-8　插入行

★知识链接

当选择多行或多列进行插入时，插入的行列数与选择的行列数一致。

步骤 7：合并和拆分单元格

在输入数据的过程中，碰到输入标题等内容时需要合并单元格以突显标题的重要性，在“开始”选项卡中单击“合并后居中”旁的下三角，在其下拉列表中包括 4 种合并或拆分单元格的选项，即合并后居中、跨越居中、合并单元格和取消合并单元格。这里为了突显标题，选中 A1：D1 单元格，然后选择“合并后居中”，效果如图 4-9 所示。

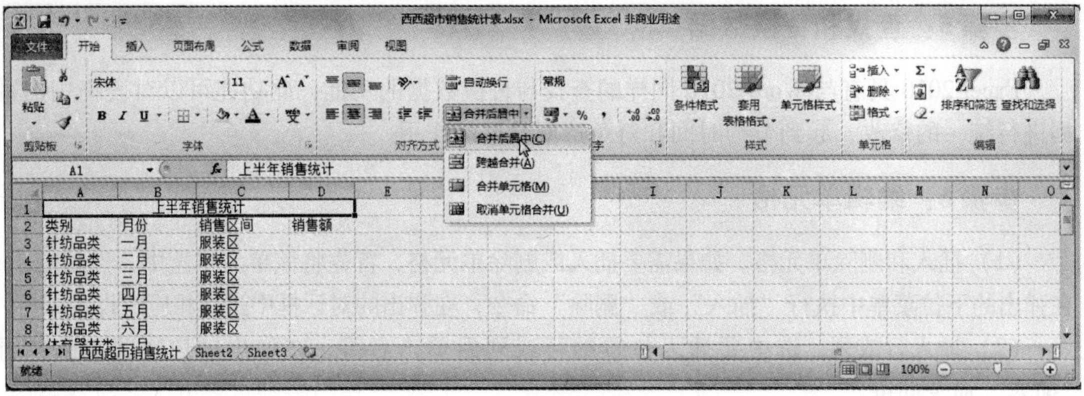

图 4-9 合并单元格

如果想要拆分单元格，必须在合并单元格之后对其进行该操作。

任务二 对表格进行格式化——美化超市销售表

★任务描述

1. 设置标题栏文字字体为黑体、24 号、加粗。
2. 设置“销售额”列中的数据为“会计数字格式”。
3. 使表头文字居中对齐。
4. 设置表格数据部分行高为 24。
5. 为表格数据部分添加边框，内线为细线，外边框为粗线，并为表头设置灰色底纹。

最终文件见\计算机基础\4 表格处理软件素材\项目一\西西超市销售统计表（设置格式）.xlsx。

6. 使用系统自带的单元格样式为单元格设置填充色、边框色和字体格式等。

最终文件见\计算机基础\4 表格处理软件素材\项目一\西西超市销售统计表（套用格式）.xlsx。

★任务实施

步骤 1：设置字体格式

在“开始”选项卡的“字体”工具组中包含了字体格式设置的基本按钮，使用这些工具按钮即可对表格中的文字进行设置，方法与 Word 中字体的设置方法一致。

这里将标题设置为黑体、24 号、加粗的格式，如图 4-10 所示。

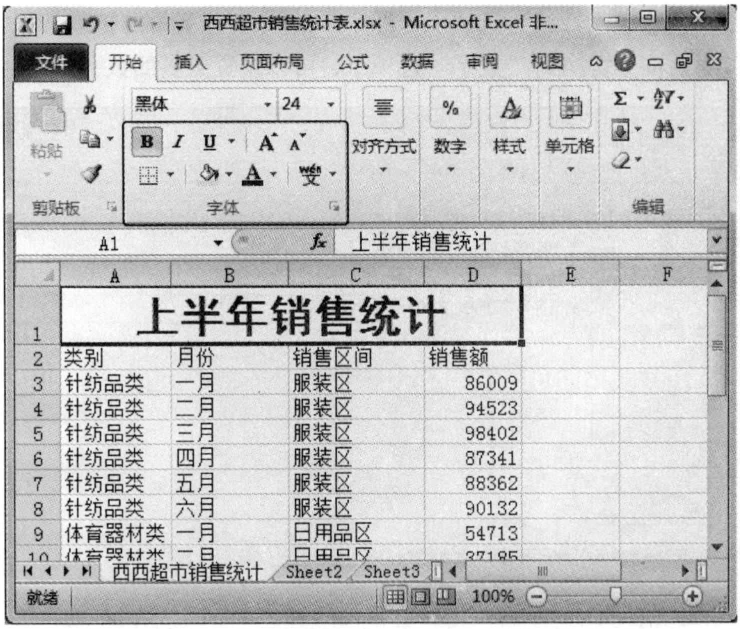

图 4-10　设置标题

步骤 2：设置数字格式

在日常工作中，尤其是在处理财务数据方面，常常需要用到精确度高的数值或会计专用形式等类型的数据，如添加货币符号、设置千位分隔符、百分比符号等。

这里将销售额设置为中文会计数字格式，具体操作方法是首先选中要设置格式的单元格，单击“开始”选项卡“数字”工具组中“会计数字格式”按钮，单击选择列表中的“中文（中国）”选项，最终效果如图 4-11 所示。

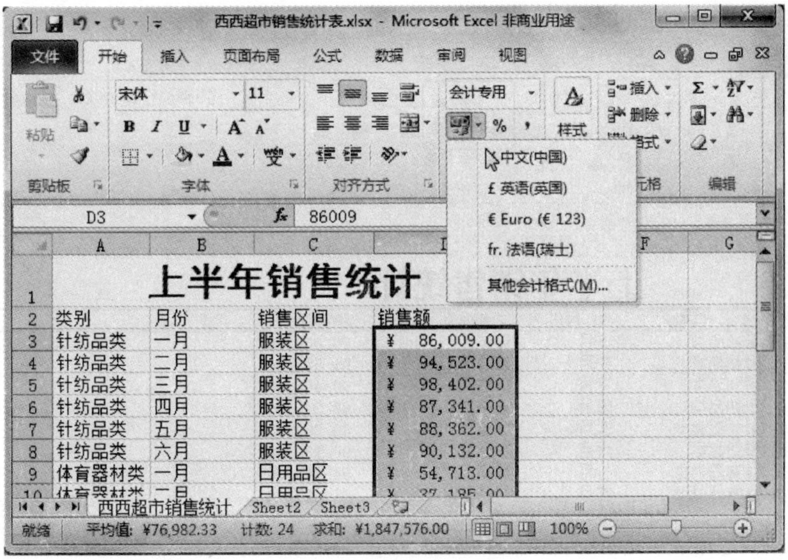

图 4-11　设置数字格式

选择单元格后，单击“开始”选项卡“数字”工具组右下角的扩展按钮，在弹出的“设置单元格格式”对话框中切换到“数字”选项卡，可以设置更多的数字格式，如图 4-12 所示。

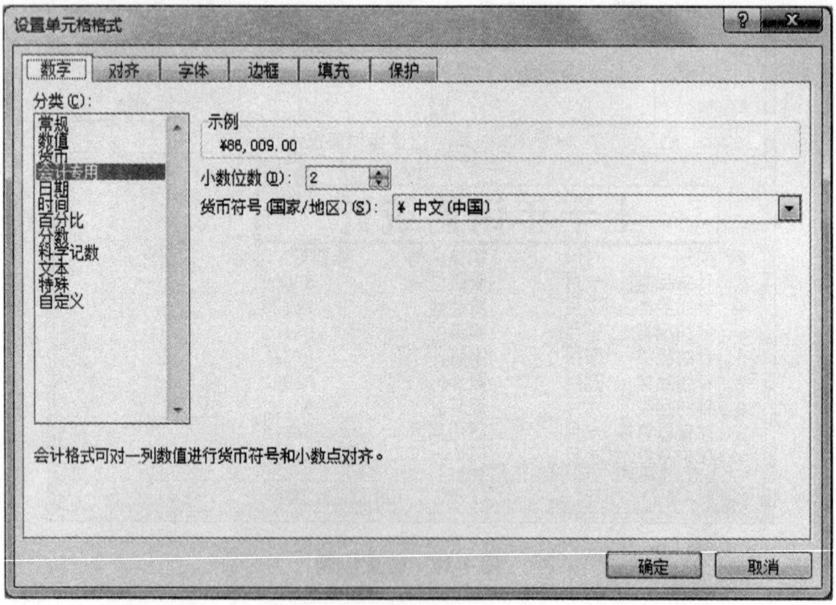

图 4-12　利用“设置单元格格式”对话框设置数字格式

步骤 3：设置对齐方式

在“开始”选项卡“对齐方式”工具组中包含了一些常用的对齐方式按钮，利用这些按钮可以直接为工作表的单元格设置对齐方式。以设置标题行居中为例，首先选中标题行，然后单击“对齐方式”工具组中的“居中对齐”按钮，可见标题文字在单元格中居中对齐，如图 4-13 所示。

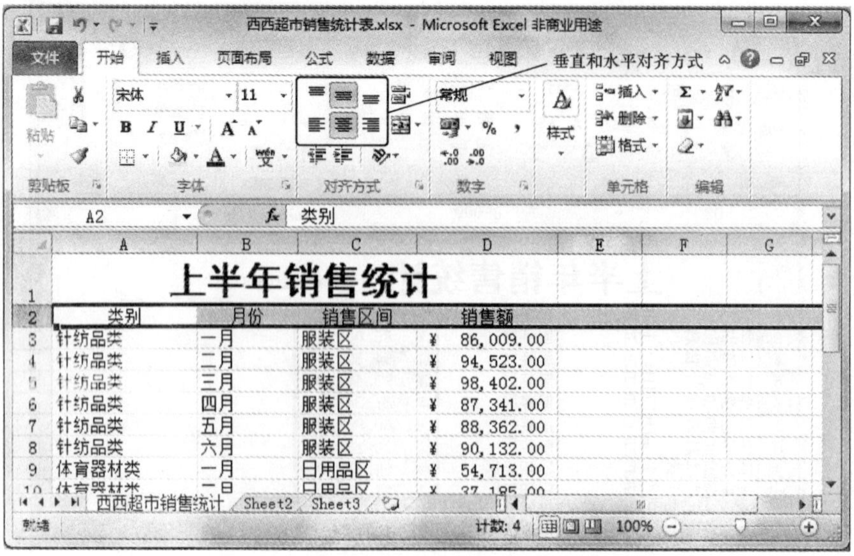

图 4-13　设置对齐方式

步骤 4：设置行高和列宽

（1）拖动鼠标调整。将鼠标指针指向要改变的行高（列宽）之间的分割线上，此时鼠标指针变成“‡”（或“⇹”）形状的双向箭头，按住鼠标左键不放上下（或左右）拖动，达到适合的位置后释放鼠标。

（2）自动调整。利用自动调整功能可以将行高或列宽设置为与单元格中内容相适应的大小，操作方法是单击“开始”选项卡“单元格”工具组中的“格式”按钮，单击列表中的“自动调整行高”或“自动调整列宽”按钮。

自动调整表中列的列宽，如图 4-14 所示。

图 4-14　自动调整列宽

（3）精确调整。选中需要精确调整的行或列，右击，在弹出的快捷菜单中选择“行高”或“列宽”，在弹出的对话框中设置具体值。

精确调整表中行的行高，使其行高均为 24，如图 4-15 所示。

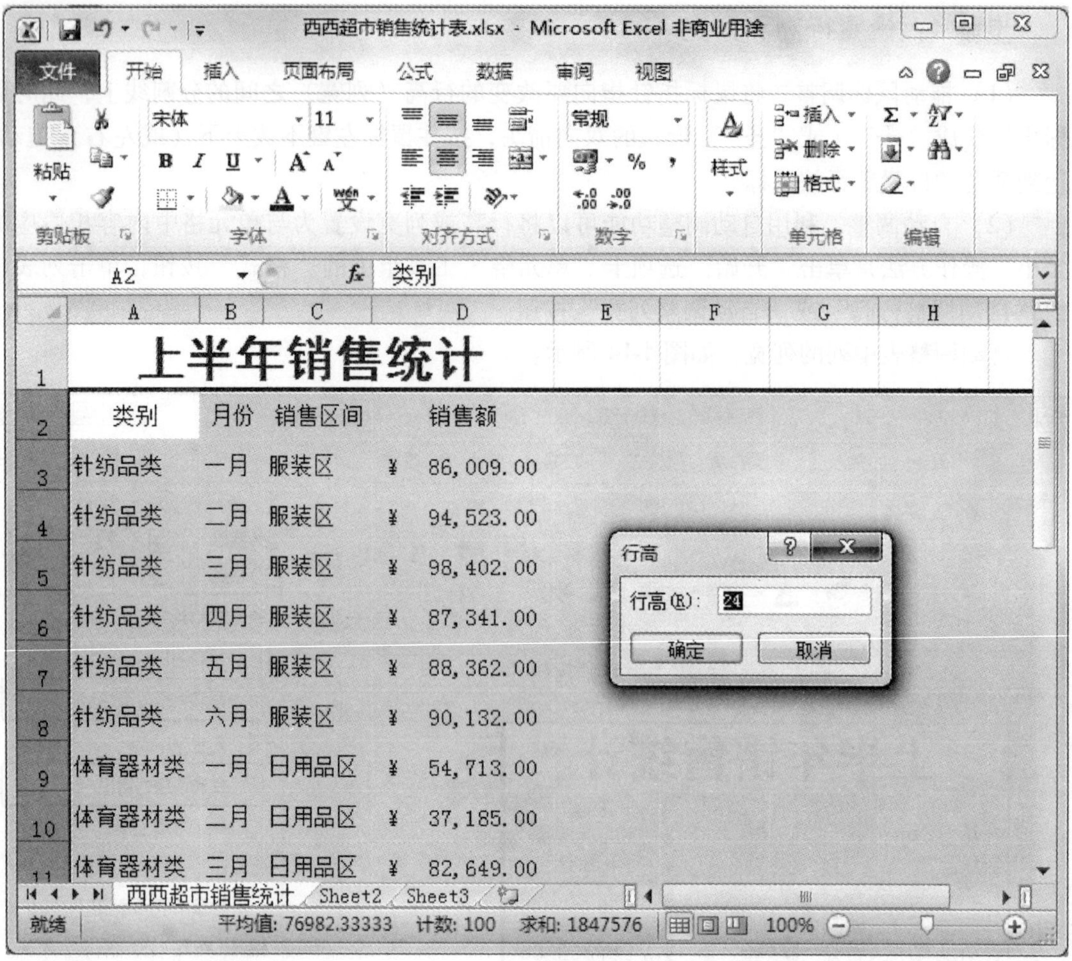

图 4-15 精确调整行高

步骤 5：添加边框和底纹

在 Excel 中，虽然能够看到表格框线，但这些框线是虚拟的，打印时并不会打印出来，如果要将表格的边框和数据一起打印出来，就需要为表格区域设置边框和底纹，这样既可以美化工作表，又能方便数据显示。

（1）添加边框。为表格数据部分添加粗外线边框、细内线边框，方法是选择要添加边框的表格范围后，打开“设置单元格格式”对话框，单击“边框”选项卡，单击线条样式列表中的“粗线”样式，再单击“预置”列表中的“外边框”按钮，单击线条样式列表中的“细线”样式，再单击“预置”列表中的“内部”按钮，如图 4-16 所示。单击“确定”按钮即可为单元格设置边框。

（2）添加底纹。如要为标题栏添加灰色底纹，首先选中标题栏，然后单击“开始”选项卡“字体”工具组中的“填充颜色”按钮，在弹出的列表中选择需要的颜色，单击“确定”按钮即可，如图 4-17 所示。也可使用“设置单元格格式”对话框中的“填充”选项卡为表格区域设置底纹。

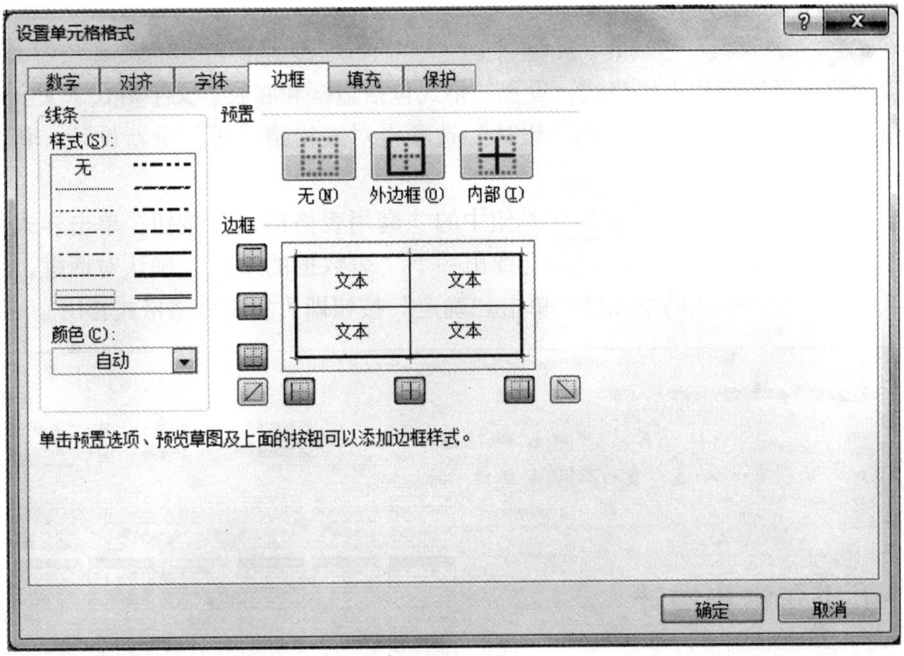

图 4-16　设置边框

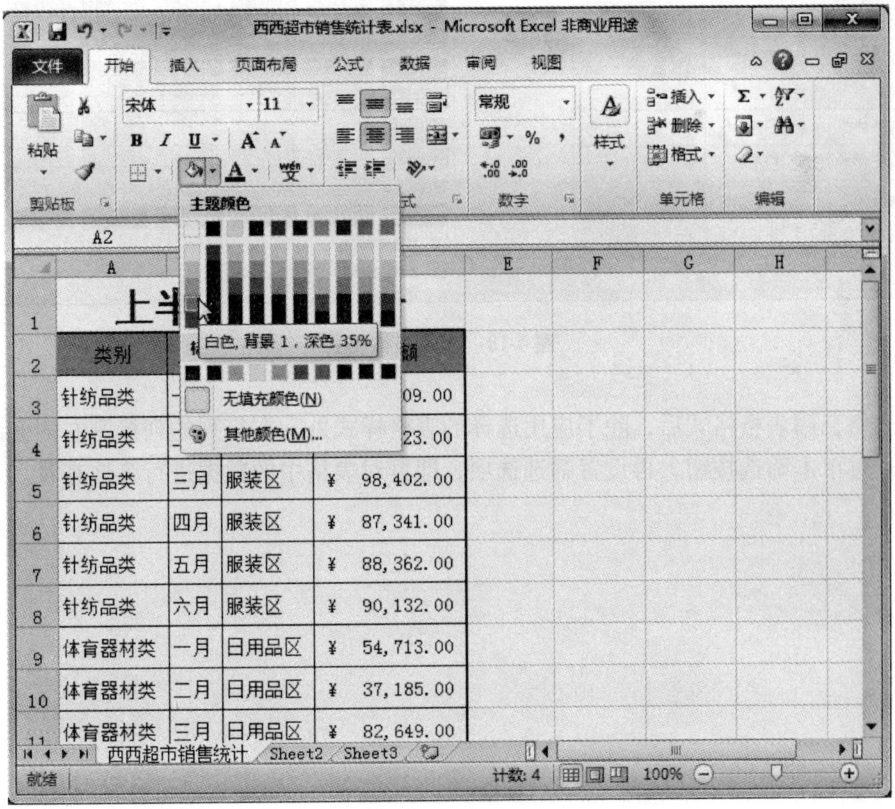

图 4-17　添加底纹

步骤 6：套用表格格式

可以为数据区域套用表格格式，设置的格式包括边框和底纹、文字格式、文字对齐方式等。还可以利用“表格工具”下的“设计”选项卡对表格格式进行重新设计。套用表格样式的操作方法如下：

单击“开始”选项卡“样式”工具组中的“套用表格格式”按钮，单击样式列表中需要的表格格式，如图 4-18 所示。此时会弹出一个“表数据的来源”确认对话框，同时在表中用虚线框起要套用格式的单元格。单击“确定”按钮即可实现表格格式套用。

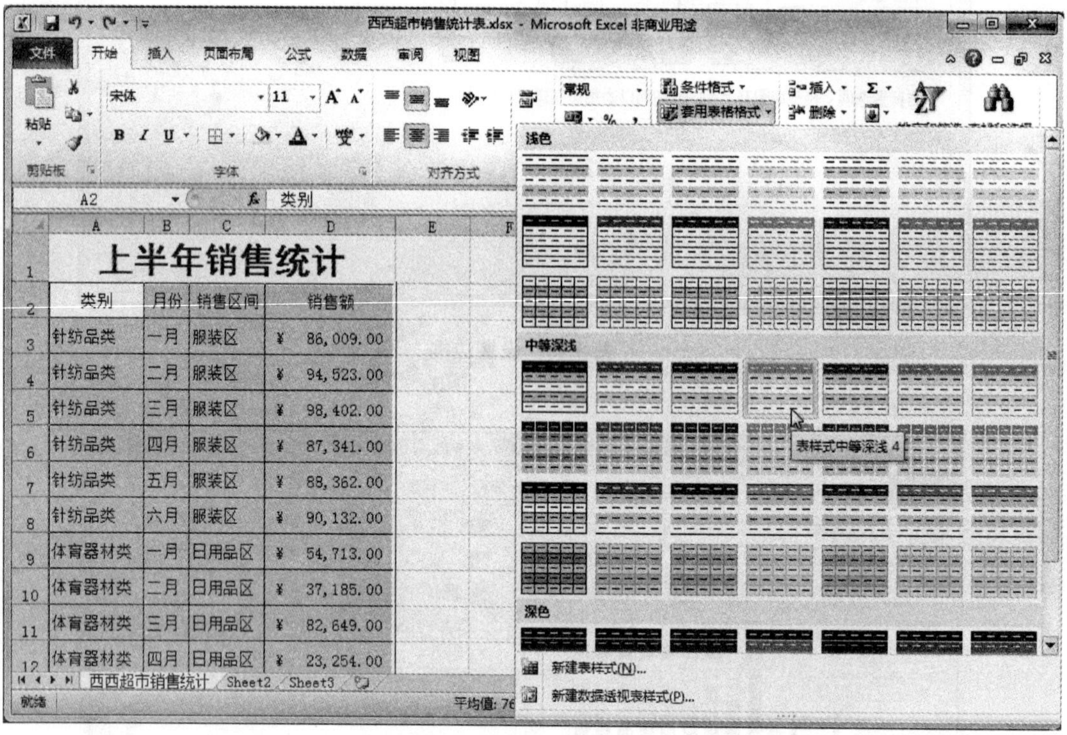

图 4-18　套用表格格式

为表格套用表格格式后，除了应用选择的表格样式外，在每列的列标题右侧会添加筛选按钮，通过单击筛选按钮，再设置筛选选项，即可对表格中的数据进行筛选查看。

项目二

数据计算——对超市销售表中的销售数据进行计算

任务一　使用公式计算数据

★任务描述

计算净销售额，即销售额减去退货额。

最终文件见\计算机基础\4 表格处理软件素材\项目二\西西超市销售统计表（公式）.xlsx。

★任务实施

步骤 1：认识公式

公式以等号“=”开头，例如，公式“=2+3*5”，表示 3 乘以 5 再加 2。

公式有表 4-1 所示的几种组成方式。

表 4-1　公式组成

公式组成	含　义
=10+20	公式由常数组成
=A1+B1	公式由单元格引用表达式组成
=A1+50	公式由常数和单元格组成
=SUM（100，200）	公式由函数及函数表达式组成

1. 运算符

运算符分为四种不同类型，分别为算数运算符、比较运算符、文本连接运算符和引用运算符。算数运算符可以完成基本的算数运算（如加法、减法或乘除法）、合并数字以及生成数值结果；比较运算符可以比较两个值的大小，结果为逻辑值 TRUE 或 FALSE；文本连接运算符使用与号（&）连接一个或多个文本字符串，以生成一段文本；引用运算符可以对单元格区域进行合并计算。

Excel 2010 中的算术运算符见表 4-2。

表 4-2　算数运算符

运算符	功能	示例	运算符	功能	示例
+	加法	10 + 20	/	除法	35/5
-	减法或作为负号	20 - 10	^	乘方	10^2
*	乘法	10 * 4	%	百分号	20%

Excel 2010 中的比较运算符见表 4-3。

表 4-3　比较运算符

运算符	功能	示例	运算符	功能	示例
=	等于	A1 = B2	< =	小于等于	A1 < = B2
<	小于	A1 < B2	> =	大于等于	A1 > = B2
>	大于	A1 > B2	< >	不等于	A1 < > B2

Excel 2010 中的文本连接运算符见表 4-4。

表 4-4　文本连接运算符

运算符	功能	示例
&	将两个文本值连接或串起来形成一个连续的文本值	“中华” & “人民共和国”

Excel 2010 中的引用运算符见表 4-5。

表 4-5　引用运算符

运算符	功能	示例
:	区域运算符，引用指定两个单元格之间的所有单元格	A1：A4，表示引用 A1 ~ A4 共 4 个单元格
,	联合运算符，引用所指定的多个单元格	SUM（A1，A5），表示对 A1 和 A5 两个单元格求和

续表

运算符	功能	示例
（空格）	交叉运算符，引用同时属于两个引用的区域	A1：D5 C2：D8，表示引用 A1 ~ D5 和 C2 ~ D8 这两个区域的公共区域 C2：D5

2. 单元格地址引用

（1）相对引用。相对引用基于包含公式的单元格与被引用单元格之间的相对位置，如果公式所在的单元格位置改变，引用也随之改变。默认情况下，Excel 使用的是相对引用。相对引用的格式为列号加行号，如 A1、B4 等。采用相对引用，公式被复制或填充时，引用的单元格会随公式的位置变化而相对变化，如果公式只是移动，则引用的单元格不会变化。

（2）绝对引用。与相对引用对应，表示引用的单元格地址在工作表中固定不变，结果与包含公式的单元格地址无关。在相对引用的单元格的列标和行号前加上冻结符号“$”，表示冻结单元格地址，便可以称为绝对引用。采用绝对引用后，复制公式后单元格地址和结果都不会发生变化。

（3）混合引用。混合引用具有相对列和绝对行或绝对列和相对行的特征，可以只对行进行绝对引用，也可以只对列进行绝对引用，产生混合效果。

★知识链接

（1）引用同一张工作表中的单元格，直接在等号后输入单元格地址即可，如 A1、B2；也可以输入等号后单击所要引用的单元格，则自动引用此单元格。

（2）引用同一工作簿中其他工作表中的单元格，可以直接在等号后输入工作表名称和！再加单元格地址，如在 Sheet1 的 A1 单元格中引用 Sheet2 中的 B1 单元格，则可在 A1 单元格中输入表达式“=Sheet2！B1”；也可以输入等号后单击要引用的工作表标签，切换到要引用单元格所在工作表，然后单击要引用的单元格。

（3）引用其他工作簿中的单元格，首先在第一个工作簿的单元格中输入等号，然后单击第二个工作簿中要引用的单元格即可；也可以通过在单元格引用的前面加上方括号［］括起来的工作簿名称、工作表名称和！来引用其他工作簿上的单元格，如在工作簿 Book1 的 Sheet1 工作表的 A1 单元格中引用工作簿 Book2 的 Sheet2 工作表中 B2 单元格，可在 A1 单元格中输入表达式“=［Book2］Sheet2！B2”。

步骤 2：使用自定义公式进行计算

（1）首先输入等号“=”，表示用户输入的内容是公式而不是数据。

（2）输入参与运算的单元格 D3（或在 D3 上单击引用此单元格），再输入运算符减号“-”，再输入减数所在单元格 E3，如图 4-19 所示，按下 Enter 键即可计算出结果，如图 4-20 所示。

按住 F3 单元格右下角的自动填充柄向下拖动，可以将公式快速填充到整列。可以看到，复制公式后，其引用的单元格会随之变化，从而得到正确的计算结果。

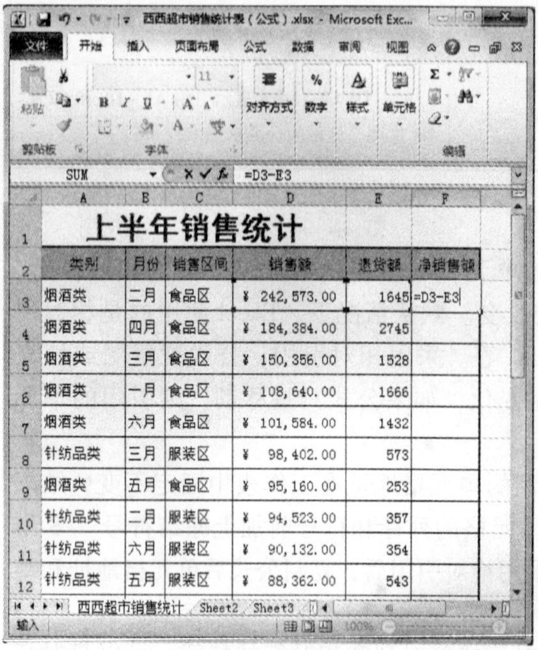

图 4-19　输入公式

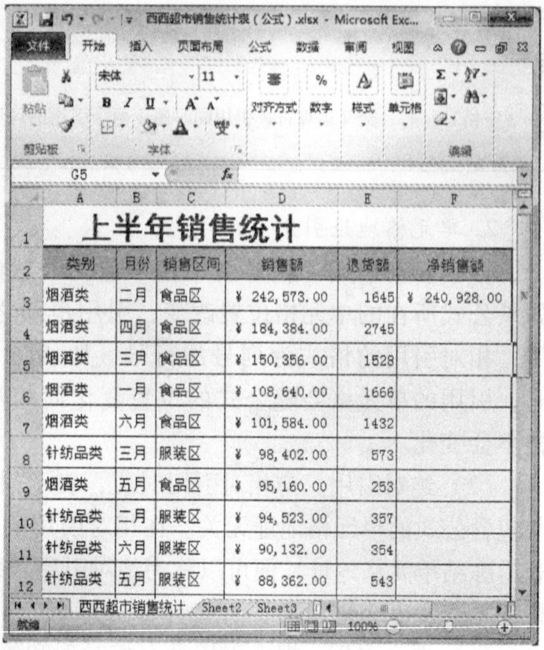

图 4-20　计算结果

★知识链接

输入公式时可以在单元格中直接输入，也可以在编辑栏中输入。Excel 2010 的编辑栏可以调整大小，所以在实际操作中，输入公式最好在编辑栏中进行，这样可以不受其他单元格数据的影响，而且可以非常方便地通过方向键来改变光标的位置。

任务二　利用函数对数据进行计算

★任务描述

1. 利用自动求和函数 SUM 求超市上半年总的销售额。

2. 利用平均值函数 AVERAGE 求超市上半年的平均退货额。

3. 求所有销售品类中上半年最大销售额的记录和最小退货额的记录。

4. 对所有销售额进行排名。

5. 对所有销售品类上半年的销售情况进行销售评比，净销售额大于 20 000 元的为优秀，销售额小于等于 20 000 元的为合格。

6. 对退货额进行排名，额度小于 500 元的为优秀，小于 1 000 元的为合格，其他为一般。

★任务实施

步骤 1：自动求和函数 SUM

输入的函数格式为：函数名（参数 1，参数 2，参数 3，…）。

函数名就是所要引用的函数类型；参数可以是数字、文本、TRUE 或 FALSE 的逻辑值、数组，也可以是常量、公式或其他函数，还可以是单元格引用等，函数也允许多层嵌套。

输入函数名之前务必先输入一个等号“=”，通知 Excel 随后输入的是函数而非文本。

要求超市上半年总的销售额，用到的是自动求和函数 SUM。

单击存放结果的单元格，在编辑栏中输入“=sum（D3：D26）”，如图 4-21 所示，按 Enter 键即可得到结果。

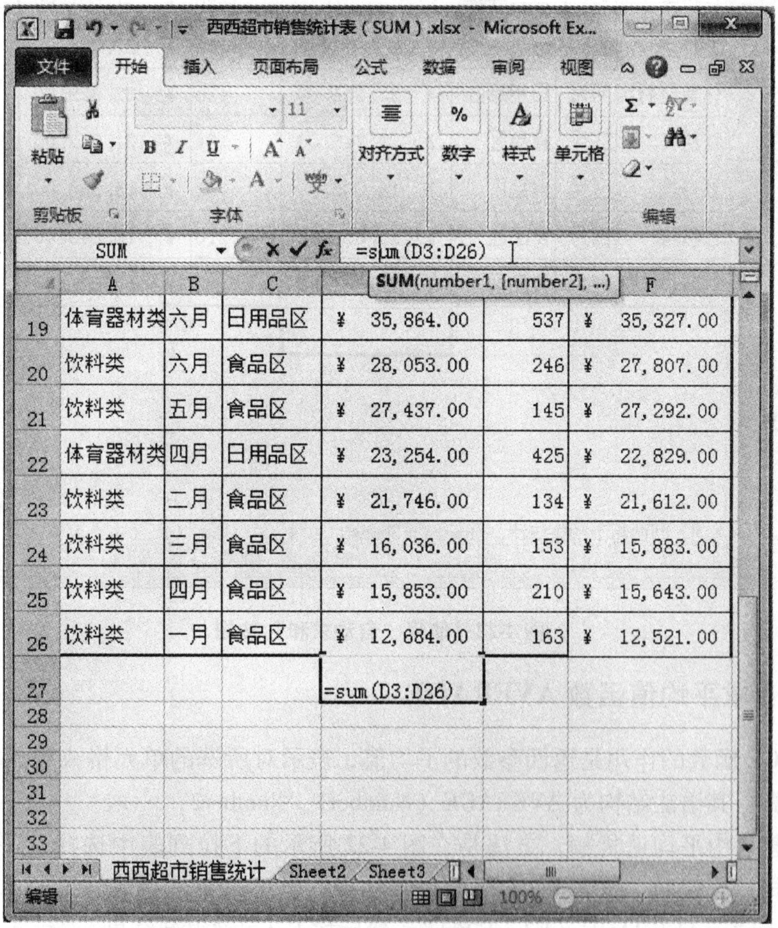

图 4-21　自动求和

★知识链接

在 Excel 中，求和函数的使用频率较高，所以在 Excel 中为用户提供了“自动求和”按钮，这样在进行求和计算时会更方便快捷。方法是单击存放结果的单元格，单击“公式”

选项卡“函数库”工具组中的“自动求和”按钮，在下拉列表中执行“求和”命令，拖动鼠标选择计算区域，如图4-22所示，按Enter键即可得出结果。

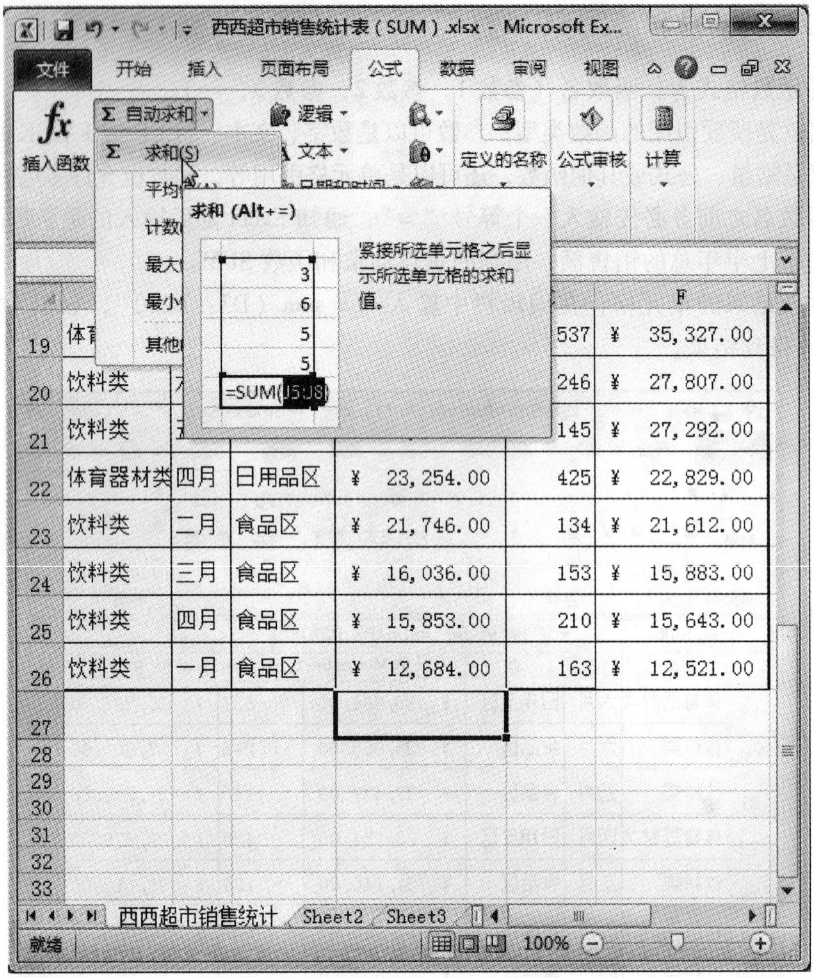

图4-22 使用“自动求和”按钮

步骤2：求平均值函数AVERAGE

AVERAGE函数的作用是返回参数的平均值，表示对所选的单元格或单元格区域进行算数平均值运算，其语法结构为AVERAGE（Number1，Number2，…）。

计算销售表中平均退货额，方法是在图4-22所示的下拉列表中选择“平均值”命令，拖动鼠标选择计算区域，按Enter键即可得到结果；也可以单击存放结果的单元格（E27），在编辑区输入“=AVERAGE（E3：E26）”，然后按Enter键得到结果。

步骤3：最大值函数MAX和最小值函数MIN

MAX和MIN这两个函数的作用是计算一串数值中的最大值或最小值，表示对选择的单元格区域中的数据进行比较，找到其中最大的数值或最小的数值并返回到目标单元格中。如果参数不包含数组，则返回0。

最大值函数的语法结构为 MAX（Number1，Number2，…），最小值函数的语法结构为 MIN（Number1，Number2，…）。

要找出销售表中销售额最大数值，操作方法是在图 4-22 所示的下拉列表中选择“最大值”命令，拖动鼠标选择计算区域，按 Enter 键即可得到结果。

要找出销售表中退货额最小数值，操作方法是在图 4-22 所示的下拉列表中选择“最小值”命令，拖动鼠标选择计算区域，按 Enter 键即可得到结果。

步骤 4：排序函数 RANK

RANK 函数的作用是返回某一数据在一组数据中相对于其他数值的大小和排名，表示让指定的数据在一组数据中进行比较，将比较的名次返回到目标单元格中。

其函数的语法结构为 RANK（Number，Ref，Order），其中，Number 是要在数据区域中进行比较的指定数据；Ref 是一组数或对一个数据列表的引用；Order 是指定排名的方式，如果为零或不输入内容是降序，非零值是升序。

计算各销售额在“销售额”一列中排名，方法是单击存放计算结果的单元格，输入排序函数的表达式内容，如图 4-23 所示，按 Enter 键得出结果，拖动自动填充柄复制函数，计算出所有的排序结果。

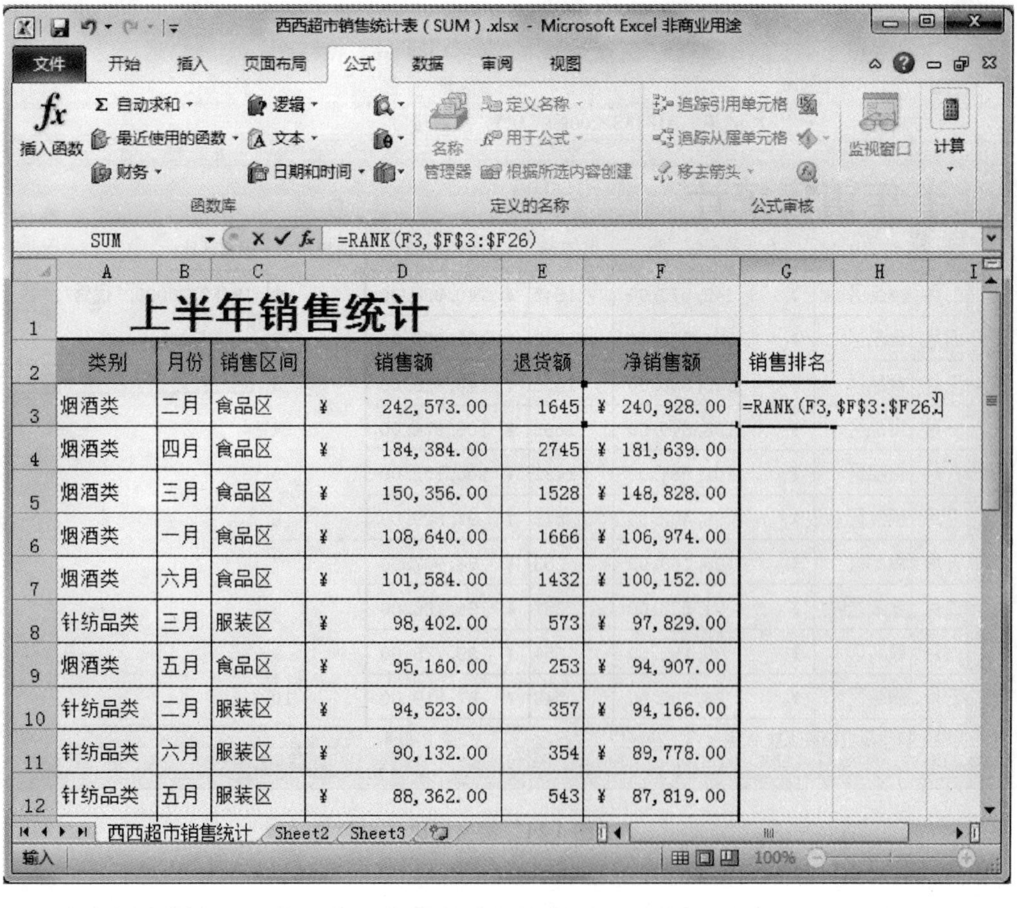

图 4-23　销售排名

步骤 5：条件函数 IF

IF 函数也叫条件函数，是日常工作中使用频率最高的函数之一，它的作用是执行真假判断，根据运算出的真假值，返回不同的结果。

IF 函数的语法为：IF（logical_ test，value_ if_ true，value_ if_ false）。

各参数的具体含义如下：

logical_ test：逻辑值，表示计算结果为 TRUE 或 FALSE 的任意值或表达式。

value_ if_ true：如果 logical_ test 为真，返回该值。

value_ if_ false：如果 logical_ test 为假，返回该值。

因此，IF 函数表达式如果直接翻译过来，其意思为“如果（某条件，条件成立返回的结果，条件不成立返回的结果）”。

要对净销售额进行评比，单击存放结果的单元格，输入条件函数的表达式内容，如图 4-24 所示，按 Enter 键得出结果，拖动自动填充柄复制函数，计算出所有的结果。

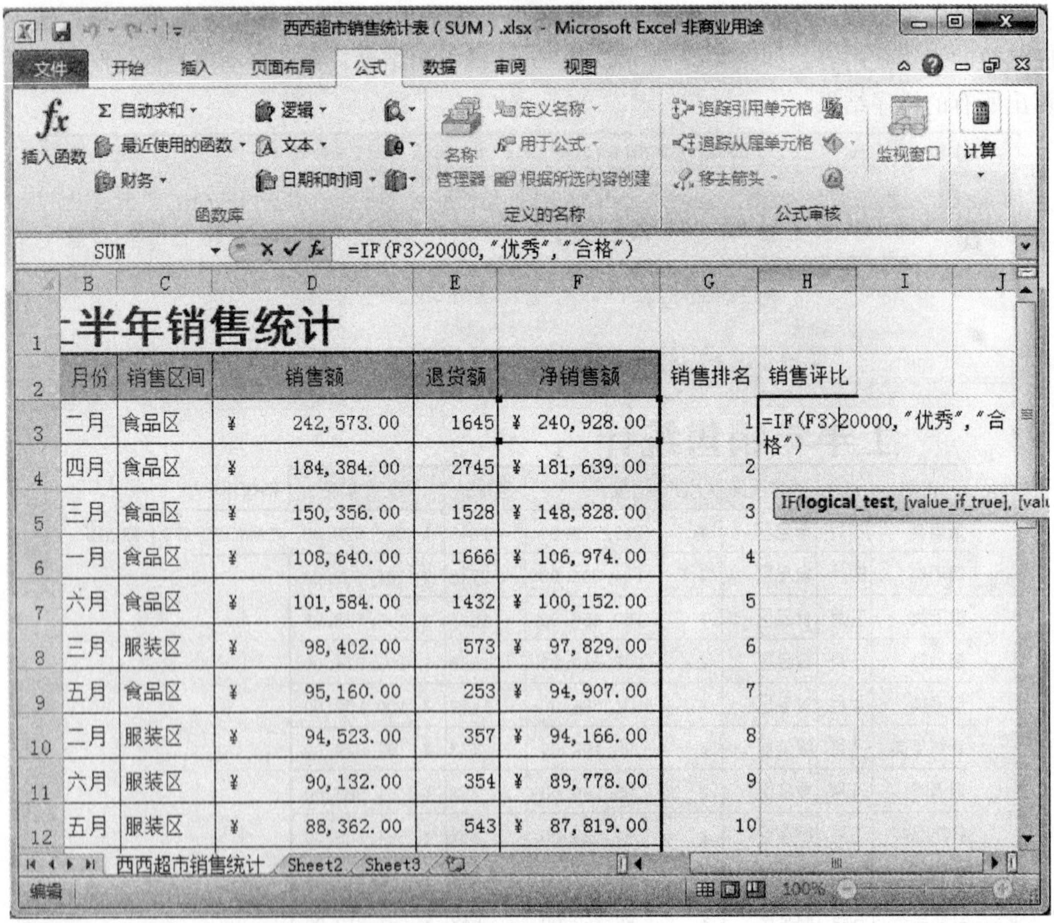

图 4-24 销售评比

在实际工作中，一个 IF 函数往往达不到工作的需要，需要多个 IF 函数嵌套使用。

IF 函数嵌套的语法为：IF（logical_ test，value_ if_ true，IF（logical_ test，value_ if_ true，IF（logical_ test，value_ if_ true，…value_ if_ false）…））。

一般可将其翻译成“如果（某条件，条件成立返回的结果，（如果（某条件，条件成立返回的结果，如果（某条件，条件成立返回的结果，…，条件不成立返回的结果）…））”。

对退货额进行排名，方法是单击存放结果的单元格，输入条件函数的表达式内容，如图 4-25 所示，按 Enter 键得出结果，拖动自动填充柄复制函数，计算出所有的结果。

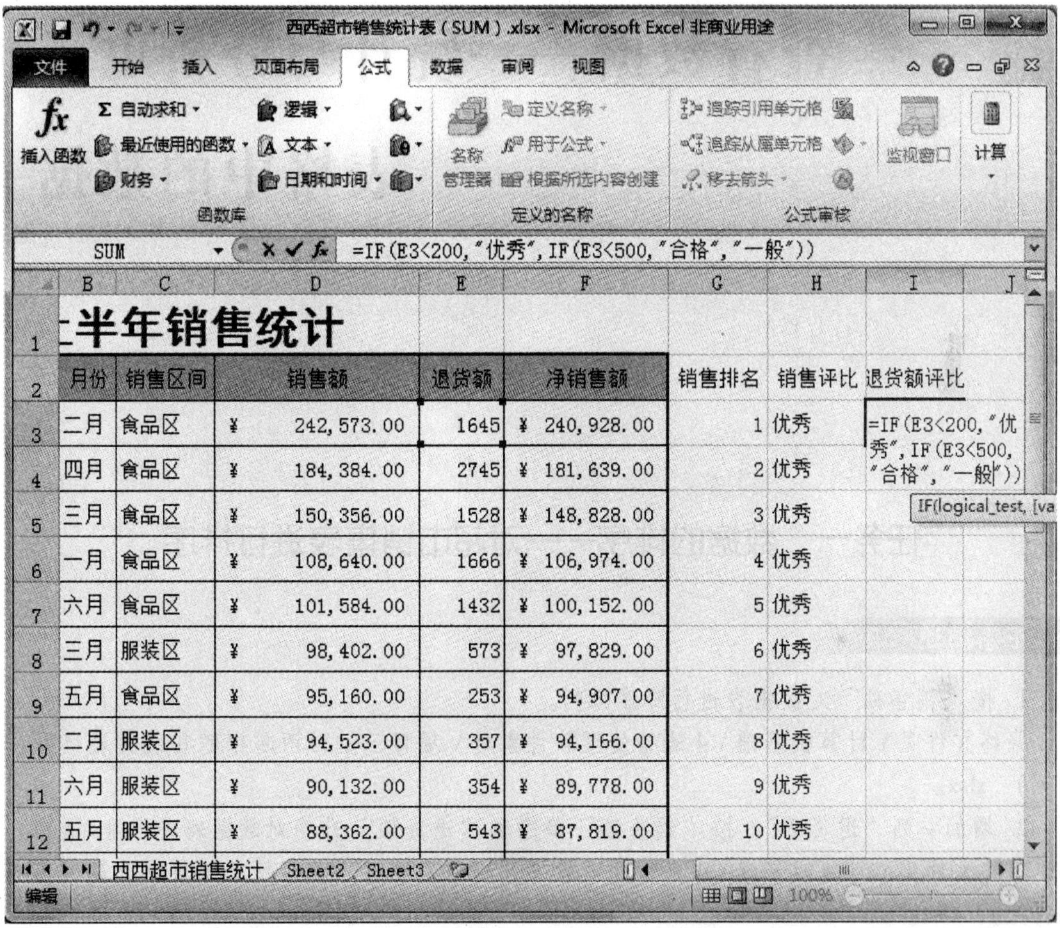

图 4-25　退货评比

项目三

查看数据——统计与分析电子表格中的数据

任务一　数据的排序——对超市销售表进行排序

★任务描述

1. 按“销售额”对数据表进行降序排列。

最终文件见\计算机基础\4表格处理软件素材\项目三\西西超市销售统计表（降序排列）.xlsx。

2. 增加一列“退货额”，按“销售额”降序和“退货额”升序对数据表进行排列。

最终文件见\计算机基础\4表格处理软件素材\项目三\西西超市销售统计表（多条件排序）.xlsx。

★任务实施

步骤1：快速排序

快速排序就是将表格按照某一个关键字进行升序或降序排列。快速排序使用的是“开始”选项卡下的“编辑”工具组中的“升序”按钮和“降序”按钮。

将数据表依据销售额降序排列，操作方法是单击销售额列中的任意单元格，单击“开始”选项卡下的“编辑”工具组中的“降序”按钮。如图4-26所示。

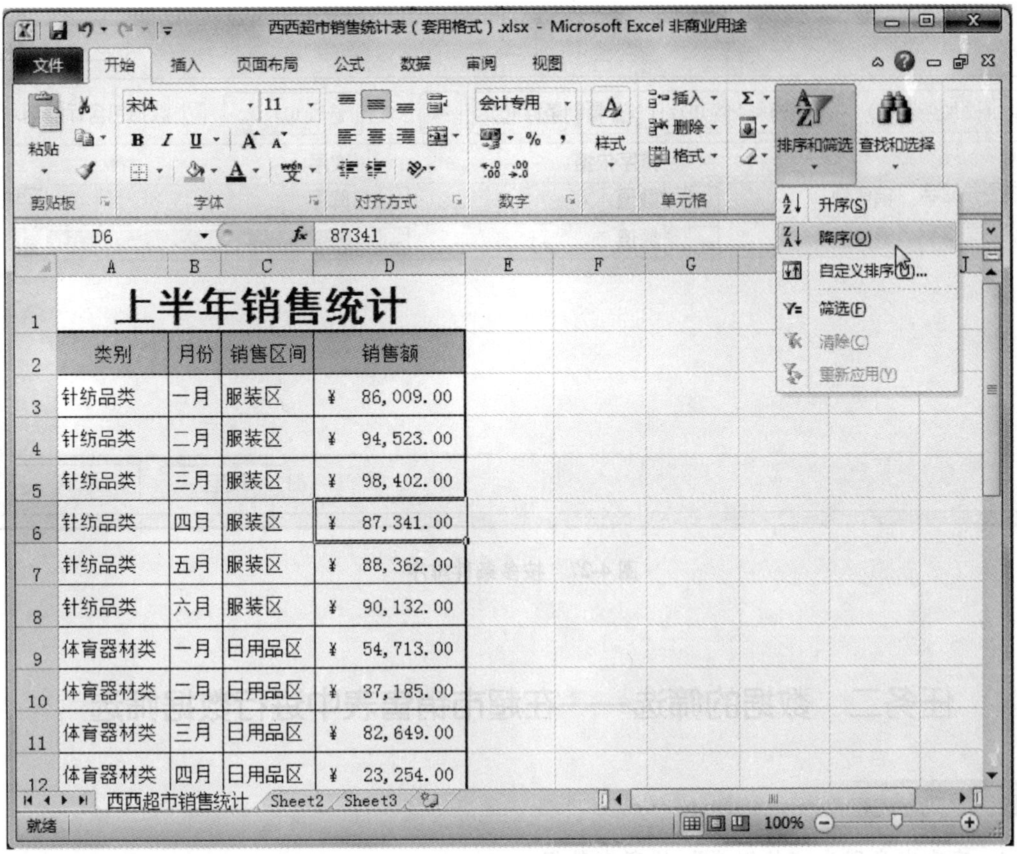

图 4-26　按“降序”快速排列

★知识链接

通过“排序”按钮进行快速排序时，只能选择排序的关键字段一列中的任意一个单元格，而不能选择一列或者一个区域，否则会弹出对话框，询问用户是否扩展排序区域，如果不扩展排序区域，排序后的表格记录顺序就会混乱。

步骤 2：按多条件排序

在 Excel 2010 中，可以同时按多个关键字进行排序。多个关键字的排序是指先按某一个关键字进行排序，然后将此关键字记录下来，再按第二个关键字进行排序，以此类推。

为销售数据表增加一列“退货额”，然后单击“销售额”中任意一个单元格，单击“数据”选项卡“排序和筛选”工具组中的“排序”按钮，弹出“排序”对话框。设置主要关键字的列、排序依据、次序选项，然后单击“添加条件”按钮，用同样的方法设置次要关键字，如图 4-27 所示，单击“确定”按钮即可实现按多条件排序。

★知识链接

在 Excel 2010 中，用户最多可以设置 64 个排序关键字。在“排序”对话框中，单击“删除条件”按钮可以将添加的排序条件删除；单击“复制条件”按钮可以复制一个与已有排序条件相同的条件。

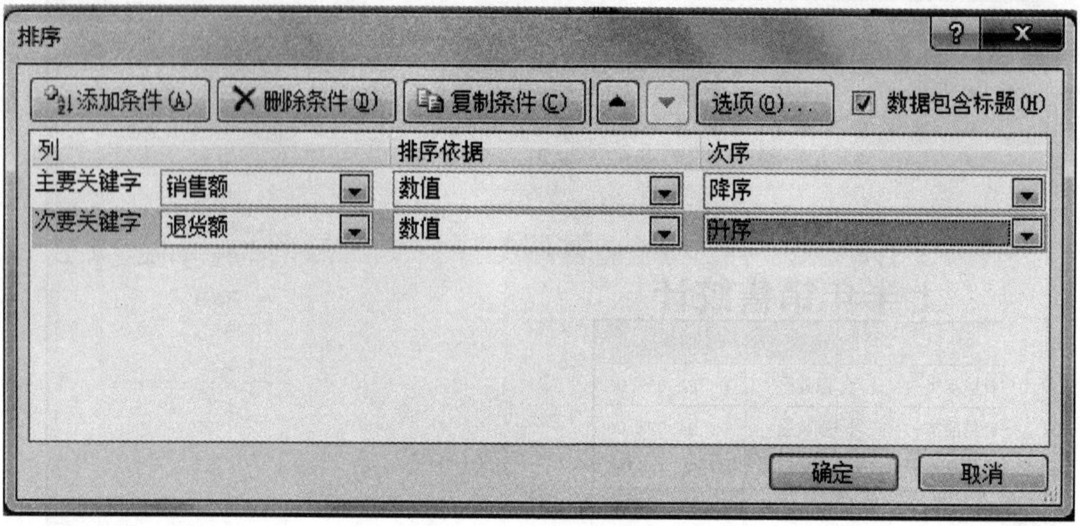

图 4-27　按多条件排序

任务二　数据的筛选——在超市销售表中进行数据筛选

★任务描述

1. 筛选出类别为“饮料类”的所有数据。

2. 筛选出“销售额”在 15 000 ~ 20 000 元之间的数据。

3. 筛选出“食品区”销售额 >15 000 元，且退货额 >200 元的数据。

最终文件见\计算机基础\4 表格处理软件素材\项目三\西西超市销售统计表（数据筛选）. xlsx。

★任务实施

步骤 1：自动筛选

在工作表中查看“饮料类”的相关数据，具体操作方法是单击排序列中的任意一个单元格，在“数据”选项卡“排序和筛选”工具组中单击“筛选”按钮，进入自动筛选状态，如图 4-28 所示。

单击“类别”右侧的筛选按钮，打开筛选列表，选择“饮料类”即可只查看“饮料类”的数据，如图 4-29 所示。

步骤 2：自定义筛选

自定义筛选指用户自己定义要筛选的条件，在筛选数据时具有较大的灵活性，可以进行比较复杂的筛选。

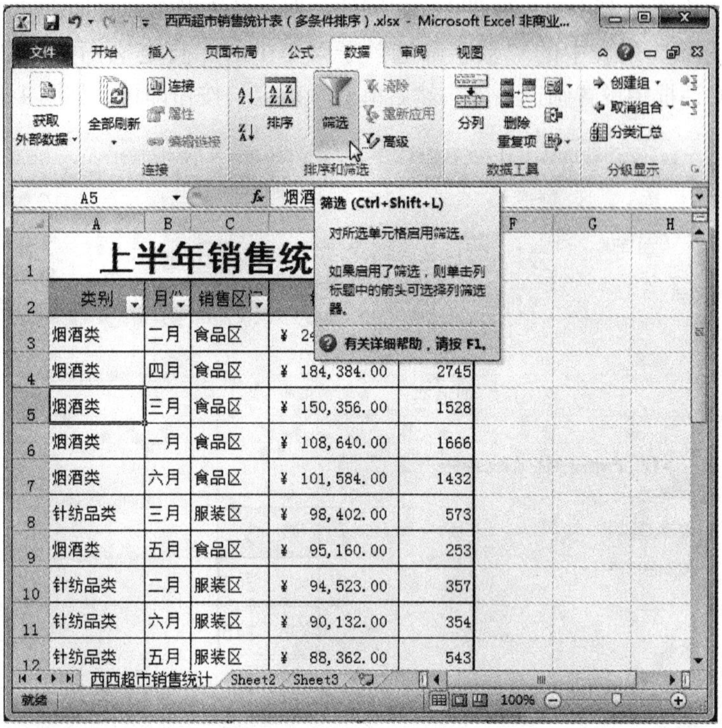

图 4-28　进入筛选状态

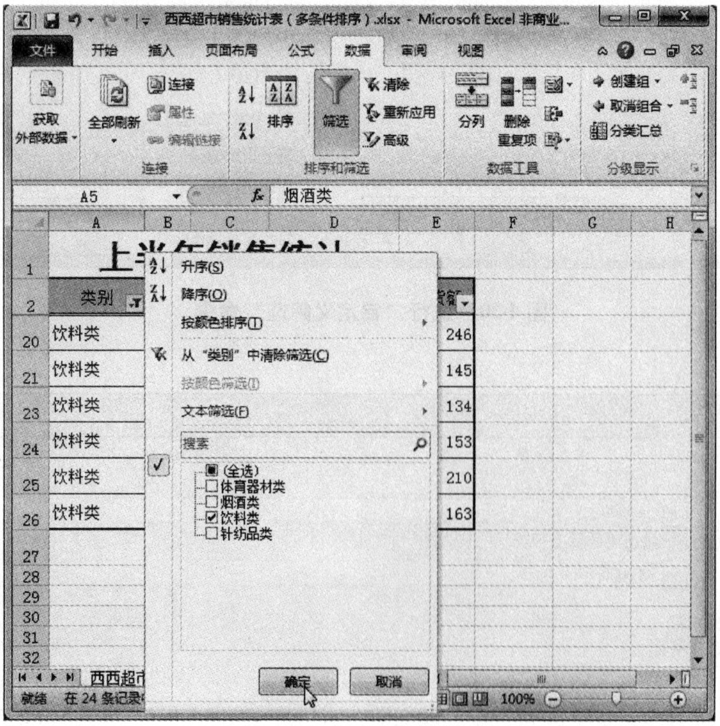

图 4-29　筛选结果

筛选表格中销售额在 15 000 ~ 20 000 元之间的数据，具体操作方法是单击“销售额”右侧的筛选按钮，单击筛选列表中的“数字筛选”子菜单中的“自定义筛选”命令，如图 4-30 所示。在弹出的对话框中设置筛选条件，然后单击“确定”按钮即可，如图 4-31 所示。

图 4-30　执行“自定义筛选”命令

图 4-31　设置筛选条件

步骤3：高级筛选

当筛选的数据列表中的字段较多时，筛选条件比较复杂，使用自动筛选就显得比较麻烦，此时使用高级筛选就可以非常简单地对数据进行筛选。

首先在工作表中输入要筛选的条件内容，创建筛选条件区域，然后单击“数据”选项卡“排序和筛选”工具组中的“高级”按钮，弹出“高级筛选”对话框，单击“列表区域”文本框后面的按钮，接着在工作表中框选要筛选的列表区域，再单击“条件区域”后面的按钮，在工作表中框选刚刚输入的筛选条件，如图4-32所示，单击“确定”按钮即可完成筛选。

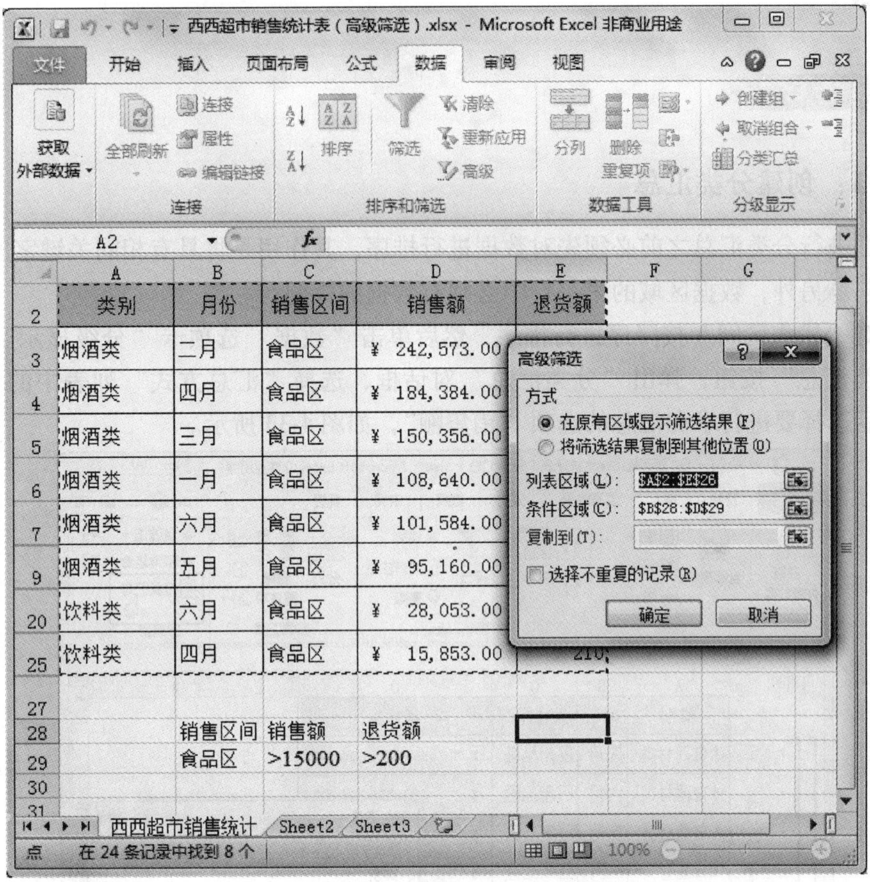

图4-32　打开“高级筛选”对话框

★知识链接

使用高级筛选必须先建立一个区域，书写筛选条件时上方是条件字段名，下方是筛选条件。在 Excel 中建立高级筛选的条件区域时要注意以下几点：

(1) 最好将条件区域建立在原始数据的上方或下方，且与原始数据之间至少留一个空白行。

(2) 条件区域必须具有列标签，条件建立在列标签的正下方。

(3) 如果条件之间是“与”的关系，应让条件处于同一行；如果条件之间是“或”的关系，则应让条件处于不同行。

任务三 数据的分类汇总——在超市销售表中进行分类汇总

★任务描述

将工作表中的数据以“销售区间”为分类字段，对销售额进行求和汇总。

最终文件见\计算机基础\4表格处理软件素材\项目三\西西超市销售统计表（分类汇总）.xlsx。

★任务实施

步骤1：创建分类汇总

对数据进行分类汇总之前必须先对数据进行排序，其作用是将具有相同关键字的记录表集中在一起。另外，数据区域的第一行中必须有数据的标题行。

首先对“销售区间”按降序进行排序，然后单击“数据”选项卡“分级显示”工具组中的“分类汇总”按钮，弹出“分类汇总”对话框，选择“汇总方式”列表中的“求和”选项，然后选择要进行求和汇总的选项“销售额”，如图4-33所示。

图4-33 分类汇总

步骤2：查看分类汇总

在对数据进行分类汇总后，在工作表的左侧有3个显示不同级别的分类汇总按钮，单击这3个按钮可以显示或隐藏分类汇总和总计分类汇总，如图4-34所示。

图4-34　查看分类汇总

步骤3：删除分类汇总

要删除分类汇总，只需要在图4-33所示的“分类汇总”对话框中单击“全部删除”命令。

任务四　使用数据透视表——在超市销售表中进行数据透视

★任务描述

1. 创建数据透视表，按销售区间查看销售额。

最终文件见\计算机基础\4表格处理软件素材\项目三\西西超市销售统计表（数据透视表）.xlsx。

2. 将“类别”添加到“报表筛选”列表中。

最终文件见\计算机基础\4表格处理软件素材\项目三\西西超市销售统计表（数据透视表平均值）.xlsx。

★任务实施

步骤1：创建数据透视表

通过数据透视表可以深入分析数据并了解一些预计不到的数据问题，在使用数据透视表之前首先要创建数据透视表，再对其进行设置。要创建数据透视表，需要连接到一个数据源，并输入报表位置，创建方法如下。

（1）单击“插入”选项卡“表格”工具组中的“数据透视表”按钮，执行“数据透视表”命令，如图4-35所示，弹出“创建数据透视表”对话框。

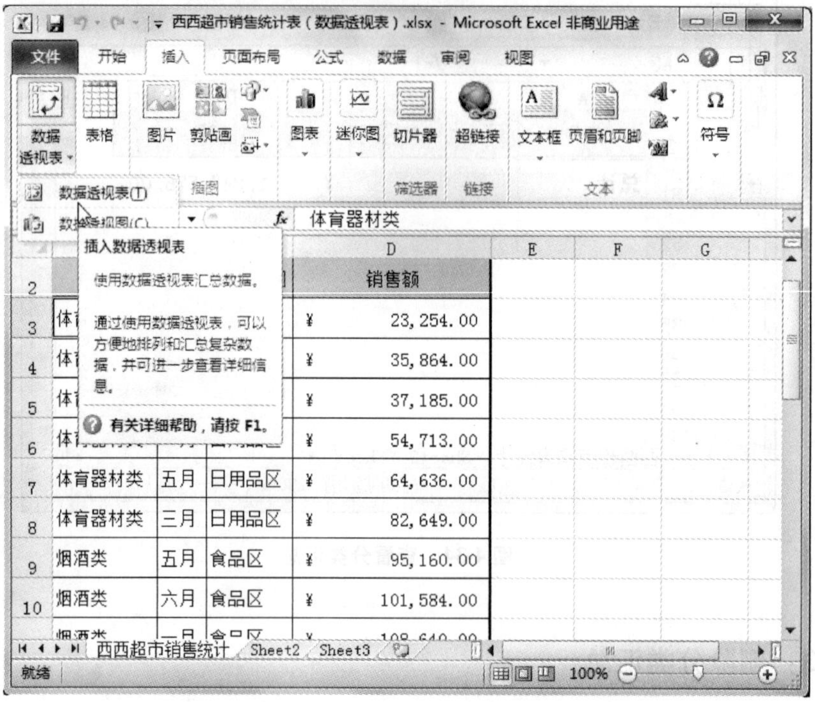

图4-35　执行“数据透视表”命令

（2）单击选中“新工作表”单选按钮，放置数据透视表，单击“确定”按钮，如图4-36所示。

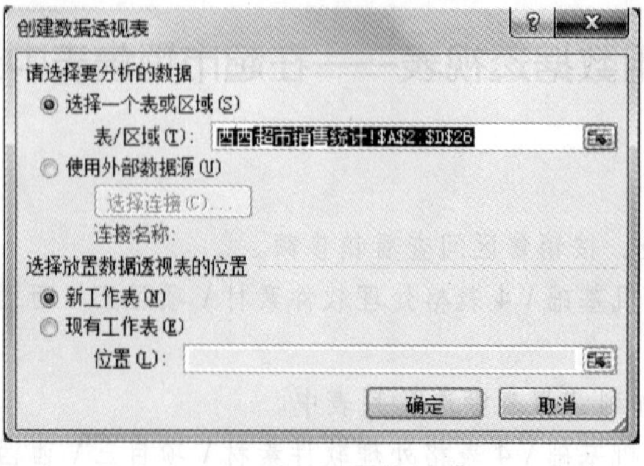

图4-36　设置要分析的数据区域及放置数据透视表的位置

（3）此时创建了空的数据透视表，右侧显示字段列表，如图 4-37 所示。

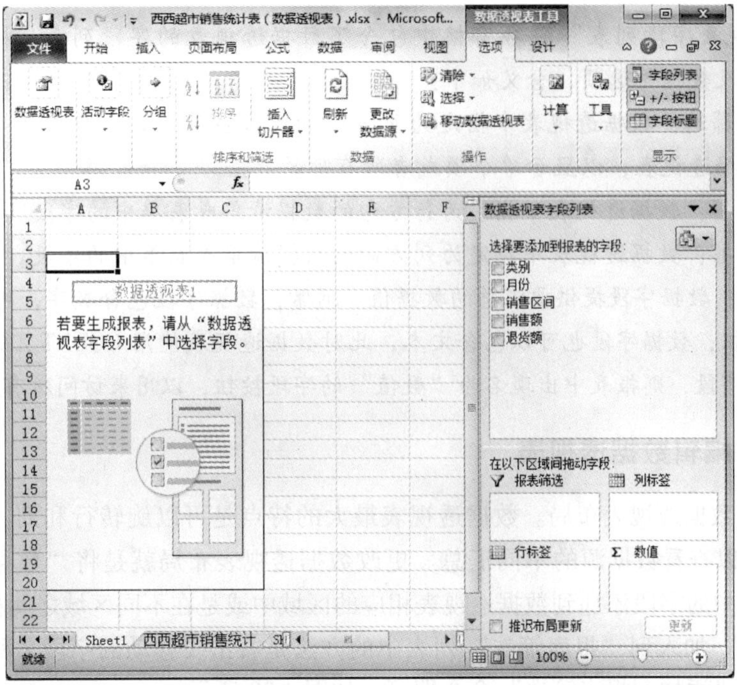

图 4-37　空的“数据透视表”

（4）选择要添加到报表的字段，创建的数据透视表的效果如图 4-38 所示。

图 4-38　创建的数据透视表效果

★知识链接

“数据透视表字段列表”任务窗格中包含了数据透视表的字段列表、报表筛选、列标签、行标签以及数据等选项，含义如下：

（1）报表筛选：数据透视表中指定为页方向的源数据清单或表单中的字段，它允许用户筛选整个数据透视表，以显示单个项或者所有项的数据。

（2）行标签：数据透视表中指定为行方向的数据清单或表单中的字段。

（3）列标签：数据透视表中指定为列方向的数据清单或表单中的字段。

（4）数值：数据字段提供要汇总的数据值。通常，数据字段包含数字，可用SUM汇总函数合并这些数据；数据字段也可以包含文本，此时数据透视表使用COUNT汇总函数。如果报表有多个数据字段，则报表中出现名为“数值”的字段按钮，以用来访问所有数据字段。

步骤2：编辑数据透视表

（1）更改数据透视表布局。数据透视表最大的特点是可以旋转行和列，或通过设置表中的筛选选项以查看数据源的不同汇总。更改数据透视表布局就是将“数据透视表字段列表”任务窗格中的字段添加到数据透视表相应的区域中或是在不同区域之间移动字段。

将“列别”加入到“报表筛选”列表中的方法是右击要移动的字段名称，在弹出的快捷菜单中选择“添加到报表筛选”命令即可，如图4-39所示。

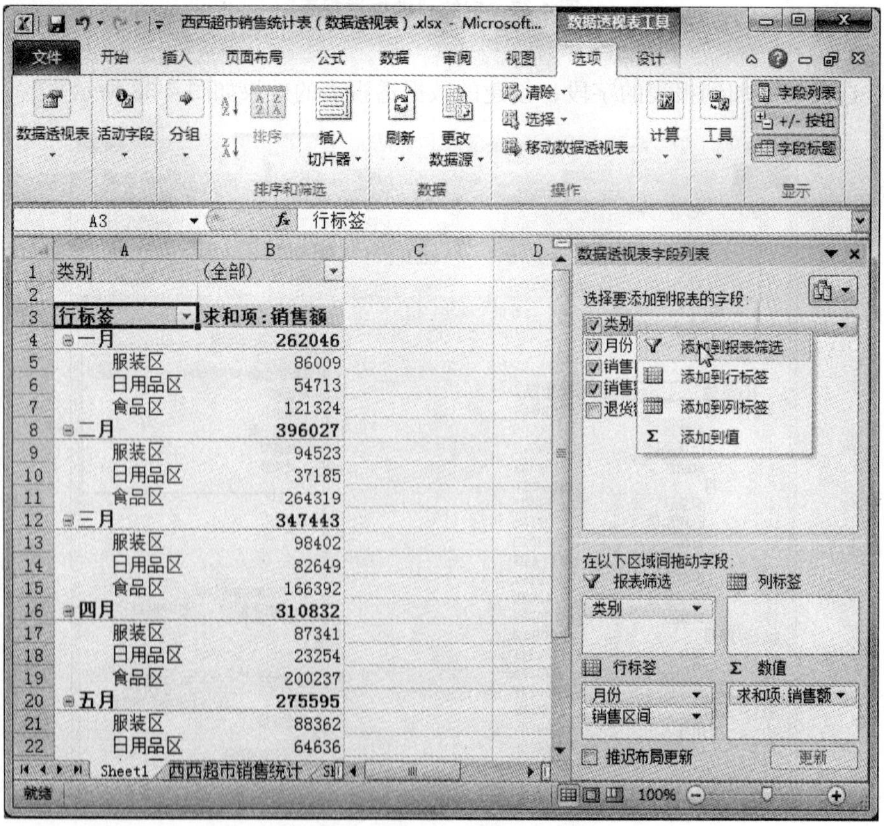

图4-39　更改数据透视表

（2）设置数据透视表中的汇总字段。在数据透视表的“数值”区域中默认显示的是求和汇总方式，用户可以根据需要设置其他汇总方式，如平均值、最大值、最小值、计数、偏差等。这里以销售额的平均值进行汇总，首先在数据透视表中选择要更改汇总方式的字段名称，单击“数据透视表工具”下“选项”选项卡“活动字段”工具组中“字段设置”按钮，如图 4-40 所示，弹出“值字段设置”对话框，单击计算类型中的“平均值”，再单击“确定”按钮即可，如图 4-41 所示，结果如图 4-42 所示。

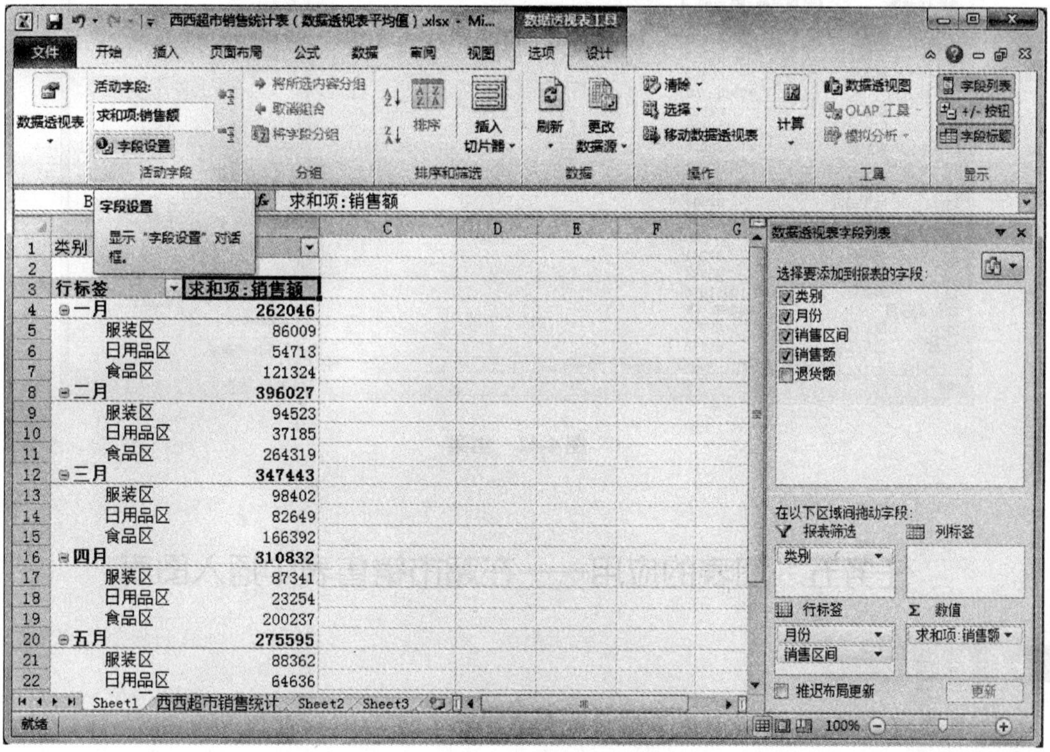

图 4-40　执行“字段设置”命令

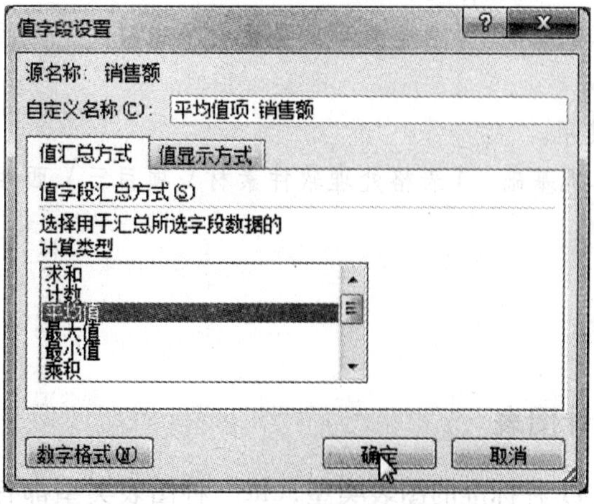

图 4-41　“值字段设置”对话框

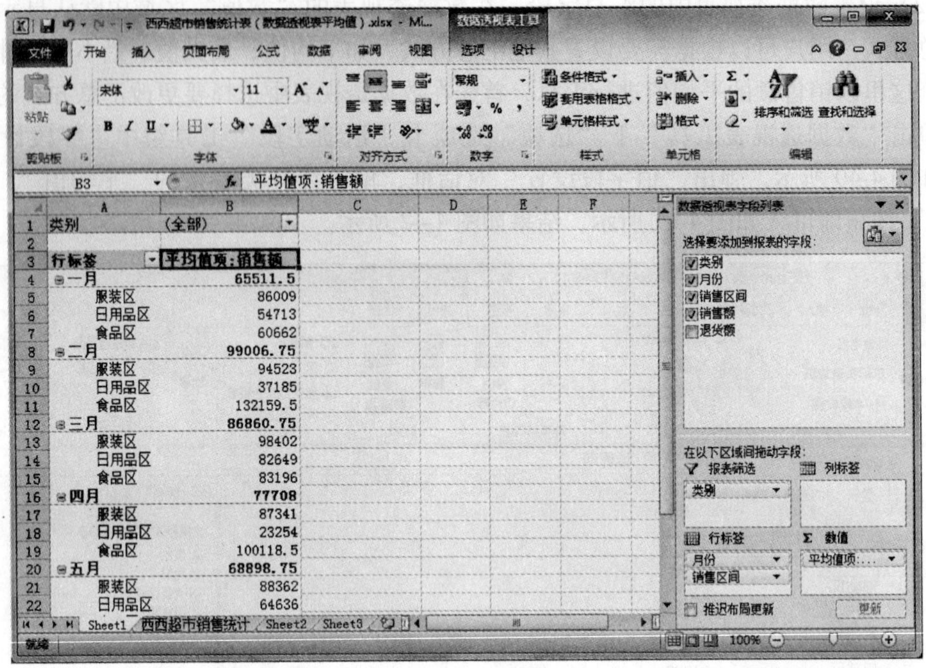

图 4-42 结果

任务五 图表的应用——在超市销售表中插入图表

★任务描述

1. 创建统计图表，在统计表中插入图表。

最终文件见\计算机基础\4 表格处理软件素材\项目三\西西超市销售统计表（簇状圆柱图）.xlsx。

2. 将“坐标轴”和“图表标题”添加到统计表中，并美化图表。

最终文件见\计算机基础\4 表格处理软件素材\项目三\西西超市销售统计表（坐标轴、标题及美化）.xlsx。

3. 掌握迷你图的使用。

最终文件见\计算机基础\4 表格处理软件素材\项目三\西西超市销售统计表（迷你图）.xlsx。

★任务实施

步骤 1：创建统计图表

Excel 2010 提供了 11 种标准的图表类型，每一种图表类型都有几种子类型，其中包括二维图和三维图。

Excle 2010 取消了图表向导，只需选择图表类型、图表布局和样式就能在创建时得到专业的图表效果。

在“插入”选项卡的“图表”工具组中提供了几种常用的图表类型，首先选中数据，单击“图表”工具组中的“柱形图”，在弹出列表中选择“簇状圆柱图”，如图 4-43 所示。根据表格内容创建的簇状圆柱图如图 4-44 所示。

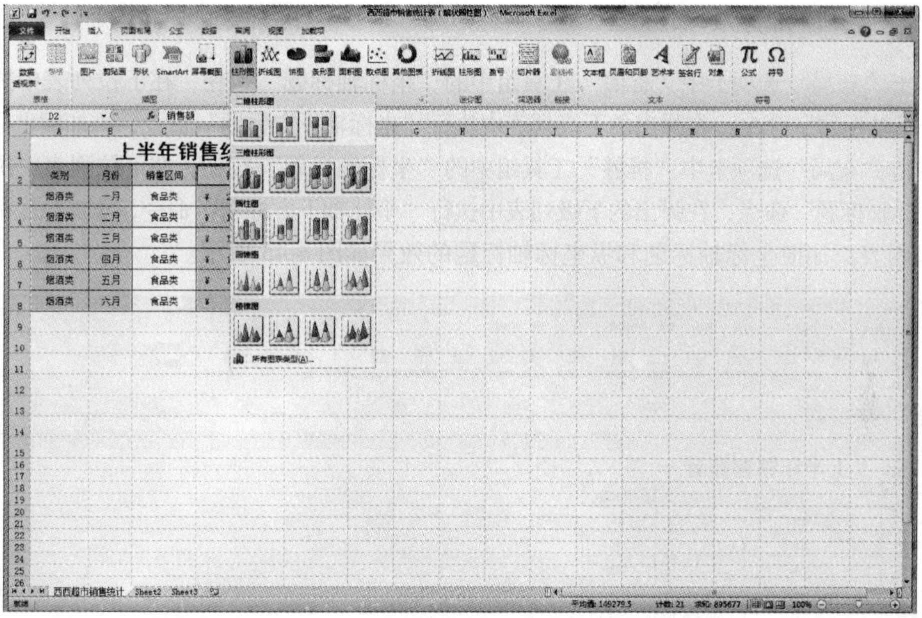

图 4-43　执行“簇状圆柱图”命令

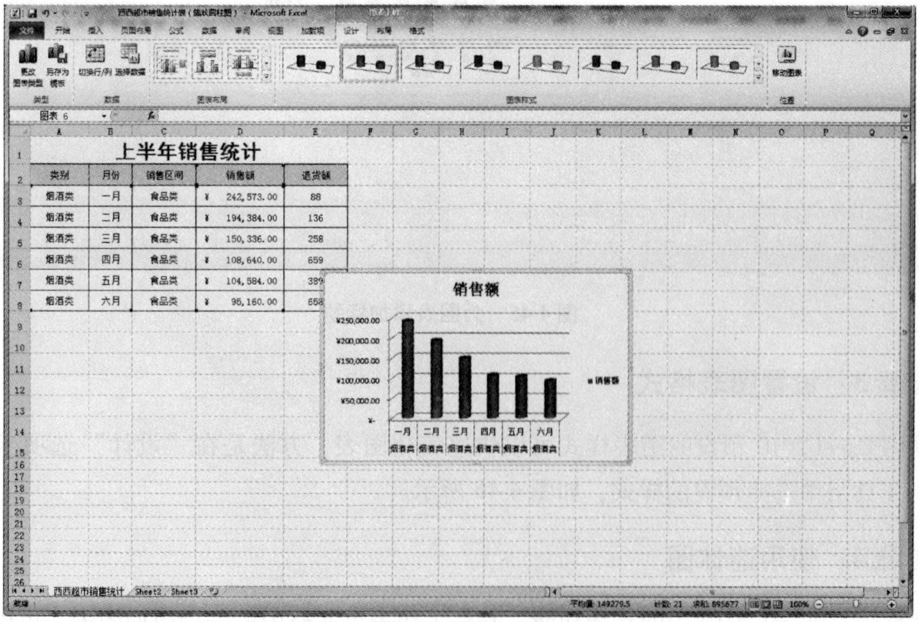

图 4-44　簇状圆柱图效果

★知识链接

插入图表或选中图表后，在数据源表格中会自动出现蓝色的粗线条与细线条，用以区隔数据区域和非数据区域。同时，在功能区上方会自动增加“设计”“布局”以及“格式”三个针对图表进行操作的功能选项卡。

步骤 2：添加坐标轴标题

单击“布局”选项卡中“标签”工具组中的“坐标轴标题”按钮，在下拉列表中执行“主要横坐标轴标题”命令，在弹出的下级列表中执行“坐标轴下方标题”命令，添加横坐标。

单击“布局”选项卡中“标签”工具组中的“坐标轴标题”按钮，在下拉列表中执行“主要纵坐标轴标题”命令，在弹出的下级列表中执行“坐标轴下方标题”命令，添加纵坐标。

为图表添加横坐标轴标题和纵坐标轴标题的效果如图 4-45 所示。

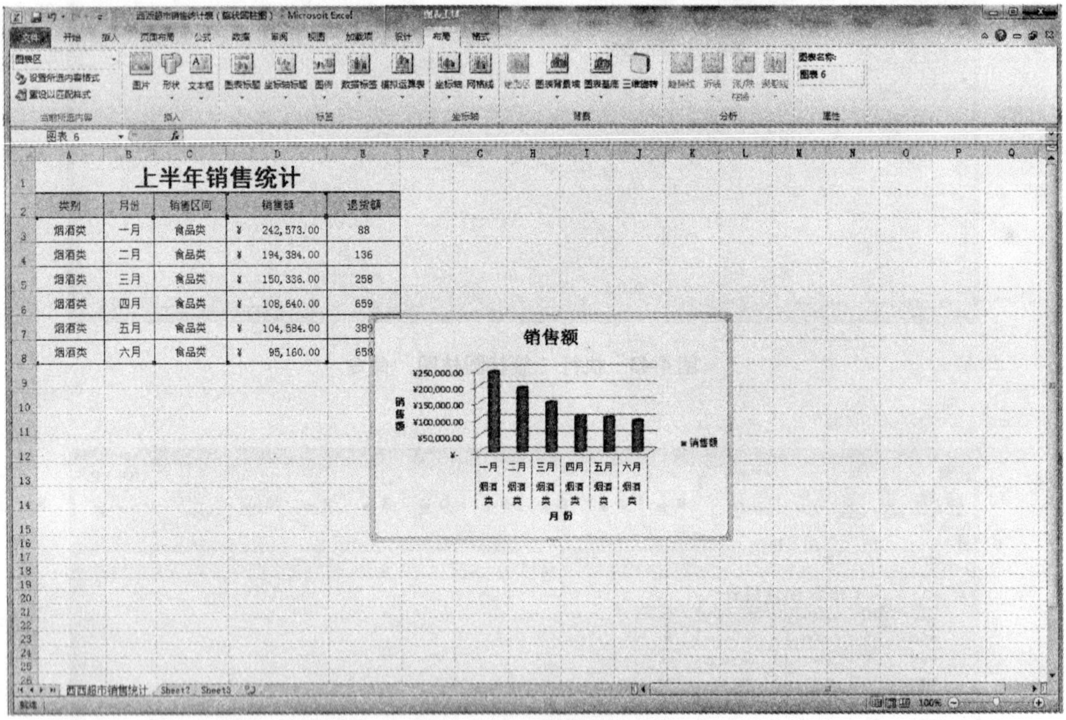

图 4-45　为图表添加标题

步骤 3：设置图表格式

使用 Excel 2010 预设的图表样式可以快速美化图表，方法是在“设计”选项卡“图表样式”工具组中选择预设的样式，如图 4-46 所示。

步骤 4：使用迷你图

迷你图是 Excel 2010 中的新增功能，它是工作表单元格中的一个微型图表，可以使数据直观表示。

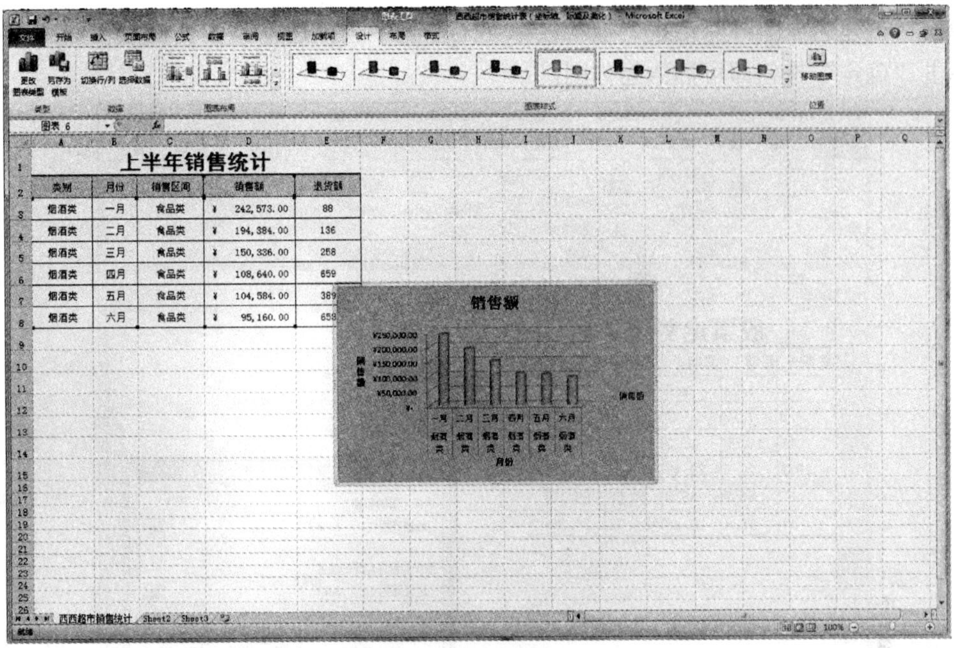

图 4-46　设置图表样式

例如，对于股票走势，可以添加走势图，方法是在表格中单击插入迷你图表的单元格，然后单击“插入”选项卡“迷你图”工具组中的“折线图”按钮，如图 4-47 所示。

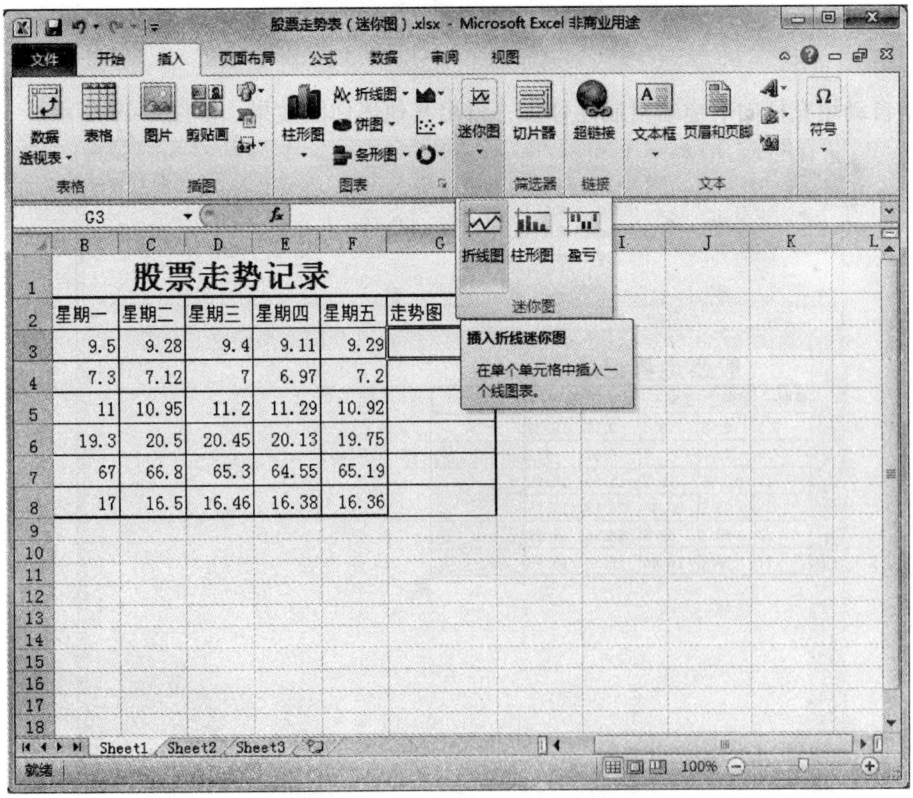

图 4-47　执行插入“折线图”命令

弹出“创建迷你图”对话框，拖动鼠标在工作表中选择迷你图数据区域，如图 4-48 所示，单击“确定”按钮即可插入迷你图。

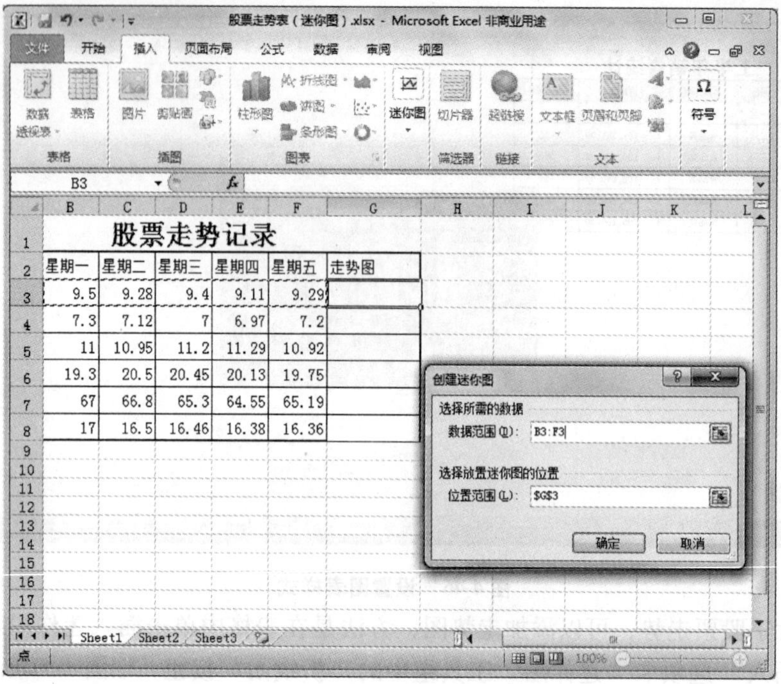

图 4-48　选择数据区域

拖动自动填充柄向下拖动复制迷你图，得出其他迷你图效果，如图 4-49 所示。

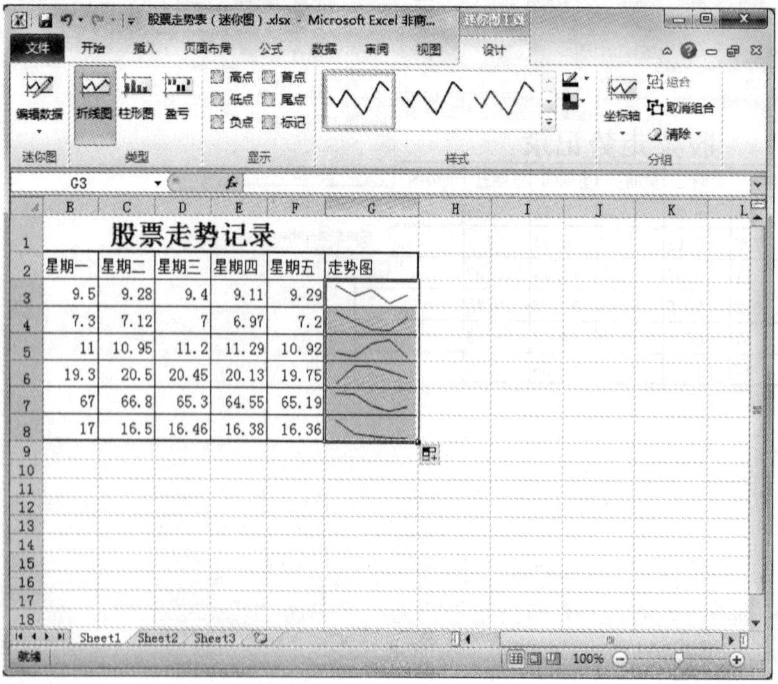

图 4-49　插入迷你图效果

练　习

一、选择题（单选）

1. Excel 2010 是________。

A. 数据库管理软件　　B. 文字处理软件

C. 电子表格软件　　D. 幻灯片制作软件

2. Excel 2010 所属的套装软件是________。

A. Lotus 2010　　B. Windows 7

C. Word 2010　　D. Office 2010

3. Excel 2010 工作簿文件的默认扩展名为________。

A. . docx　　B. . xlsx

C. . pptx　　D. . mdbx

4. 在 Excel 2010 中，每张工作表是一个________。

A. 一维表　　B. 二维表

C. 三维表　　D. 树表

5. 在 Excel 2010 主界面窗口（工作窗口）中不包含________。

A. “插入”选项卡　　B. “输出”选项卡

C. “开始”选项卡　　D. “数据”选项卡

6. Excel 2010 主界面窗口“公式”选项卡的“fx”按钮用来向单元格插入________。

A. 文字　　B. 数字

C. 公式　　D. 函数

7. 在 Excel 2010 中，一个单元格的二维地址包含所属的________。

A. 列标　　B. 行号

C. 列标与行号　　D. 列标或行号

8. 当按回车（Enter）键结束对一个单元格的数据输入时，下一个活动单元格在原活动单元格的________。

A. 上面　　B. 下面

C. 左面　　D. 右面

9. 在 Excel 2010“开始”选项卡的“剪贴板”工具组中，不包含的按钮是________。

A. 剪切　　B. 粘贴

C. 字体　　D. 复制

10. 在 Excel 2010 中，在具有常规格式（也是默认格式）的单元格中输入数值（数值型数据）后，其显示方式是________。

A. 居中　　B. 左对齐

C. 右对齐　　D. 随机

11. 在 Excel 2010 中，填充柄在所选单元格区域的________。

A. 左下角　　B. 左上角

C. 右下角　　D. 右上角

12. 在 Excel 2010 中，若需要选择多个不连续的单元格区域，除选择第一个区域外，以后每选择一个区域都要同时按住________。

A. Ctrl 键　　B. Shift 键

C. Alt 键　　D. Esc 键

13. 在 Excel 2010 中，如果只需要删除所选区域的内容，则应执行的操作是________。

A. "清除"→"清除批注"　　B. "清除"→"全部清除"

C. "清除"→"清除内容"　　D. "清除"→"清除格式"

14. 在 Excel 2010 中，利用"查找和替换"对话框________。

A. 只能做替换　　B. 只能做查找

C. 只能一一替换不能全部替换　　D. 既能查找又能替换

15. 在 Excel 2010 的工作表中，行和列________。

A. 都可以被隐藏　　B. 都不可以被隐藏

C. 只能隐藏行不能隐藏列　　D. 只能隐藏列不能隐藏行

二、填空题

1. 启动 Excel 2010 应用程序后自动建立的工作簿文件的文件名为________，一个新建的工作簿默认的工作表个数为________个，当向 Excel 2010 工作簿文件中插入一张电子工作表时，默认的表标签中的英文单词为________。

2. 在 Excel 2010 中，单元格名称的表示方法是________在前，________在后。若一个单元格的地址为 F5，则其右边紧邻的一个单元格的地址为________。

3. 在 Excel 2010 的工作表中，最小操作单元是________，我们通常把每一行称为一个________，每一列称为一个________。

4. 在 Excel 2010 中，输入数字作为文本使用时，需要输入的先导字符________，例如想输入数字字符串 070615（学号），则应输入________。

5. 在 Excel 2010 中，若需要改变某个工作表的名称，则应该从右键单击"表标签"所弹出的菜单列表中选择________。

6. 在 Excel 2010 中，单元格引用地址分为相对地址、________和混合地址。如一个单元格的地址为 D25，则该单元格的地址属于________；地址 D25 属于________。

7. 在 Excel 2010 中，若要表示当前工作表中 B2 到 G8 的整个单元格区域，则应书写为________。

8. 在 Excel 2010 中，在向一个单元格输入公式或函数时，则使用的前导字符必须是________。

9. 在 Excel 2010 中，假定单元格 B2 和 B3 的值分别为 6 和 12，则公式 =2 *（B2 + B3）的值为________。

10. 在 Excel 2010 的工作表中，假定 C3：C6 区域内保存的数值依次为 10、15、20 和 45，则函数"MAX（C3：C6）"的值为________；函数"=AVERAGE（C3：C6）"的值为________；函数"=SUM（C3：C6）"的值为________；函数"=COUNT（C3：C8）"的值为________。

11. 在 Excel 2010 中，对数据表进行排序时，在"排序"对话框中能够指定的排序关键字个数限制为________个。

12. 在 Excel 2010 中，所包含的图表类型共有________种。

13. 在 Excel 2010 中，在进行分类汇总前，首先必须对数据表中的某个列标题（属性名，又称字段名）进行________。

14. 在 Excel 2010 中建立图表时，有很多图表类型可供选择，能够很好地表现一段时期内数据变化趋势的图表类型是________；能够很好地反映每个对象的一个属性值在总值当中占比例大小的图表类型是________；能够很好地反映每个对象中不同属性值大小的图表类型是________。

15. 在 Excel 2010 中，数据源发生变化时，相应的图表________。

三、操作题

打开“Excel. xlsx”，先输入以下内容，然后按照以下要求完成操作：

	A	B	C	D	E	F
1	序号	姓名	语文	数学	英语	物理
2	1	张强	70	91	81	81
3	2	杨军	71	80	80	77
4	3	马丽君	58	75	89	66
5	4	武志杰	68	47	77	73
6	5	王杰	68	90	76	32
7	6	李四	61	58	39	64
8	7	张三	63	72	60	61
9	8	刘印	61	77	60	60
10	9	刘娟	63	78	73	66

1. 在表格最后增加一列，计算每位学生的总分；
2. 在表格最后再增加一列，根据总分计算每位学生的排名（利用 RANK 函数）；
3. 增加一行，计算各学科的总分和平均分；
4. 以“姓名”和“总分”创建一个簇状图；
5. 利用条件格式将每门成绩中不及格的分数用红底白字标记出来。

模块五　演示文稿软件——PowerPoint 2010

PowerPoint 2010 是耳熟能详的 Office 办公套装软件之一，是行业办公方面应用最为广泛的软件，是制作公司简介、会议报告、产品说明、培训计划和教学课件等演示文稿的首选软件，深受广大用户的青睐。

项目一

演示文稿的基本操作——设计教案首页

任务一　新建、保存演示文稿

★任务描述

1. 创建一个新演示文稿，输入文本，包括教案课程名称和主讲者姓名。
2. 使用自拍照片作为幻灯片背景。
3. 为标题设定动画效果。

最终效果如图 5-1 所示。

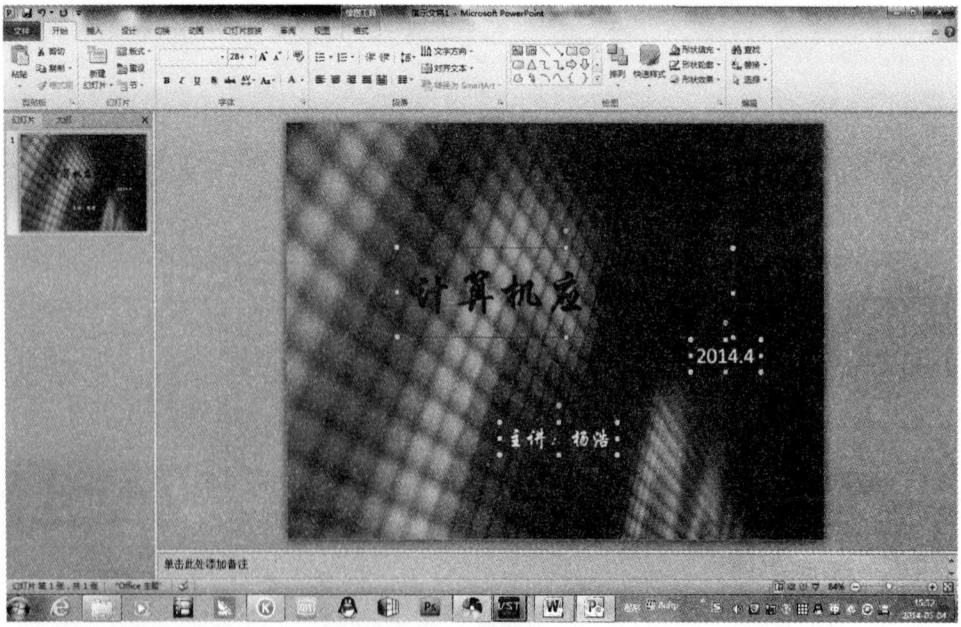

图 5-1　首页幻灯片

★任务实施

步骤 1：创建新演示文稿

执行“文件”｜“新建”｜“空白演示文稿”｜“创建”命令，创建一个新演示文稿。

步骤 2：输入并设置文本

（1）在 PowerPoint 2010 编辑窗口中，单击标题文本框输入教案课程名称“计算机基础”。

（2）单击副标题文本框输入时间“2014. 4”。

（3）单击文字，出现光标后拖动鼠标至末尾后对其进行字体和字号的调节。将主标题文本设置成华文行楷、60 磅、加粗、红色；副标题文本设置成华文中宋、28 磅、加粗、白色。

步骤 3：设置背景

（1）右击幻灯片，在弹出的快捷菜单中选择“设置背景格式”命令，在弹出的“设置背景格式”对话框中选择“图片或纹理填充”单选按钮，然后单击“文件”按钮，如图 5-2 所示。

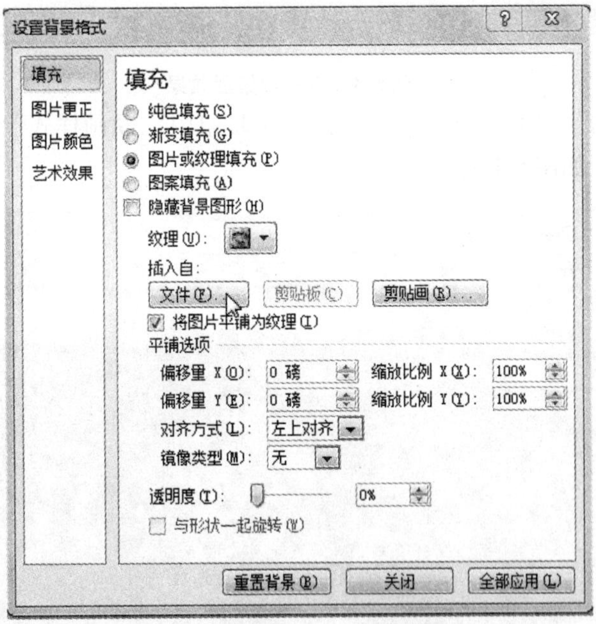

图 5-2　“设置背景格式”对话框

（2）弹出“插入图片”对话框，找到所需图片后，单击“插入”按钮，最后单击“关闭”按钮完成。效果如图 5-3 所示。

步骤 4：设置自定义动画

用户通过选择幻灯片中的对象，再选择一种预设的动画效果，可以为当前选择的对象添加相应的预设动画效果。

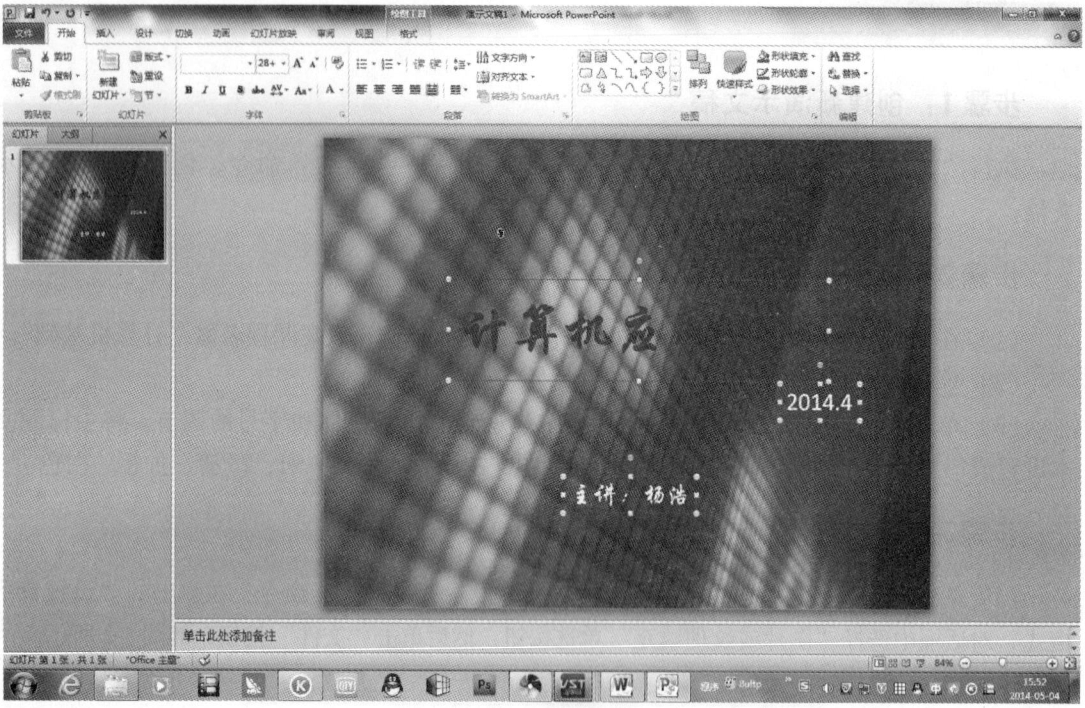

图 5-3　设置背景后效果

选中标题，单击“动画”选项卡“动画”工具组中“动画样式”列表中的动画选项即可为标题设定动画，如图 5-4 所示。

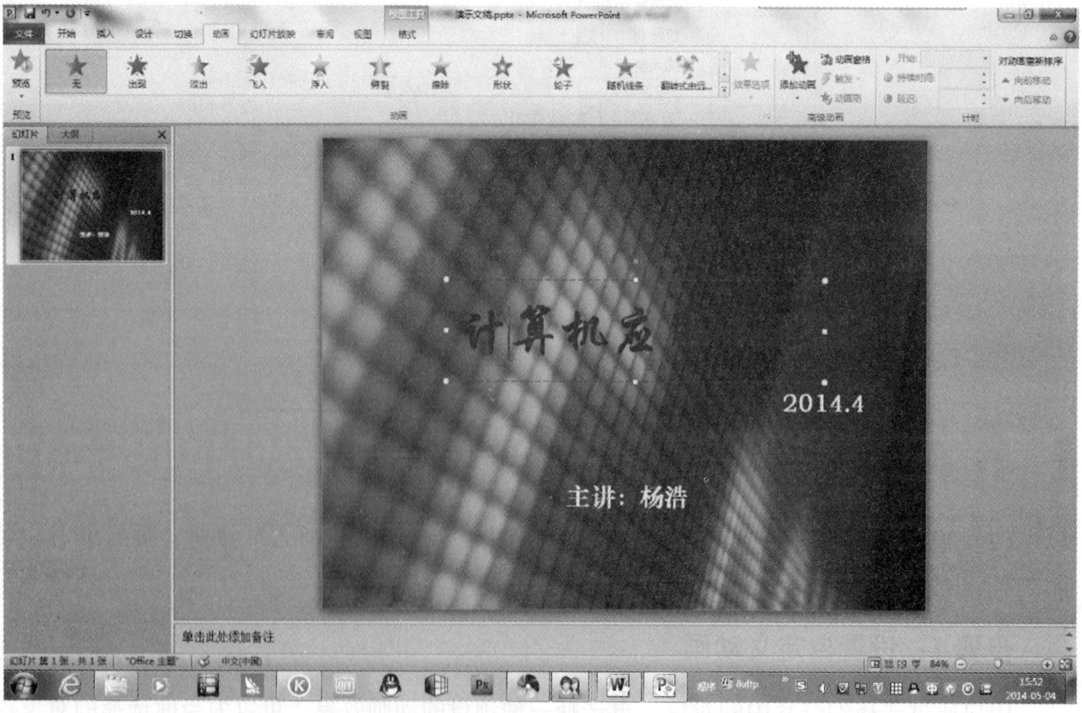

图 5-4　设定动画效果

★知识链接

当幻灯片中的对象添加了动画效果后，在每个对象左侧会显示一个带有数字的矩形标记，表示已经对该对象添加了动画效果，中间的数字表示该动画在当前幻灯片中的播放顺序。为幻灯片的对象添加动画效果之后，“自定义动画”任务窗格中的列表框会按照添加的顺序依次向下显示当前幻灯片添加的所有动画效果。将鼠标指针移动到该动画上方时，系统会提示该动画效果的主要属性，如动画的开始方式、动画效果名称及被添加对象的名称等信息。

任务二　制作包含图形、动画的电子教案页

★任务描述

1. 插入一张新幻灯片。
2. 插入 SmartArt 图形。
3. 添加艺术字。
4. 设定图形随操作动态出现，效果如图 5-5 所示。

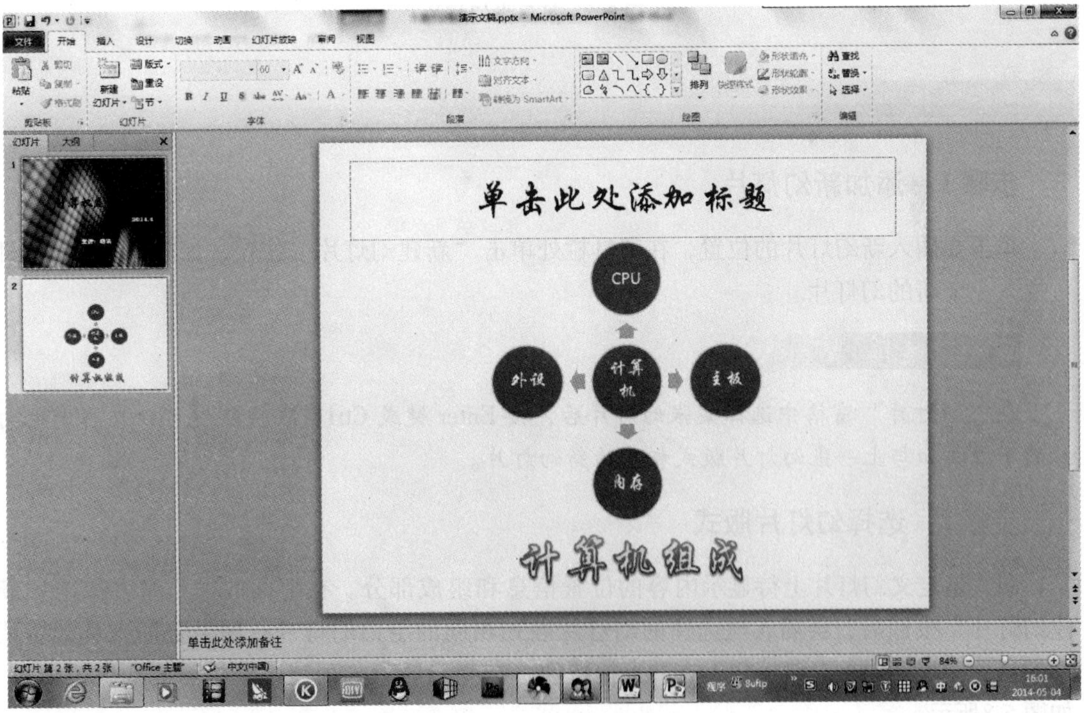

图 5-5　第二张幻灯片

5. 插入新幻灯片，在幻灯片中插入文本、图片、艺术字，效果如图 5-6 所示。

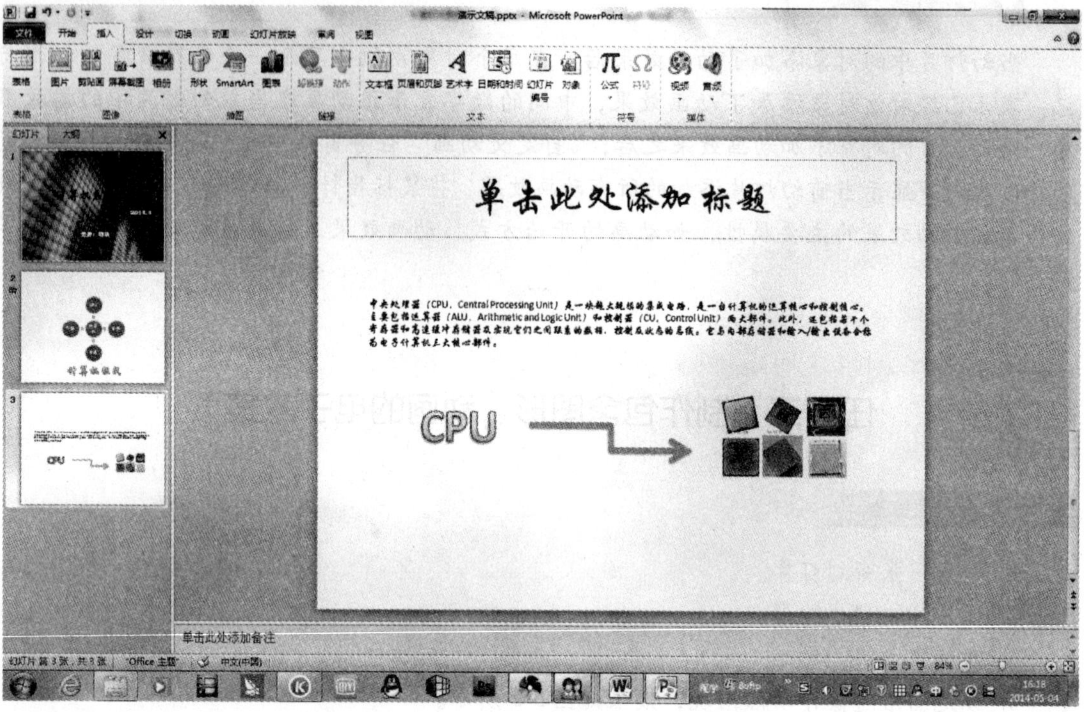

图 5-6　第三张幻灯片

★任务实施

步骤 1：添加新幻灯片

单击要插入新幻灯片的位置，在工具栏处单击“新建幻灯片”按钮，如图 5-7 所示，即可插入一个新的幻灯片。

★知识链接

在“幻灯片”窗格中选择某张幻灯片后，按 Enter 键或 Ctrl + M 快捷键可以在当前幻灯片的下方添加与上一张幻灯片版式相同的新幻灯片。

步骤 2：选择幻灯片版式

版式是定义幻灯片上待显示内容的位置信息和组成部分。在上面的操作中，单击“新建幻灯片”按钮后，会插入与选择的幻灯片版式相同的空白幻灯片；如果要插入其他版式的幻灯片，则需要单击该按钮下方的下拉按钮，在弹出的版式列表中选择需要的版式即可，如图 5-8所示。

若要更改幻灯片版式，方法是单击“开始”选项卡“幻灯片”工具组中的“版式”按钮，在弹出的版式列表中选择需要的版式即可。

图 5-7　新建幻灯片命令

图 5-8　设置幻灯片版式

步骤 3：插入 SmartArt 图形

SmartArt 图形是信息和观点的直观表示形式，它包括图形列表、流程图以及更为复杂的图形（如关系组织结构图）等。

切换到“插入”选项卡，单击“插图”工具组中的“SmartArt”按钮，如图 5-9 所示。

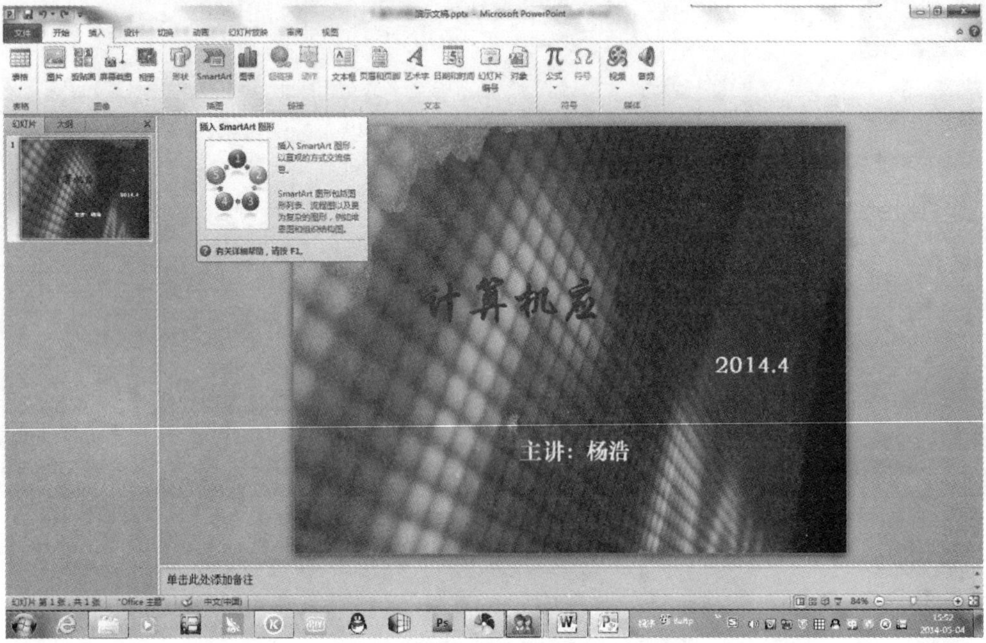

图 5-9　执行“插入 SmartArt 图形”命令

在弹出的对话框中选择所需的图形样式，如图 5-10 所示。输入 SmartArt 图形中的文字。

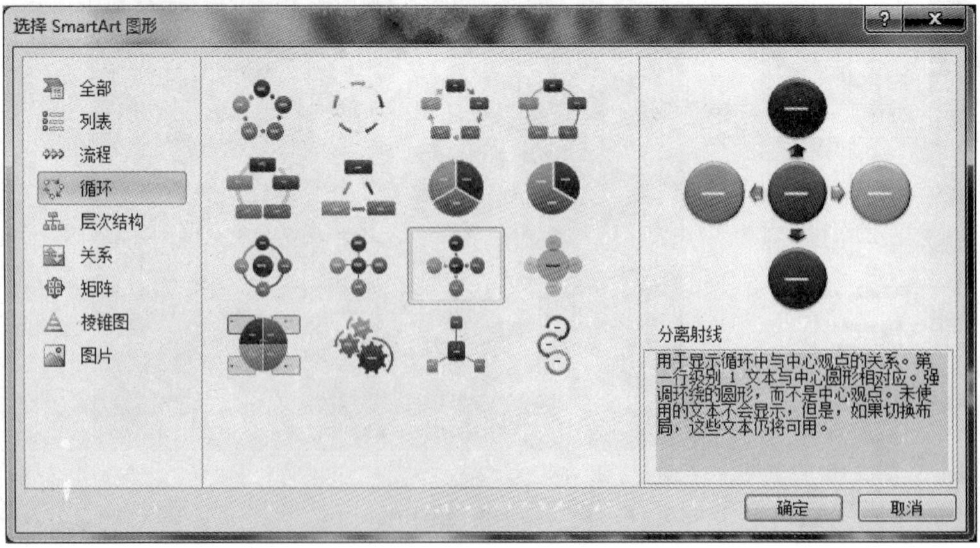

图 5-10　选择 SmartArt 图形

步骤 4：添加艺术字

艺术字是一种特殊的图形文字，常用来表现幻灯片的标题。

单击“插入”选项卡“文本”工具组中的“艺术字”按钮，单击列表中要插入的艺术字样式，如图 5-11 所示。输入文字，然后将其放置在合适的位置即可。

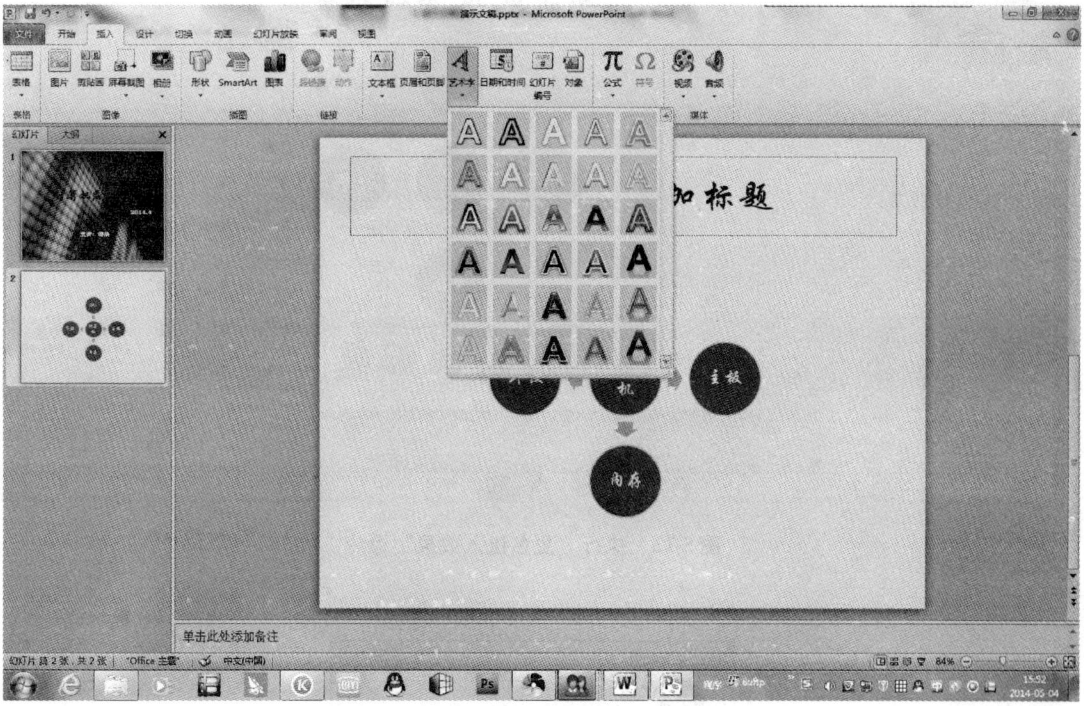

图 5-11　执行“插入艺术字”命令

步骤 5：设置动画效果

（1）为艺术字添加动画。在任务一中，学习了快速为所选对象添加动画的方法，但用户不能按照自己的创意进行更多的设置。PowerPoint 2010 中的“自定义动画”功能可以为演示文稿中的所有对象，包括文字、图片、图形图表等实现动画效果。

选定艺术字，单击“动画”选项卡“高级动画”工具组中的“添加动画”按钮，在下拉列表中执行“更多进入效果”命令，如图 5-12 所示，弹出“添加进入效果”对话框，如图 5-13 所示。

（2）为 SmartArt 图形添加动画。选定 SmartArt 图形，按上面的方式设置一种进入的动画效果。

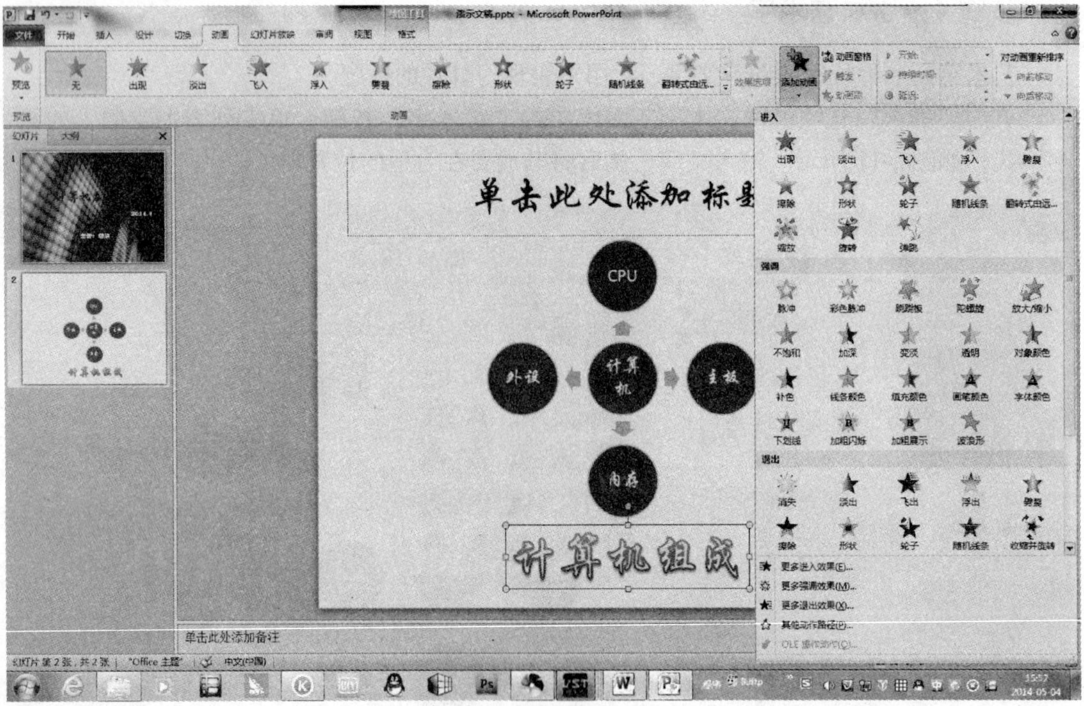

图 5-12　执行“更多进入效果”命令

图 5-13　选择进入方式

步骤 6：设置动画选项

在添加动画效果后，可以对动画的选项进行设置，如设置动画的开始方式、持续时间和延迟时间。

单击 SmartArt 图形，单击“动画”选项卡“计时”工具组中“开始”选项右侧的下拉按钮，选择“上一动画之后”，表示在上一个动画执行完毕后开始此动画，如图 5-14 所示。“持续时间”为动画从开始到执行完毕的时间，“延迟”指接到执行该动画的指令到开始执行的时间。

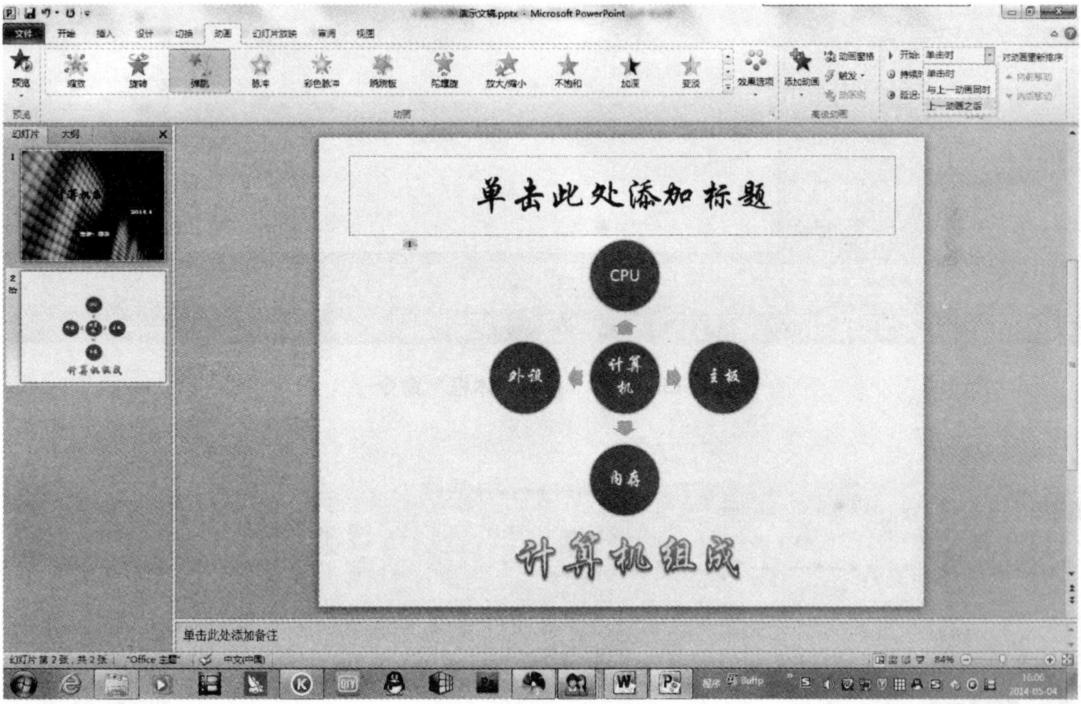

图 5-14　设置动画选项

★知识链接

动画开始的三种方式为“单击时”“与上一动画同时”和“上一动画之后”。“单击时”表示只有当单击左键时才执行该动画；“与上一动画同时”表示两个动画同时进行；“上一动画之后”表示上一动作结束后马上执行该动画。

步骤 7：添加文本

单击“插入”选项卡“文本”工具组中的“文本框”按钮，执行下拉列表中的“横排文本框”命令，如图5-15所示。

按住鼠标左键拖动绘制文本框。在绘制的文本框中输入文字，输入方法及文字格式的设置方法同在 Word 中一样，效果如图 5-16 所示。

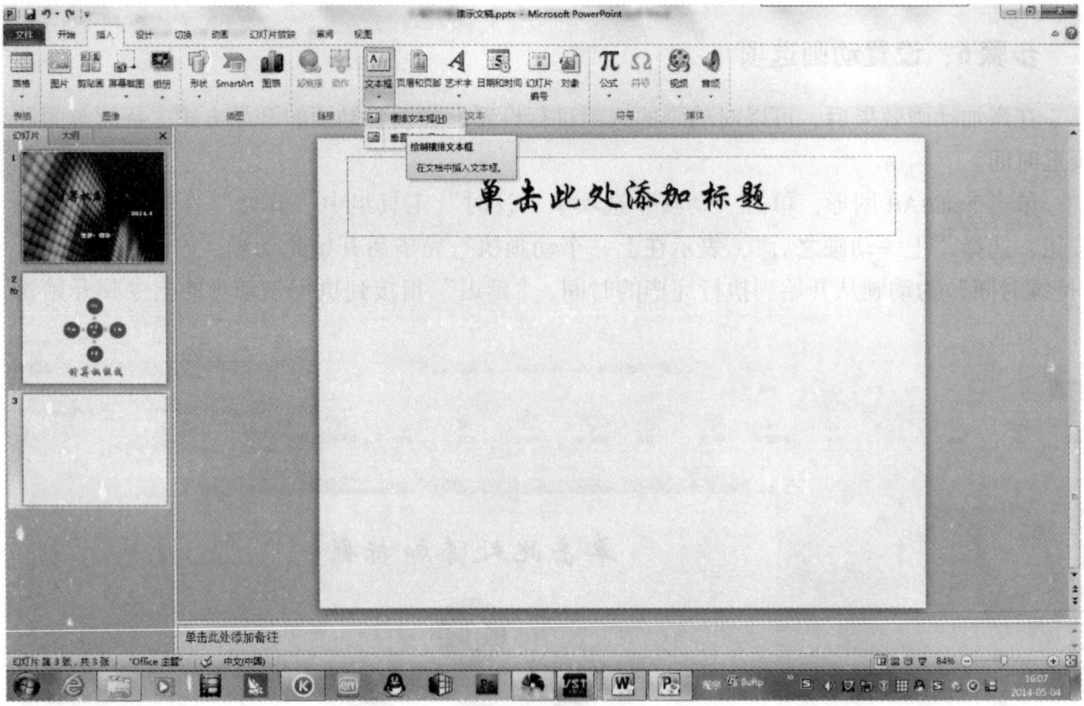

图 5-15　执行“插入文本框”命令

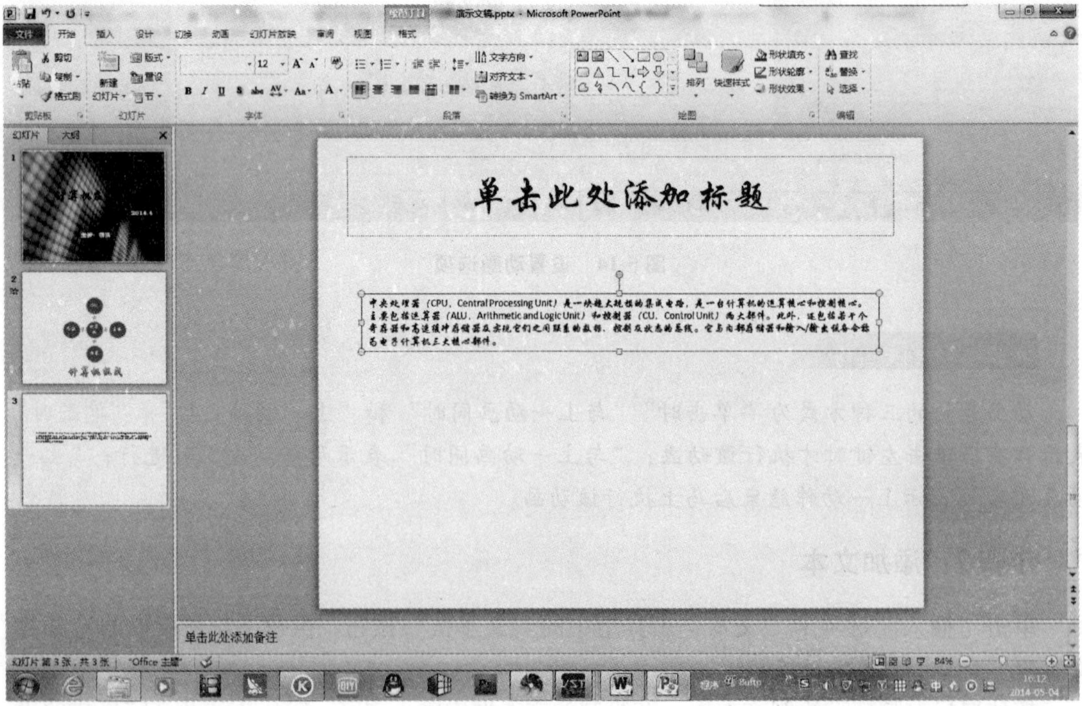

图 5-16　输入文字

步骤 8：插入图片和图形

（1）插入图片。单击“插入”选项卡“图像”工具组中的“图片”按钮，如图 5-17 所示，在弹出的“插入图片”对话框中选择图片，图片的设置方法同在 Word 中一致。

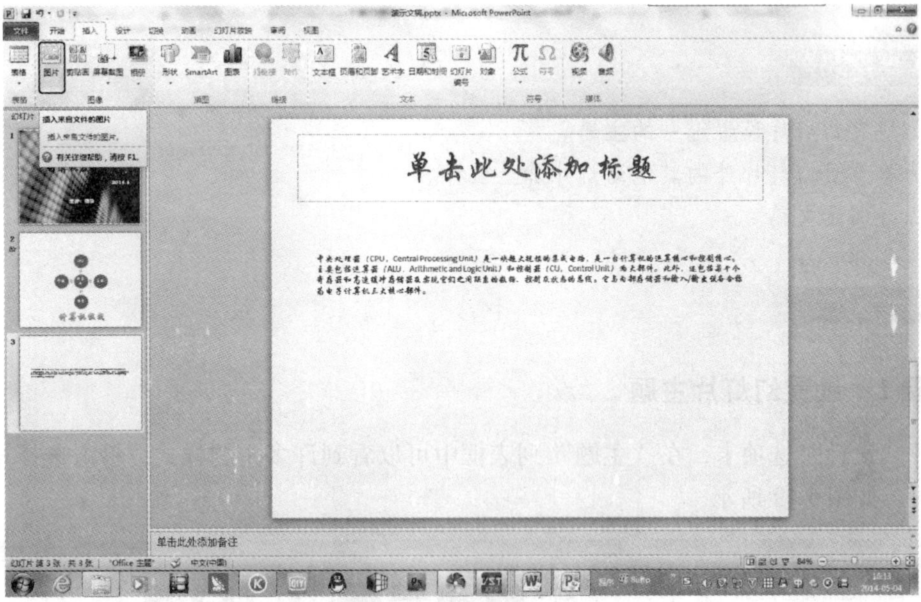

图 5-17　执行“插入图片”命令

（2）插入图形。单击“插入”选项卡“插图”工具组中的“形状”按钮，在弹出的列表中选择要插入的形状，如图 5-18 所示。拖动鼠标在幻灯片中绘制形状大小。

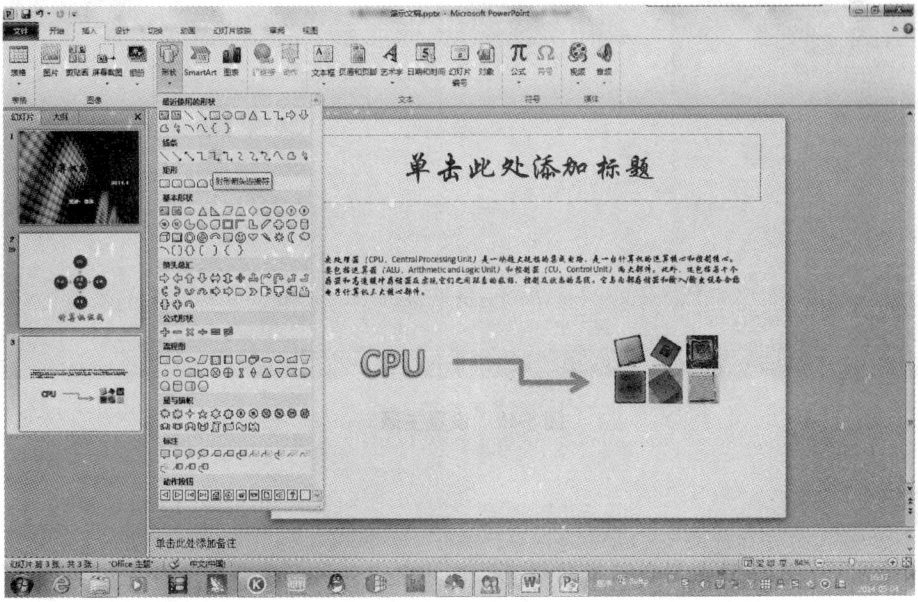

图 5-18　执行“插入形状”命令

在幻灯片中加入艺术字“CPU”，使幻灯片更加美观，即可得到最终幻灯片。

任务三　统一演示文稿的外观格式

★任务描述

1. 为所有幻灯片设置统一的主题。
2. 为除首页幻灯片外的其他幻灯片加上徽标。
3. 保存演示文稿。

★任务实施

步骤 1：设置幻灯片主题

打开“设计”选项卡，在“主题”列表框中可以看到许多主题样式，单击选择相应的主题即可，如图 5-19 所示。

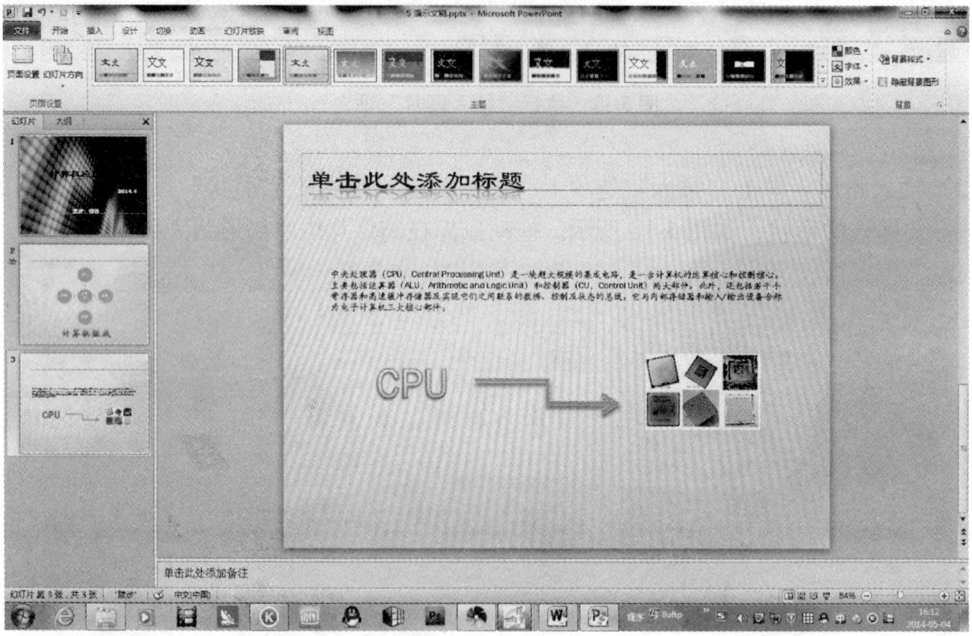

图 5-19　设置主题

★知识链接

默认情况下，选择的主题会应用到所有幻灯片中，如果只需要将主题应用到当前幻灯片中，则需要在选择的主题上右击，在弹出的快捷菜单中选择应用范围即可。

如果主题列表中没有满意的版式，用户可以将其他演示文稿中的主题应用于当前演示文稿，方法是打开其他演示文稿，在“设计”选项卡的“主题”样式列表中单击“保存当前主题”命令即可。

步骤 2：设计幻灯片母版

(1) 在“视图”选项卡的“母版视图”工具组中，单击“幻灯片母版”按钮，如图 5-20 所示，切换到幻灯片母版视图，如图 5-21 所示。

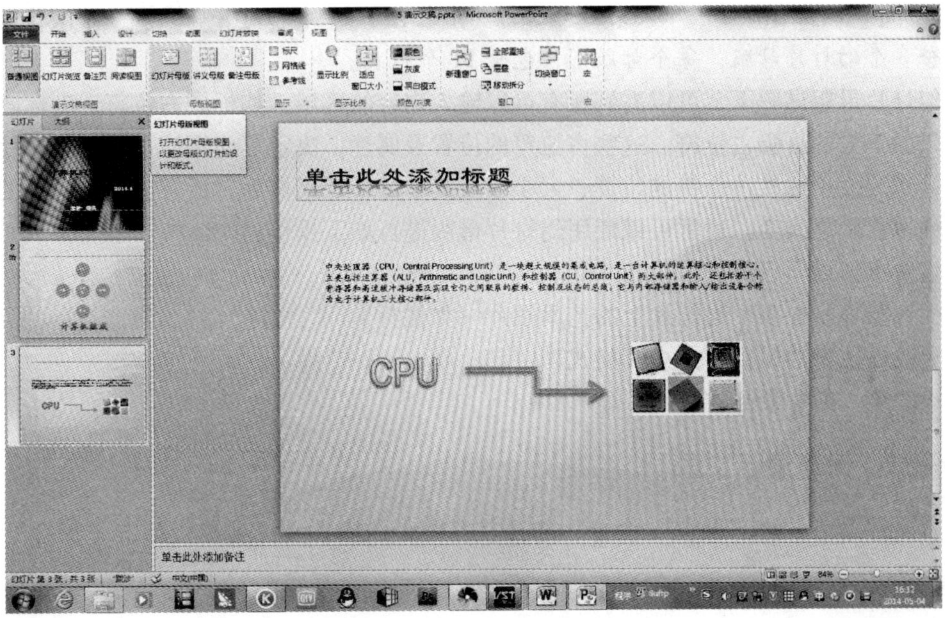

图 5-20　执行“切换到幻灯片母版”命令

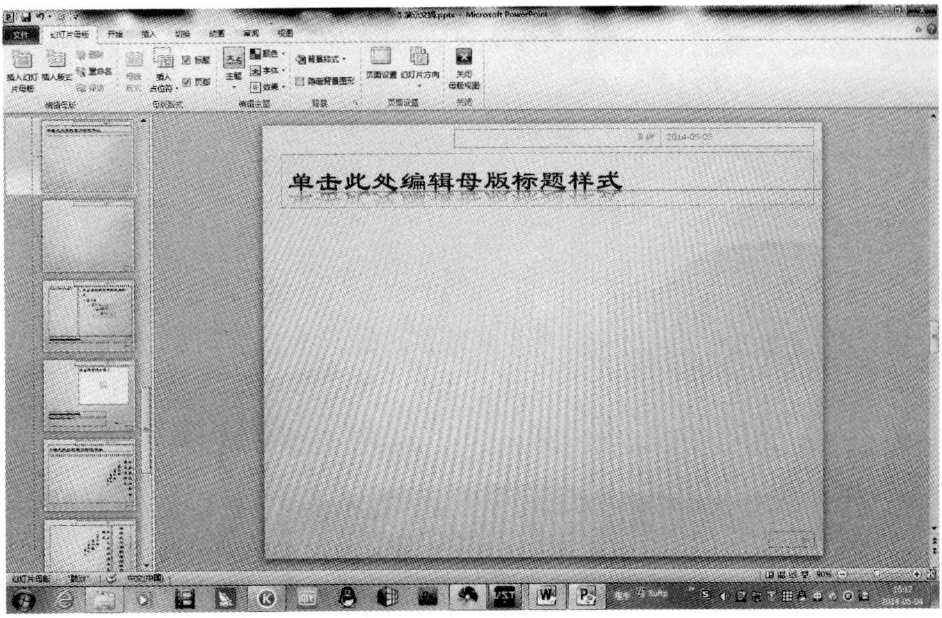

图 5-21　幻灯片母版视图

（2）找到幻灯片所应用的版式，然后单击“插入”面板“图像”选项组中的“图片”按钮，插入作为徽标的图片。这样，所有应用该版式的幻灯片都将插入该图片。

★知识链接

幻灯片母版相当于一种模板，能够存储幻灯片的所有信息，包括文本和对象在幻灯片上的放置位置、文本和对象的大小、文本样式、背景、颜色主题、效果和动画等。在PowerPoint 2010中，默认自带了一个幻灯片母版，其中包含了11个幻灯片版式。一个演示文稿中可以包含多个幻灯片母版，每个母版下又包含11个版式。

在幻灯片母版试图下，可以看到所有可以输入内容的区域，如标题占位符、副标题占位符以及母版下方的页脚占位符。这些占位符的位置及属性，决定了应用该母版的幻灯片的外观属性，当改变了这些占位符的位置、大小以及其中的外观属性后，所有应用该母版的幻灯片的属性也将随之改变。通常可以使用幻灯片母版进行如下操作：

①设置字体或项目符号。

②插入要显示在多个幻灯片上的艺术图片（如徽标）。

③更改占位符的位置、大小和格式。

④设置统一的背景样式。

步骤3：保存演示文稿

执行文件菜单中的“保存”命令，选择保存路径，输入文件名称，单击“保存”按钮即可。

项目二

演示文稿的应用

任务一　放映演示文稿

★任务描述

1. 将演示文稿中的幻灯片切换方式设置为“涟漪”，并设置为应用到幻灯片文稿中的所有幻灯片。

2. 设置幻灯片的放映方式为全屏幕、循环放映。

3. 设置自动换页。

★任务实施

步骤 1：为幻灯片添加切换动画

（1）单击“切换”选项卡，单击“切换到此幻灯片”工具组样式列表中的切换方式，如图 5-22 所示。

（2）单击“计时”工具组中的“全部应用”按钮，将此切换方式应用到所有幻灯片。

★知识链接

如果不单击“全部应用”按钮，设置的是当前的单张幻灯片。设置了幻灯片切换方式后，幻灯片的标记下方会显示动画标记。在同一个演示文稿中，可以为多张幻灯片设置不同的切换方式，但要尽量避免超过 3 种幻灯片切换方式。

在“切换到此幻灯片”工具组中，还可以对幻灯片的切换方式进行更多设置。例如，单击“效果选项”按钮，可设置切换方式等。

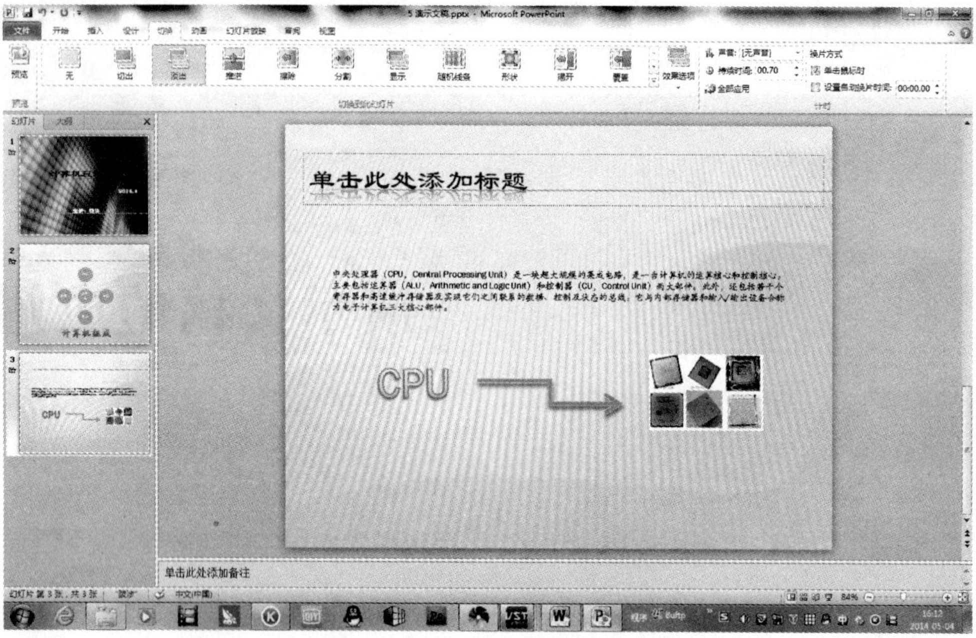

图 5-22　设置切换方式为“涟漪”

步骤 2：设置幻灯片的放映方式

单击“幻灯片放映”选项卡“设置”工具组中的“设置幻灯片放映”按钮，在弹出的对话框中设置放映方式，如图 5-23 所示。

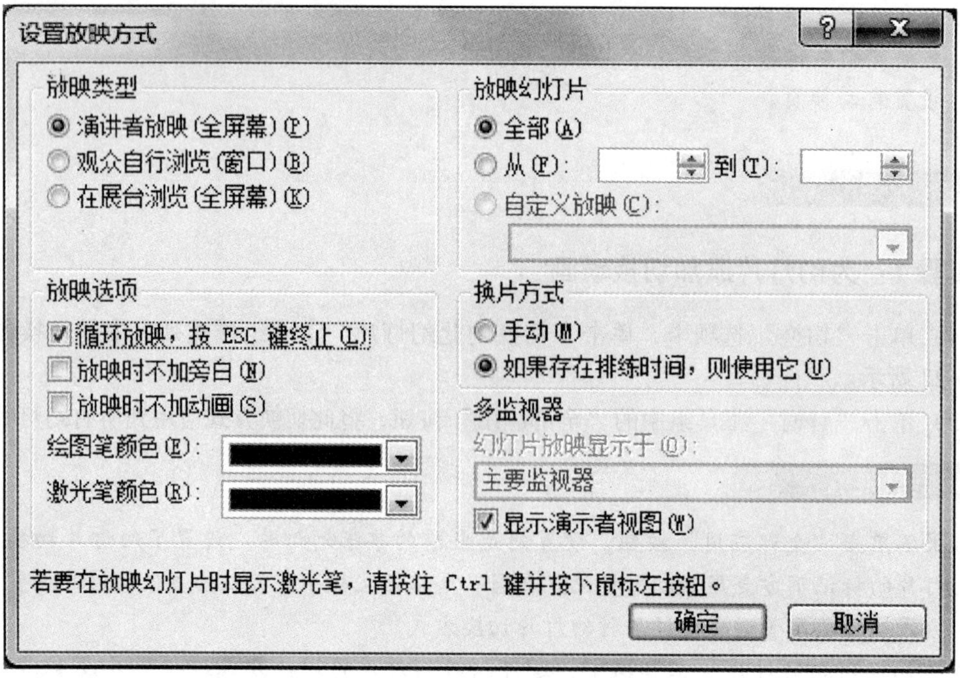

图 5-23　设置幻灯片放映方式

★知识链接

“演讲者放映（全屏幕）”放映方式是指在现场观众面前放映演示文稿；“观众自行浏览（窗口）”放映方式是指让观众能够在计算机上通过硬盘驱动或 CD，或者在互联网上查看演示文稿；若要在展台放映演示文稿，则应选择“在展台浏览（全屏幕）”放映方式。在“放映幻灯片”区可以设置放映范围；在“换片方式”区可以设置幻灯片的放映方式。

步骤 3：排练计时

单击“幻灯片放映”选项卡“设置”工具组中的“排练计时”按钮，如图 5-24 所示。开始放映幻灯片，并自动开始为每张幻灯片计时。

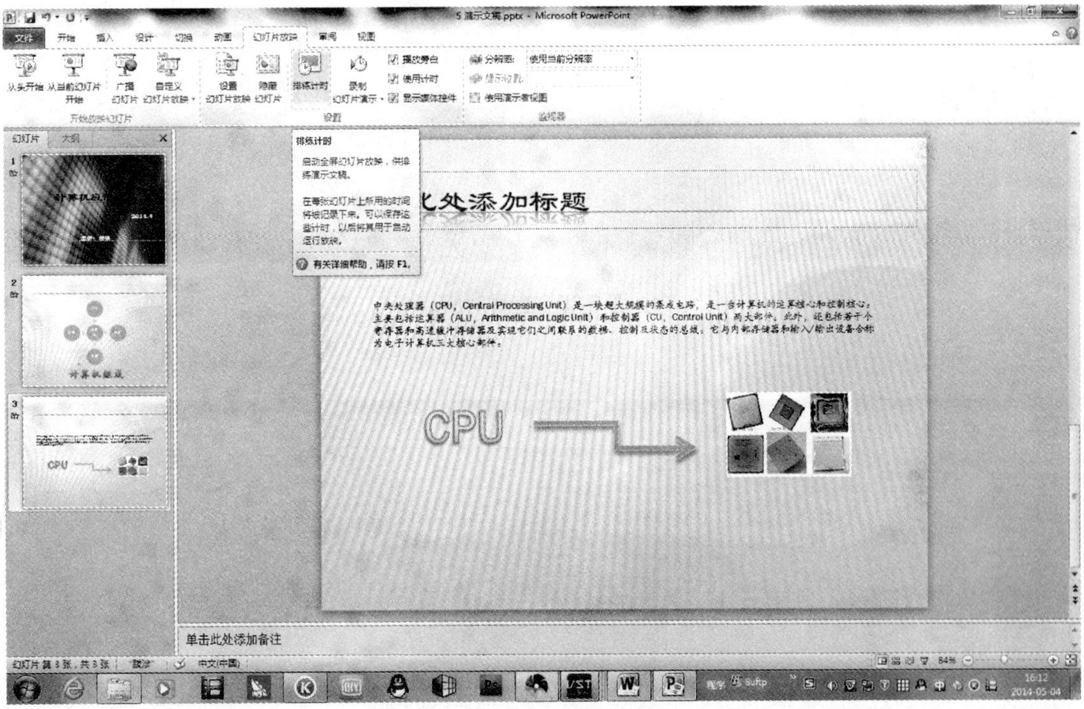

图 5-24　执行“排练计时”命令

幻灯片放映完毕，弹出一个确认对话框，确认是否保留新的幻灯片排练时间，单击“是”按钮。切换到幻灯片浏览视图，幻灯片下方显示排练计时时间，如图 5-25 所示。

步骤 4：放映演示文稿

单击“幻灯片放映”选项卡“开始放映幻灯片”工具组中的“从头开始”按钮，即可从头开始放映演示文稿，如图 5-26 所示。

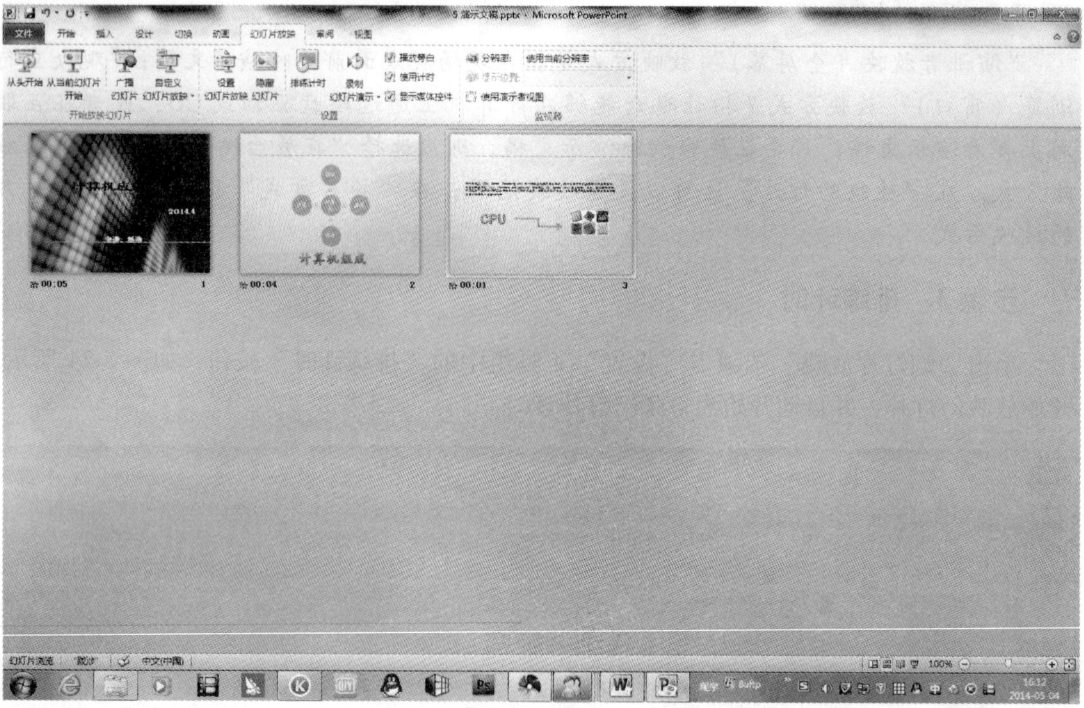

图 5-25　查看时间

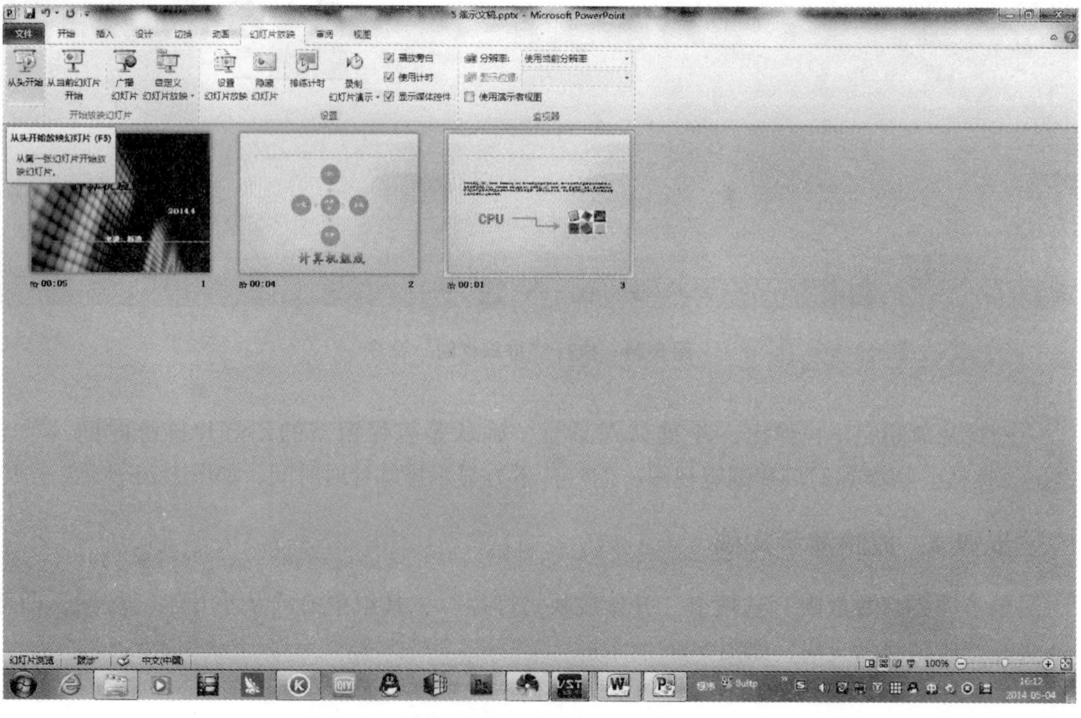

图 5-26　从头开始播放幻灯片

★知识链接

按 F5 键可从头播放幻灯片，按 Ctrl + F5 键可以从当前幻灯片处开始放映。单击视图控制区上的“放映”按钮也可以放映幻灯片。

任务二　打包演示文稿

★任务描述

将演示文稿打包后，将其所在的文件复制到其他计算机上，无论此计算机是否安装了 PowerPoint 程序，都可以正常播放演示文稿内容。

★任务实施

（1）单击“文件”按钮，在左侧的命令列表中执行“保存并发送”命令，在弹出的下一级菜单中执行“将演示文稿打包成 CD”命令，接着单击“打包成 CD”按钮，如图 5-27 所示。

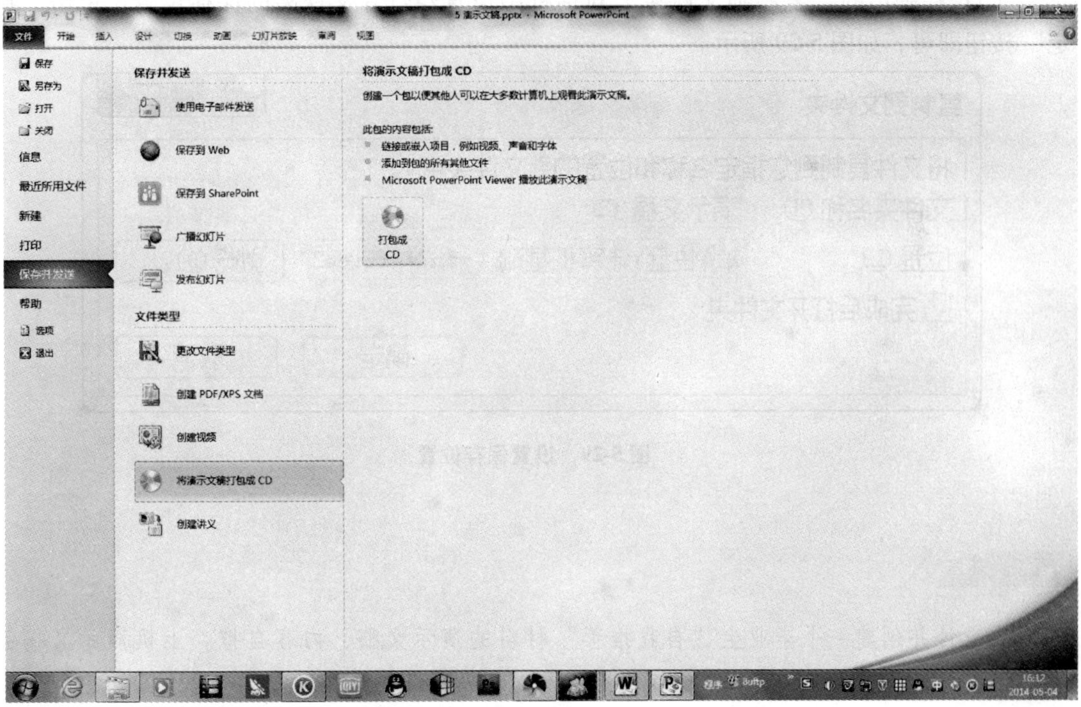

图 5-27　执行“打包成 CD”命令

（2）在弹出的对话框中输入打包成 CD 后的文件夹的名称，单击“复制到文件夹”按钮，如图 5-28 所示。

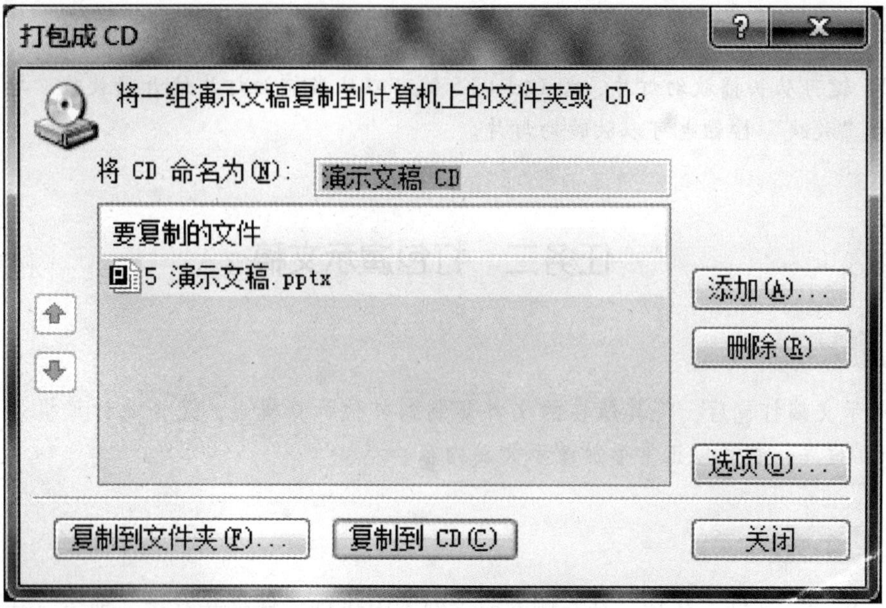

图 5-28　命名文件夹

（3）在弹出的“复制到文件夹”对话框中设置幻灯片文件夹的保存位置，单击“确定”按钮即可，如图 5-29 所示。

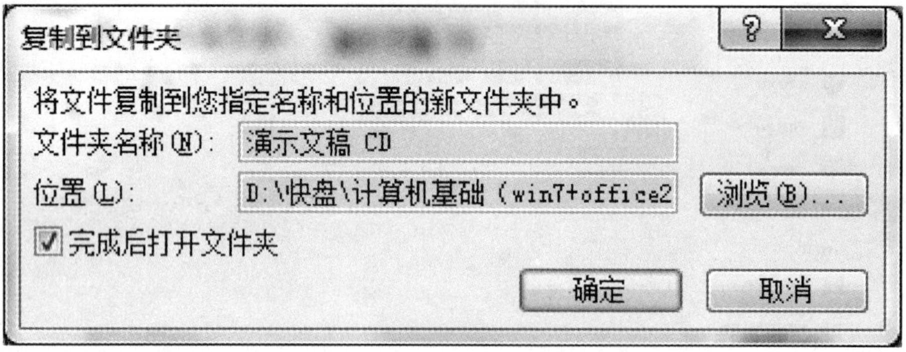

图 5-29　设置保存位置

练　习

1. 设计并创建一个毕业生“自我推荐”材料的演示文稿，内容自拟。上机演示文稿创建、打开、保存、修改、建立模板、设置动画、切换视图等操作。

2. 设计一套给新生介绍本校情况的幻灯片。其内容包括学校概况、学校发展规模、学校组织结构等情况。

模块六　网络基础知识

Internet 代表着当代计算机体系结构发展的一个重要方向。由于 Internet 的迅速发展，人类社会的生活理念也因此发生了巨大的变化，Internet 使全世界真正成为一个“地球村”和“大家庭”。

项目一

IP 地址设置与网页浏览

任务一 设置 IP 地址

★任务描述

计算机要连接网络，首先应该设置 IP 地址，即输入 IP 地址、子网掩码、默认网关、DNS 等。

★任务实施

（1）执行“开始”|“控制面板”命令，打开控制面板，单击其中的“网络和共享中心”链接，在打开的“网络和共享中心”窗口左侧单击“更改适配器设置”链接，如图 6-1 所示。

（2）在弹出的“网络连接”窗口中右击“本地连接”图标，在弹出的快捷菜单中选择“属性”命令，如图 6-2 所示。

（3）在打开的“本地连接 属性”对话框中选中“Internet 协议版本 4（TCP/IPv4）”项目，然后单击“属性”按钮，如图 6-3 所示。

（4）在打开的“Internet 协议版本 4（TCP/IPv4）属性”窗口中单击“使用下面的 IP 地址”单选按钮，在文本框中输入 IP 地址、子网掩码、默认网关。然后单击“使用下面的 DNS 服务器地址”单选按钮，在文本框中输入首选 DNS 服务器和备用 DNS 服务器地址，如图 6-4 所示。然后单击“确定”按钮，回到“本地连接 属性”窗口，再单击“确定”按钮即可。

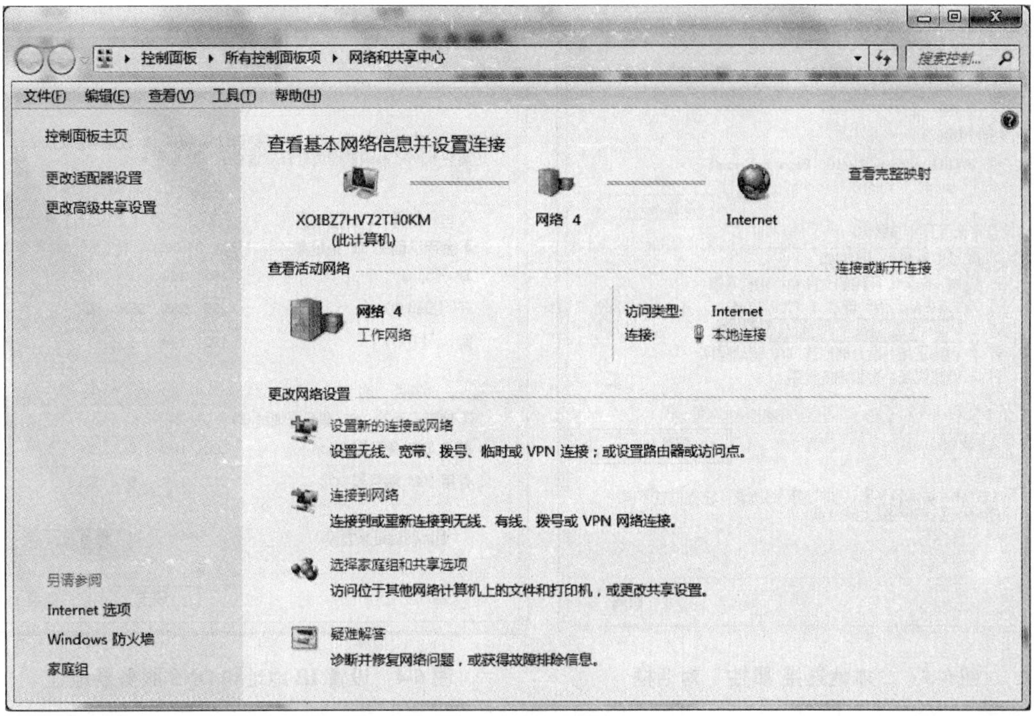

图 6-1　执行“更改适配器设置”命令

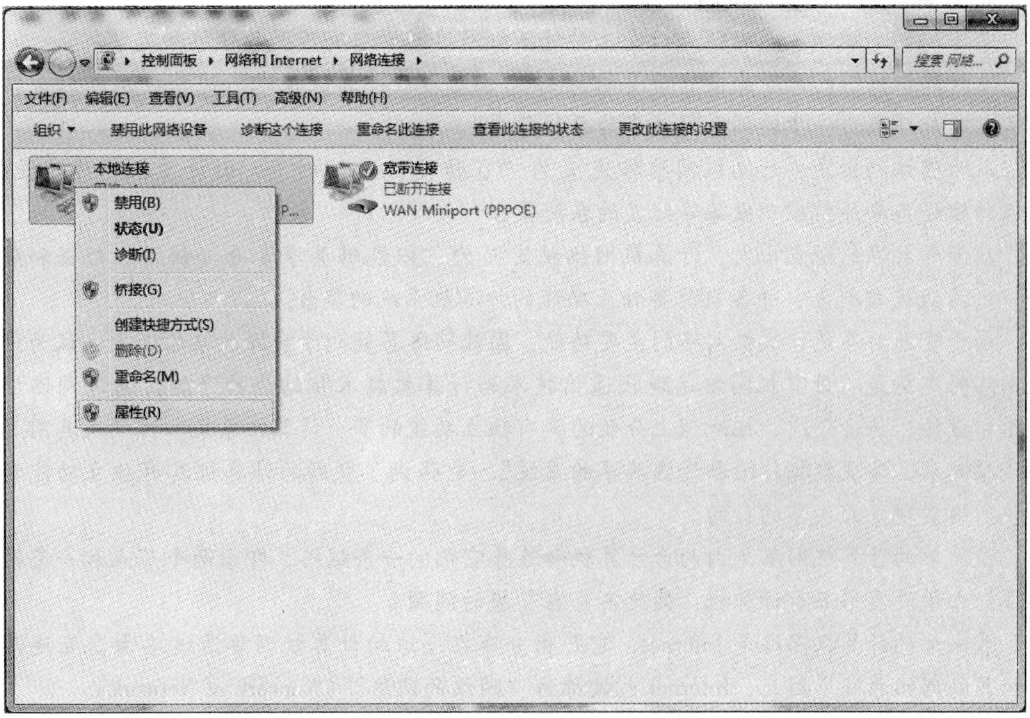

图 6-2　“网络连接”窗口

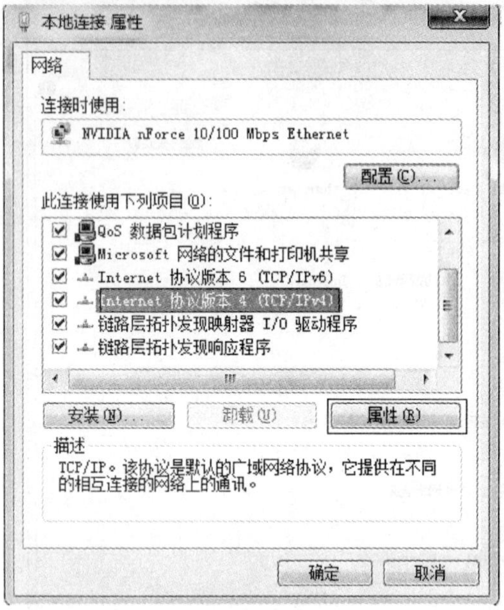

图 6-3　“本地连接 属性”对话框

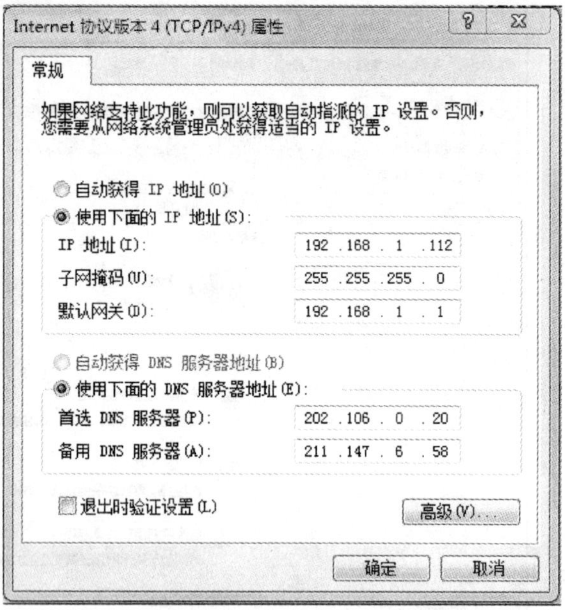

图 6-4　设置 IP 地址和 DNS 服务器地址

★知识链接

1. 计算机网络的基本概念

从不同的角度、不同的观点出发，对计算机网络的概念有不同的理解和定义。

从计算机网络的产生出发，计算机网络被定义为“计算机技术与通信技术相结合实现远程信息处理或进一步达到资源共享的系统集合”。

从物理结构出发，计算机网络被定义为“在传输协议控制下，由计算机、终端设备、数据传输设备和通信控制设备等组成的系统集合”。

从资源共享的观点出发，计算机网络被定义为“以能够共享资源（软件、数据和硬件等）的方式连接起来，并各自具备独立功能的计算机系统的集合”。

由于资源共享是计算机网络的主要功能，因此网络界倾向于资源共享的观点，认为计算机网络的定义是“计算机网络是现代通信技术与计算机技术相结合的产物，通过网络协议和通信设备、传输介质，把地理上分散的具有独立功能的多个计算机系统、终端及其附属设备连接起来，实现数据传输和资源共享的系统”，它强调了联网的计算机具有独立功能和计算机网络实现资源共享的目的。

最简单的计算机网络是由两台计算机和连接它们的一条链路，即由两个节点和一条链路组成。由于没有第三台计算机，因此不存在交换的问题。

最庞大的计算机网络是 Internet，它是由分布在全球的计算机网络通过路由器互连而成的计算机网络系统。因此，Internet 也被称为“网络的网络”（Network of Network）。

2. 计算机网络的分类

按照不同的分类标准，计算机网络有多种分类方法。按照网络规划和覆盖范围即网络通信距离的远近，通常把计算机网络分为局域网、广域网、城域网和接入网四大类。这是最常用的一种分类方法。

（1）局域网。局域网（Local Area Network，LAN），也叫本地网。网络规模比较小，覆盖范围在方圆几米到几千米内，一般都用专用的网络传输介质连接而成。它是连接近距离计算机的网络，例如办公室、实验室内，或一幢建筑物、一个校园、一个工厂内的计算机网络，因此也出现了校园网或企业网等名词。局域网的优点是数据传输快（一般为 10 Mbps ~ 100 Mbps）、成本较低、组网较方便、信息安全性好。

（2）广域网。广域网（Wide Area Network，WAN），也叫远程网。网络规模很大，覆盖范围从几十千米到几千千米，可能在一个城市、一个国家或分布在全球范围。它是由电话线、微波、卫星等远程通信线路连接起来的跨城市、跨地区，甚至跨洲的网络，在广大范围内实现资源共享。

（3）城域网。城域网（Metropolitan Area Network，MAN），也叫都市网。网络规模较大，覆盖范围介于前两者之间，一般从方圆几千米到几十千米，通常是指城市地区的计算机网络。它可以覆盖一组邻近的公司办公室和一个城市，既可能是私有的也可能是公用的。从网络的层次上看，城域网是广域网和局域网之间的桥接区。城域网的优点是支持数据和声音，实现高速通信和信息共享，可能涉及当地的有线电视网。

（4）接入网。接入网（Access Network，AN），也叫本地接入网或居民接入网，它是由于近几年来用户对高速上网需求的增加而出现的一种网络技术。接入网是局域网和城域网之间的桥接区。接入网提供多种高速接入技术，使用户接入 Internet 的瓶颈得到某种程度上的解决。

3. 计算机网络的功能

建立计算机网络的主要目的是通过计算机之间的互相通信，实现网络资源共享。计算机网络的主要功能有以下几个方面：

（1）数据通信。数据通信是计算机网络最基本的功能。利用计算机网络可实现服务器与客户机、终端与计算机、计算机与计算机之间快速可靠地传送数据，进行信息处理，如传真、电子邮件（E-mail）、电子数据交换（EDI）、电子公告牌（BBS）、远程登录（Telnet）与信息浏览等通信服务。利用这一特点，可实现将分散在各个地区的单位或部门用计算机网络联系起来，进行统一的调配、控制和管理，从而可以方便地进行信息交换、收集和处理。

（2）资源共享。充分利用计算机资源是组建计算机网络的重要目的之一。“资源”指的是网络中所有的软件、硬件和数据资源。“共享”指的是网络中的用户都能够部分或全部地享受这些资源。资源共享使得计算机网络中分散在各地的资源可以互通有无、分工协作，资源的利用率大大提高。

（3）均衡负载。当网络内某一计算机负载过重时，可通过网络将部分任务调配给其他的计算机去处理，这样能均衡各计算机的负载，提高处理问题的实时性。

（4）分布处理。对于一些综合性大型问题，可将问题各部分分散到多个计算机上进行分布式处理，能使各地的计算机通过网络资源共同协作，进行联合开发、研究等，扩大计算机的处理能力，即增强实用性。此外，计算机网络促进了分布式数据处理和分布式数据库的发展。

（5）提高计算机的可靠性。计算机网络系统能实现对差错信息的重发，网络中各计算机还可以通过网络成为彼此的后备机，从而增强系统的可靠性。

4. 网络协议

计算机网络通信协议是计算机网络通信实体之间的语言，是计算机之间交换信息的规则。这种规则对信息的传输顺序、信息格式和信息内容等方面进行约定。不同的网络结构可能使用不同的网络协议；而不同的网络协议设计也造就了不同的网络结构。

一台计算机只有在遵守网络协议的前提下，才能在网络上与其他计算机进行正常的通信。常见的通信协议有 TCP/IP、IPX/SPX 协议、NetBEUI 协议等。

（1）TCP/IP 协议。通信协议是计算机之间用来交换信息所使用的一种公共语言的规范和约定，Internet 的通信协议包含 100 多个相互关联的协议，其中 TCP 和 IP 是两个最核心的关键协议，故把 Internet 协议组称为 TCP/IP。

TCP/IP 是 20 世纪 70 年代中期美国国防部为其研究性网络 ARPANET 开发的网络体系结构。ARPANET 最初是通过租用的电话线将美国的几百所大学和研究所连接起来。随着卫星通信技术和无线电技术的发展，这些技术也被应用到 ARPANET 网络中，而已有的协议已不能解决这些通信网络互连的问题，于是就提出了新的网络体系结构，用于将不同的通信网络无缝连接。这种网络体系结构后来被称为 TCP/IP（Transmission Control Protocol/Internet Protocol）参考模型。

TCP/IP 是一种网际互联通信协议，其目的在于实现网际间各种异构网络和异种计算机的互联通信。TCP/IP 同样适用于在一个局域网内实现异种机的互联通信。在任何一台计算机或者其他类型终端上，无论运行的是何种操作系统，只要安装了 TCP/IP，就能够相互连接和通信并接入 Internet。

TCP/IP 也采用层次结构，但与国际标准化组织公布的 ISO/OSI 七层参考模型不同，它是四层结构，由应用层、传输层、网络层和接口层组成。

（2）IPX/SPX 及其兼容协议。IPX/SPX（Internetwork Packet Exchange/Sequenced Packet Exchange，网际包交换/有序信息包交换协议）包括一个通信协议集，是供局部地区网络使用的高性能协议，它比 TCP/IP 更容易实现和管理，具有强大的路由功能，适用于组建大型的网络，如广域网。IPX/SPX 是 NetWare 网络的最好选择，在非 NetWare 网络环境中，一般不使用 IPX/SPX 协议。

IPX/SPX 及其兼容协议不需要任何配置，可直接通过“网络地址”来识别自己的身份。在 IPX/SPX 协议中，IPX 协议是网络最底层的协议，只负责数据在网络中的传送，并不保证数据是否传输成功，也不提供纠错服务；IPX 在负责数据传送时，如果接收节点在同一网段内，就直接按该节点的 ID 将数据传给它；如果接收节点是远程的（不在同一网段内，或位于不同的局域网中），数据将交给 NetWare 服务器或路由器中的网络 ID，继续数据的下一步传输。SPX 协议在整个协议中负责对所传输的数据进行无差错处理。

任务二　浏览网页

★任务描述

1. 将百度设为浏览器首页。
2. 浏览云南经贸外事职业学院网站。
3. 将网页保存在本地。

★任务实施

步骤1：IE基本设置

（1）设置主页。打开 Internet Explorer 浏览器，执行“工具”｜“Internet 选项”命令，打开图6-5所示对话框，在创建主页选项卡的“地址”栏中输入“www. baidu. com”并单击右下角的“应用”按钮，即可将百度设置为主页，以后每次打开 IE，就会自动登录到百度首页。

（2）安全设置。单击“安全”选项卡，如图6-6所示，单击安全级别区域中的“默认级别”按钮，移动滑块设置安全级别，注意阅读其不同的安全性能。

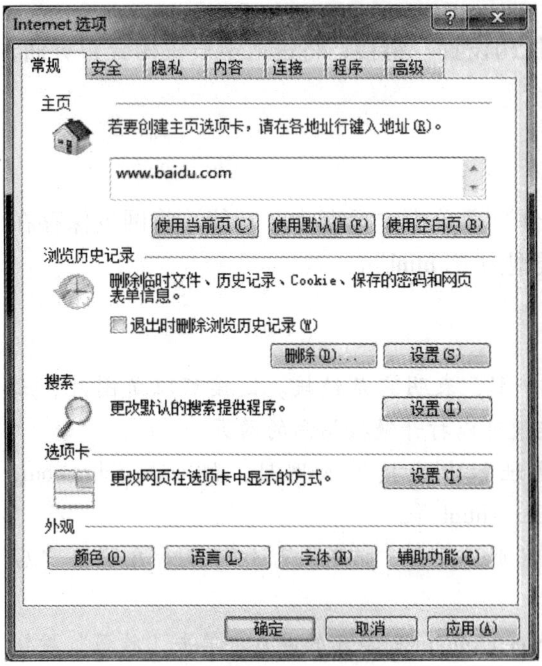

图6-5　设置默认主页

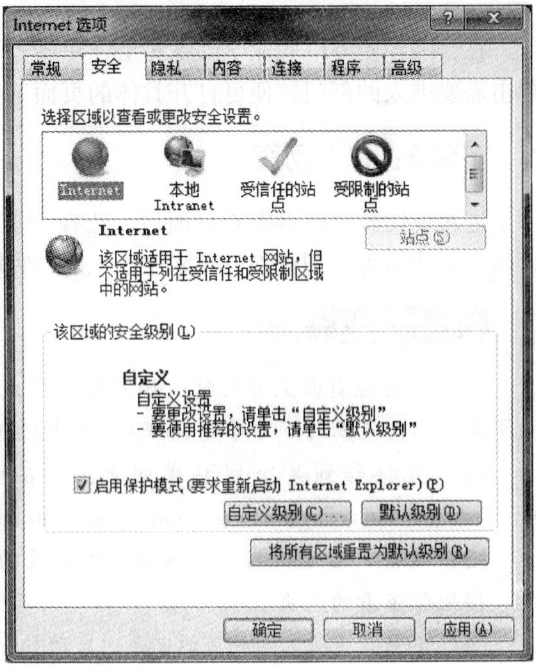

图6-6　设置安全级别

步骤 2：浏览网络信息

启动 Internet Explorer 浏览器，在浏览器窗口地址栏输入“http：//www. ynjwy. com”，按 Enter 键后就可进入云南经贸外事职业学院网站主页，如图 6-7 所示。

图 6-7　云南经贸外事职业学院主页

在云南经贸外事职业学院主页上，单击“机构设置”链接，将进入学校机构分布页面，单击需要进入的部门，便可打开具体的页面。

步骤 3：保存网页

进入现代教育技术中心页面后，选择“文件”菜单中“另存为”功能，将网页保存在桌面，文件名为“现代教育技术中心”，文件类型为“. html”。

★知识链接

（1）鼠标在页面上移动时，如果指针变成手形，表明它是链接。链接可以是图片、三维图像或彩色文本（通常带下画线）。单击链接便可以打开链接指向的网页。

（2）直接转到某个网站或网页，可在地址栏中直接键入网址。如 www. sohu. com，www. edu. cn/HomePage/zhong_ guo_ jiao_ yu/index. shtml 等。

（3）单击“后退”按钮可返回上次看过的网页，单击“前进”按钮可查看在单击“后退”按钮前查看的网页。

（4）单击“主页”按钮可返回每次启动 Internet Explorer 时显示的网页。单击“收藏”按钮可从收藏夹列表中选择站点，单击“历史”按钮可以从最近访问过的网页列表中选择网页。

（5）如果查看的网页打开速度太慢，可单击“停止”按钮中止。

（6）如果网页无法显示完整信息，或者想获得最新版本的网页，可单击“刷新”按钮。

项目二

网络办公应用

任务一　搜索引擎的使用

★任务描述

通过百度进行相关搜索。

★任务实施

在浏览器窗口地址栏输入 http：//www. baidu. com，按 Enter 键后进入百度搜索引擎，如图 6-8 所示。

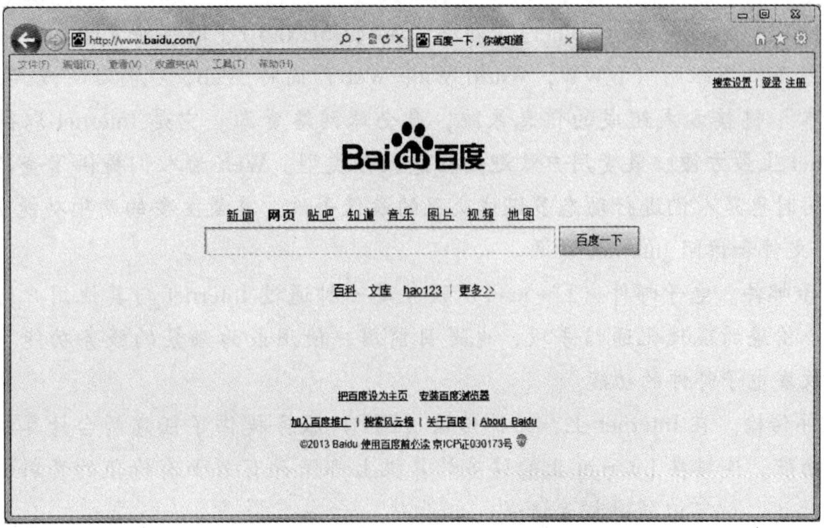

图 6-8　百度首页

在图 6-8 所示的文本框中，输入关键词“中国高职高专”，并单击“百度一下”按钮，搜索出多条相关信息，如图 6-9 所示。

可以根据自己的需要，单击不同的链接，浏览不同的信息。

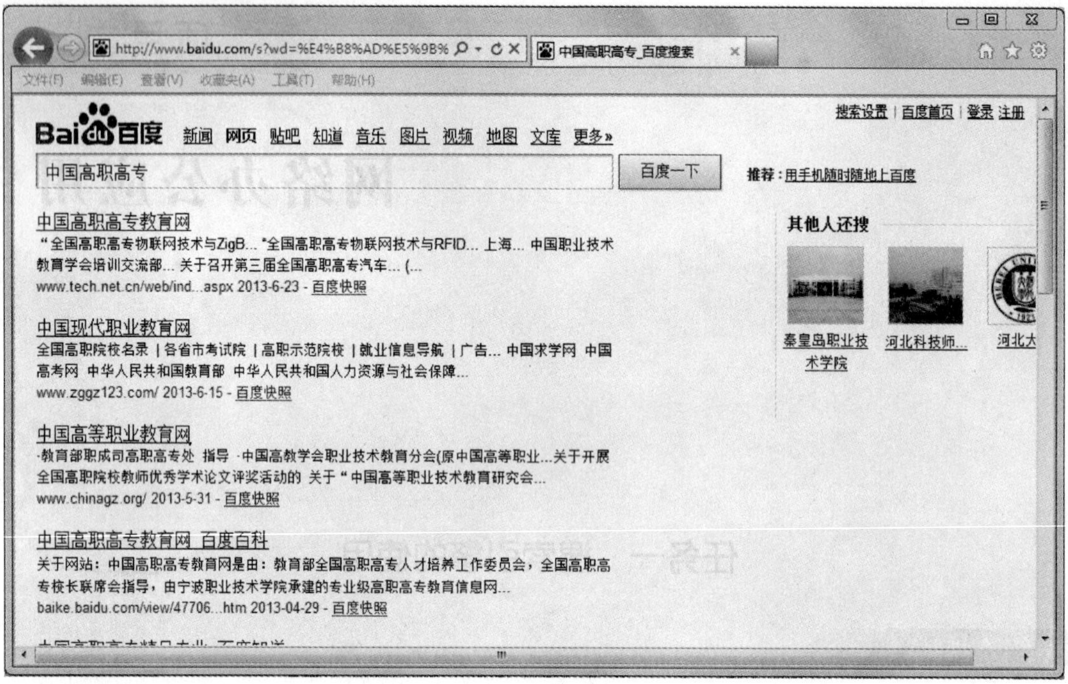

图 6-9　搜索结果

★知识链接

1. Internet 概述

Internet 提供的服务功能很多，常见的服务有万维网（WWW）、电子邮件（E－mail）、文件传输（FTP）、远程登录（Telnet）、网络新闻（USENET）、网络检索等。

（1）万维网。万维网（WWW，World Wide Web）简称 Web，也称 3W 或 W3。它是一个由“超文本”链接方式组成的信息系统，是全球网络资源。它是 Internet 取得的最大成就，是 Internet 上最方便、最受用户欢迎的信息服务类型。Web 为人们提供了查找和共享信息的方法，同时也是人们进行动态多媒体交互的最佳手段。其最主要的两项功能是读超文本（Hypertext）文件和访问 Internet 资源。

（2）电子邮件。电子邮件（E－mail）服务是一种通过 Internet 与其他用户进行联系的方便、快捷、价廉的现代化通信手段，也是目前用户使用最为频繁的服务功能。通常 Web 浏览器都有收发电子邮件的功能。

（3）文件传输。在 Internet 上，文件传输（FTP）服务提供了任意两台计算机之间相互传输文件的功能。连接在 Internet 上的许多计算机上都保存有若干有价值的资料，只要它们都支持 FTP 协议，就可以随时相互传送。

（4）远程登录。远程登录是用户通过 Internet，使用远程登录（Telnet）命令，使自己的计算机暂时成为远程计算机的一个仿真终端。远程登录允许任意类型计算机之间进行通信。

使用远程登录命令登录远程主机时，用户必须先申请账号，输入自己的用户名和口令，主机验证无误后，便登录成功。用户的计算机作为远程主机的一个终端，可对远程的主机进行操作。

(5) 网络新闻。网络新闻（USENET）是 Internet 的公共布告栏。网络新闻的内容非常丰富，几乎覆盖当今生活全部内容，用户通过 Internet 可参与新闻组进行交流和讨论。值得注意的是，用户在参与交流和讨论时一定要注意遵守网络礼仪。

(6) 网络检索工具。信息鼠（Gopher）是菜单式的信息查询系统，提供面向文本的信息查询服务，使用方便。用户通过检索（Archie）服务器，可得到所需文件或软件存放的服务器地址。

2. Internet 的地址管理

在 Internet 中，要访问一个站点或发送电子邮件，必须有明确的地址。Internet 的网络地址有 IP 地址、域名系统、E－mail 地址、URL 地址等几类。

(1) IP 地址。为保证不同网络之间实现计算机的相互通信，Internet 的每个网络和每台主机都必须有相应的地址标识，这个地址标识称为 IP 地址。IP 是 TCP/IP 协议族中网络层的协议，是 TCP/IP 协议族的核心协议。IP 协议有 IPv4 和 IPv6 两个版本，IPv4 的地址位数为 32 位（二进制），也就是说，最多有 2^{32} 个计算机可以联到 Internet 上。由于互联网的蓬勃发展，IP 地址的需求量越来越大，使得 IP 地址的发放愈趋严格。为了扩大地址空间，现已采用 IPv6 重新定义地址空间。IPv6 采用 128 位地址长度，几乎可以不受限制地提供地址。据保守方法估算，IPv6 可以分配的地址达到地球上每平方米 1 000 多个。

目前我们仍使用的是 IPv4 协议。IP 地址由网络号和主机号两部分组成，它提供统一的地址格式。IP 地址由长度为 32 位的二进制数组成，但由于二进制使用不方便，用户使用“点分十进制”方式表示。IP 地址是唯一标识主机所在的网络和主机在网络中位置的编号。按照网络规模的大小，IP 地址分为 A～E 类，其分类和应用见表 6-1。

表 6-1　IP 地址分类和应用

分　类	第一字节数字范围	应　用
A	0～127	大型网络
B	128～191	中型网络
C	192～223	小型网络
D	224～239	备用
E	240～255	实验用

为确保 IP 地址在 Internet 上的唯一性，IP 地址由美国国防数据网的网络信息中心（DDN NIC）分配。对于其他国家和地区的 IP 地址，DDN NIC 又授权给世界各大区的网络信息中心分配。

(2) 域名系统。域名系统是使用具有一定含义的字符串来标识网上计算机的一个分层和分布式管理的命名系统，与 IP 存在一种映射关系。用户可采用各种方式为自己的计算机命名，为避免重名，Internet 采取了在主机名后加上后缀的方法，这个后缀称为域名，用来标识主机的区域位置。域名是通过申请合法得到的，因此 Internet 上的主机可以采用“主机名. 域名”的唯一方式进行标识。

域名采用分层次的命名方法，每层都有一个子域名，通常采用英文缩写，子域名间用小数点分隔，自右至左分别为最高层域名（顶级或一级域名）、机构名（二级域名）、网络名（三级域名）、主机名（四级域名）。例如，域名“www. bnu. edu. cn”中，cn是顶级域名，edu是二级域名。

顶级域名由ICANN（互联网名称与数字地址分配机构）批准设立，它们是2个英文字母或多个英文字母的缩写。顶级域名分为以下3种。

①通用顶级域名。通用顶级域名见表6-2。

表6-2　通用顶级域名

域名代码	服务类型	域名代码	服务类型
com	商业机构	edu	教育机构
int	国际机构	net	网络服务机构
org	非营利性组织	mil	军事机构
gov	政府机构		

②新增通用顶级域名。新增通用顶级域名有以下几种：

info：可以替代com的通用顶级域名，适用于提供信息服务的企业；

biz：可以替代com的通用顶级域名，适用于商业公司；

aero：适用于航空运输业的专用顶级域名；

museum：适用于博物馆的专用顶级域名；

name：适用于个人的通用顶级域名；

pro：适用于医生、律师、会计师等专用人员的通用顶级域名；

coop：适用于商业合作社的专用顶级域名。

③国家代码顶级域名。目前有240多个国家代码顶级域名，它们用2个字母的缩写来表示。表6-3列出了一部分国家代码顶级域名。

表6-3　部分国家的域名

国家和地区代码	国家和地区名	国家和地区代码	国家和地区名
cn	中国	kr	韩国
us	美国	jp	日本
de	德国	sg	新加坡
fr	法国	ca	加拿大
uk	英国	au	澳大利亚

我国域名体系分为类别域名和行政区域名两套。类别域名依照申请机构的性质依次分为：ac—科研机构，com—工、商、金融等专业，gov—政府部门，edu—教育机构，net—互联网络、接入网络的信息中心和运行中心，org—各种非营利性组织。

行政区域名是按照我国的各个行政区划分而成的，其划分标准依照国家技术监督局发布的国家标准而定，共34个，适用于我国的各省、自治区、直辖市。表6-4列出了我国部分行政区的域名。

表 6-4　我国部分行政区域名

行政区代码	行政区名	行政区代码	行政区名
bj	北京市	he	湖北省
sh	上海市	nx	宁夏回族自治区
cq	重庆市	xj	新疆维吾尔自治区
he	河北省	tw	台湾省
sx	山西省	hk	香港特别行政区
ha	河南省	mo	澳门特别行政区

任务二　下载文件

★任务描述

通过 Internet 下载 QQ 软件。

★任务实施

启动 IE 浏览器自动进入百度首页，输入关键字“QQ 下载”，检索到多条相关信息，选择其中一条单击进入链接，如图 6-10 所示。

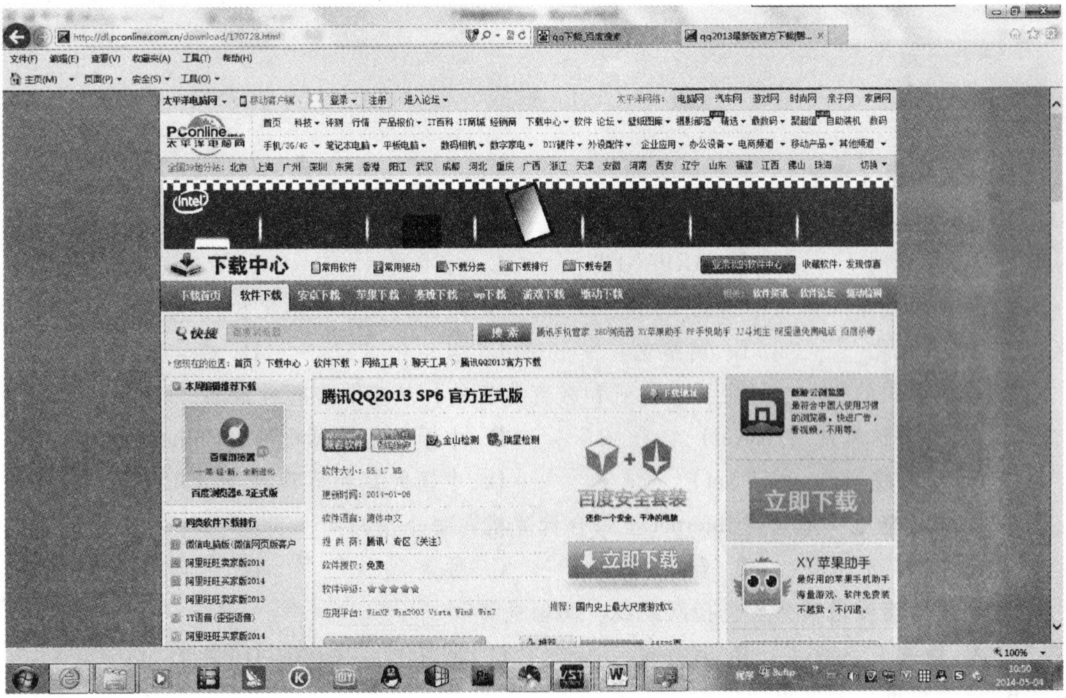

图 6-10　QQ 下载页面

单击“本地下载”按钮，在弹出的窗口中选择一种下载方式，如“本地电信 1”，如图 6-11所示，在弹出的对话框中选择“保存”及保存的地址，同时可以及时查看下载完成百分比及完成下载剩余时间。

图 6-11　QQ 软件下载页面

练　习

一、选择题（单选）

1. Internet 是由________发展而来的。

   A. 局域网　　B. ARPANET　　C. 标准网　　D. WAN

2. 计算机网络从体系结构到实用技术已逐步走向系统化、科学化和________。

   A. 工程化　　B. 网络化　　C. 自动化　　D. 科学化

3. 当前我国的________主要以科研和教育为目的，从事非经营性活动。

   A. 金桥信息网（GBNet）　　B. 中国公用计算机网（ChinaNet）

   C. 中科院网络（CSTNet）　　D. 中国教育和科研网（CERNET）

4. IP 地址能唯一地确定 Internet 上每台计算机与每个用户的________。

   A. 距离　　B. 费用　　C. 位置　　D. 时间

5. 常用的有线通信介质包括双绞线、同轴电缆和________。

   A. 微波　　B. 红外线　　C. 光缆　　D. 激光

6. 计算机网络最突出的优点是________。

   A. 运算速度快　　B. 联网的计算机能够相互共享资源

C. 计算精度高　　D. 内存容量大

7. 与 Internet 相连的任何一台计算机，不管是最大型还是最小型的，都被称为________。

A. 服务器　　B. 工作站　　C. 客户机　　D. 主机

8. 下列说法中正确的是________。

A. 网络中的计算机资源主要指服务器、路由器、通信线路与用户计算机

B. 网络中的计算机资源主要指计算机操作系统、数据库与应用软件

C. 网络中的计算机资源主要指计算机硬件、软件、数据库

D. 网络中的计算机资源主要指 Web 服务器、数据库服务器和文件服务器

9. 网络要有条不紊地工作，每台联网的计算机都必须遵守一些事先约定的规则，这些规则称为________。

A. 标准　　B. 协议　　C. 公约　　D. 地址

10. 搜索引擎是________。

A. 电子邮件服务　　B. 浏览信息的软件

C. 为用户提供信息检索服务的系统　　D. 一种计算工具

11. 网站 www. ynu. edu. cn 属于________。

A. 教育机构　　B. 商业机构

C. 军事机构　　D. 政府机构

12. 以下不属于计算机网络的物理组成的是________。

A. 网卡　　B. 路由器　　C. 鼠标　　D. 集线器

13. 在计算机网络中，“带宽”这一术语表示________。

A. 数据传输的宽度　　B. 数据传输的速率

C. 计算机位数　　D. CPU 主频

14. 网站 www. sina. com 属于________服务类型。

A. 教育机构　　B. 商业机构　　C. 军事机构　　D. 政府机构

15. 中国的顶级域名是________。

A. cn　　B. ch　　C. chn　　D. china

二、填空题

1. ________ 是提供 IP 地址和域名之间转换服务的服务器。

2. 按覆盖地理范围的大小，可以把计算机网络分为广域网、________、局域网和接入网。

3. FTP 是 Internet 中的________传输协议。

4. 在主机域名中，WWW 指的是 ________ 。

5. 局域网的应用范围极广，可用于________、生产自动化、企事业单位的管理、银行业务处理。

6. 因特网为联网的每个网络和每台主机都分配一个由数字和小数点表示的地址，它称为________。

参考文献

[1] 许晞．计算机应用基础［M］．北京：高等教育出版社，2007.
[2] 眭碧霞．计算机应用基础任务化教程［M］．北京：高等教育出版社，2013.
[3] 顾震宇，杨浩．计算机应用基础［M］．武汉：武汉大学出版社，2014.
[4] 王津．计算机应用基础［M］．2版．北京：高等教育出版社，2011.